# 激光热推进理论与数值分析

程谋森　李小康　李　干　著

科学出版社
北京

# 内 容 简 介

本书探讨利用激光能量产生推力的光-热-力转换原理,总结作者研究团队在理论分析、数值模拟和实验研究方面的方法与结果,给出了规律性的认识。

全书分为五部分:第一部分主要介绍激光辐照推进剂的气体流动及产生推进效应的模型(第1~3章),第二部分主要介绍呼吸式脉冲激光爆震推进(第4、5章);第三部分主要介绍火箭式连续激光加热稳态膨胀推力器推进(第6、7章)。第四部分主要介绍火箭式脉冲激光烧蚀推进(第8~11章)。第五部分(附录)主要介绍激光推进卫星发射微小航天器进入低地球轨道的系统工作参数与飞行过程简化分析。

本书可供航空宇航领域先进推进、航天器总体系统和任务设计等方向的研究生与工程设计人员参考,可作为激光热推理论深化、推力器性能优化、应用系统设计的高阶基础。从事喷气发动机燃烧室的激光点火、含金属颗粒的固体火箭推进剂燃烧模拟、太空碎片的激光清除等方向的研究人员也可从本书获益。

图书在版编目(CIP)数据

激光热推进理论与数值分析 / 程谋森,李小康,李干著. —北京:科学出版社,2022.9

ISBN 978-7-03-072888-3

Ⅰ. ①激… Ⅱ. ①程… ②李… ③李… Ⅲ. ①光子推进—研究 Ⅳ. ①V439

中国版本图书馆 CIP 数据核字(2022)第 147310 号

责任编辑:潘斯斯 张丽花 / 责任校对:王 瑞
责任印制:张 伟 / 封面设计:迷底书装

科学出版社 出版
北京东黄城根北街 16 号
邮政编码:100717
http://www.sciencep.com

北京虎彩文化传播有限公司 印刷

科学出版社发行 各地新华书店经销
*

2022 年 9 月第 一 版 开本:787×1092 1/16
2023 年 12 月第二次印刷 印张:15 1/2
字数:377 000

定价:128.00 元
(如有印装质量问题,我社负责调换)

# 前　言

20 世纪 70 年代初，激光推进火箭的概念被引入宇航领域。设想的发射微小航天器进入低地球轨道的激光推进火箭的构成与工作场景为：高功率激光器和光束定向器放置在地面上，发射激光跟踪辐照火箭；火箭只由化学惰性的固体推进剂与作为载荷的微小航天器构成；激光被推进剂吸收而产生喷气推进作用，由光束定向器和火箭协同调节推力矢量，控制火箭的飞行姿态和轨迹；推进剂耗尽后航天器入轨。

对于从地面进入太空的跨大气层运载器而言，简单、安全、载荷比大一直是追求目标。将复杂昂贵的设备放在地面上，运载器本身的结构和功能系统都尽可能简化，这是激光推进发射系统提高可靠性、降低成本的重要途径。推进所需能源系统与运载器本身分离这一特点，使激光推进火箭的推进剂选择不再受化学比能等性质的限制，可获得超过 600s 的比冲。采用惰性物质作为推进剂，可给运载器带来更高的安全性。采用固态推进剂，可使装载推进剂的运载器结构极大简化，并实现更高的推进剂质量分数。

总之，激光推进火箭的概念很诱人，20 世纪七八十年代，在美国掀起两次研究热潮，在 20 世纪末引发世界范围的第三次研究热潮。但迄今为止关于激光推进火箭研究和发展结果的全部形式，仍然只是概念、理论和数值分析模型，以及很小尺度的实验装置。尽作者认知，以下是激光推进研究的两个里程碑事件：2000 年 10 月，美国研究人员演示了一种介于大气层内纯呼吸和纯火箭之间的混合模式激光推进的飞行器(起飞质量约 50g)，在激光照射下上升到距离发射点水平面约 71m 的高度；2010 年 8 月，本书编者演示了一种大气层内纯呼吸式激光推进的飞行器(起飞质量约 101g)，在激光照射下上升到距离发射点水平面约 36m 的高度。

历史的实践表明，高性能激光推进火箭的实现技术非常复杂，特别还受到高功率激光及其空间传输技术、大规模航天任务发展需求等因素的关键制约。展望未来，激光推进技术实用化的道路仍然漫长。总结过往以资鉴后来者并期望薪火赓续，是本书编者作为教育科研工作者的执念。

本书不涉及激光推进火箭的系统实现与应用问题，仅探讨利用激光能量产生推力的光-热-力转换原理，而且限于波长 10.6μm 的脉冲和连续的 $CO_2$ 激光，以及以空气、氢、聚甲醛等作为推进剂。在上述条件下，激光能量向推进功的转化是一种热喷气推进。

本书编写分工如下：程谋森总体统稿、审定全书内容，并编写第 1 章；李小康编写第 2 章、第 4~7 章及附录，李干编写第 3 章、第 8~11 章。

在本书的前期工作中，禹图强、段兴跃等进行了资料收集与整理，在此表示感谢。在本书的成稿过程中，也得益于张育林教授的关心指导，特此致谢。此外，本书得到了国家自然科学基金项目"真空中脉冲激光烧蚀掺杂聚合物冲量规律的数值与实验研究（51306203）"的资助，为此感谢国家自然科学基金委员会的支持。

　　由于编者水平有限，书中若存在疏漏之处，敬请有关专家和读者批评指正。

编　者

2021 年 9 月

# 目　录

## 第 一 部 分

# 第 三 部 分

# 第 四 部 分

# 第 五 部 分

# 第 一 部 分

## 第1章 概　　述

### 1.1　激光推进的发展背景

高功率激光及其空间传输技术出现后，激光辐照热喷气效应被引入宇航领域。据学术界溯源[1]，激光推进火箭的概念首先由美国的 Kantrowitz 在 1971～1972 年提出：高能激光辐照化学惰性的推进剂引发喷气，产生比传统化学火箭推进更高的比冲。例如，采用纯 $H_2$ 等小分子量物质作推进剂，加热到化学火箭发动机的燃烧温度就可获得 1000s 左右的比冲。这种具备高比冲和潜在的结构简单性特征的新火箭概念，在阿波罗计划取得巨大成就所引发的美国人对航天探索的热情与自信大潮中冲上了浪尖。Kantrowitz 创立了 AVCO Everett Research Laboratory (AERL)，其后由 AVCO 的科学家创建了 Physical Science Inc. (PSI)，在 20 世纪七八十年代持续掀起两次研究热潮[1-4]。

自 1997 年 11 月起，美国伦斯勒理工学院 (Rensselaer Polytechnic Institute) 的 Myrabo 组织了一系列乘光飞行器技术验证机 (lightcraft technology demonstrator，LTD) 演示实验[3]。其使用美国白沙导弹靶场的电子束激励脉冲 $CO_2$ 激光器，平均出光功率为 10kW，脉宽为 18～30μs，单脉冲能量最大为 450J 左右，重复频率为 25Hz。1998 年，采用纯大气呼吸模式的 LTD 飞行高度达到 30.2m。后为降低飞行器壁的温度和增大推力，在推力室内表面环状焦点位置粘贴了聚甲醛 (一种高分子聚合物，常温下为固体)。2000 年 10 月，直径 12.2cm、质量约 50.6g 的固体烧蚀火箭 (solid ablative rockets，SAR) 自由上升至 71.1m 高度，飞行时间为 12.7s。尽管上述事件实际是 20 世纪 80 年代美国战略防御倡议办公室 (strategic defense initiative office，SDIO) 激光推进项目的小尾音，却引发了世界范围的激光推进研究第三次热潮[5,6]。

为使读者理解本书对侧重点的选择，有必要再介绍 20 世纪七八十年代美国的研究状况。

#### 1.1.1　激光推进研究的早期岁月

对这部分历史的综述来自文献[1]和文献[4]，代表性研究见文献[7]～文献[12]。

20 世纪 70 年代探索了许多激光推力器的概念和激光发射方法，主要研究用于演示验证概念可行性的推力器设计和构型。设计的主要差别是由激光器的具体规格、推进剂中吸收激光能量的位置不同造成的。主宰性能和设计要求的有三个特征：一是会聚激光能量的光学；二是稳定的激光能量吸收区的位置；三是推进剂供给流率。由于无法预见未来大功率激光器的工作体制，对脉冲和连续激光推进都开展了研究。而限于当时的条件，主要采用波长为 10.6μm 的 $CO_2$ 激光器开展实验研究。

1972 年，AERL 的 Pirri 等[7]进一步细化了 Kantrowitz 关于激光推进的想法，提出三个重要技术问题：第一，激光辐射能转化为推进功的过程(吸收、加热、膨胀)效率；第二，脉冲能量、脉宽、波长、外界大气压强、推进剂的组合，以使效率最大化；第三，激光推进火箭的结构优化。同时，给出若干建议：其一，激光辐照强度应产生强吸收等离子体，采用喷管增大耦合系数；其二，在大气层内飞行段可采用激光供能的冲压发动机模式；其三，在大气层内推进，脉冲激光有利于提高效率。

1977 年，AERL 的 Chapman 等[8]研究从地面将 1t 重的航天器送入地球同步转移轨道的激光火箭发射系统与技术问题。主要方案是采用总功率为 GW 级的集束式脉冲激光器、激光驱动爆轰波的脉冲喷气发动机，对光束定向系统技术给出描述，优化上升轨迹与比冲。指出 500～1000s 比冲对于发射航天器入轨有利。

1977 年，PSI 的 Simons 和 Pirri[9]研究脉冲激光束在铝质旋转抛物面形喷管中聚焦的构型。当时研究者认为，对于连续波激光，在喷管中聚焦的构型最简单，但是可能面临吸收区不稳定问题。喷管聚焦的重复脉冲(repetitive pulse，RP)激光推力器可以调节激光脉冲频率与吸收振荡同步，从而优化性能。使用脉冲 $CO_2$ 激光进行的单脉冲和重复多脉冲激光推力器实验的推力器长度约为 8in(1in=2.54cm)。起初使用锥形喷管，以消除光学聚焦的影响，专注理解推力器性能；后来改用抛物面形喷管，用空气作为推进剂，多脉冲能量转换效率接近 50%。

美国国家航空航天局(National Aeronautics and Space Administration，NASA)主要关注采用外部光学镜聚焦的火箭推力室构型。用脉宽为 100μs 的 $CO_2$ 激光脉冲模拟连续波激光辐照固体推进剂棒，发现效率很低：固体气化物对激光的吸收非常之少，激光束基本上仅仅是将固体推进剂气化而已。NASA 的研究人员相信，要获得高比冲，只能用连续波激光对喷管喉部上游的气体进行加热。1976 年～1978 年，PSI 的 Kemp 等[10,11]发展的计算模型预示：将氢作为推进剂，等离子体区的温度高达数万开尔文，比冲超过 2000s。1977 年，AERL 的 Legner 等[12]研究了连续波激光推力器，采用超声速气动激光窗口密封加热室中的高压气体，用添加 1%$Al_2O_3$ 的水作为推进剂。

早期实验和分析研究的技术问题归结如下。

(1)理解通过外部能量吸收方式的推进原理。激光推进中出现新参数：冲量耦合系数，它与比冲的乘积正比于过程的综合效率。

(2)光学与流体力学耦合在一起，对光学聚焦性能要求和流体膨胀性能要求的折中依赖于所使用的激光器类型。

(3)推进剂的选择和它对激光辐照的吸收特性，在推力器性能中起着决定性作用，因为它直接影响加热区的稳定性。吸收区的稳定性以及它对等离子体加热区吸收系数变化的依赖性需要得到证实，以明确推进剂选择的简化是激光推进概念的一个主要特征。

到了 20 世纪 70 年代末期，美国军方对大功率激光器的研究兴趣下降，NASA 忙于研制航天飞机，激光推进研究的热情衰退。

## 1.1.2  第二波激光推进研究热潮

对这部分历史的综述来自文献[2]和文献[4]。

20 世纪 80 年代中期，美国出现三个使激光推进研究复苏的因素：第一个是自由电子激光器(free electron laser，FEL)的发展；第二个是高能激光武器带动的大气传输校正、大型光束定向器和其他相关技术的发展；第三个是拦截弹道导弹的动能拦截器(kinetic kill vehicle，KKV)的发展和隐含的大量发射任务需求。

1986 年，美国劳伦斯利弗莫尔国家实验室(Lawrence Livermore National Laboratory，LLNL)正发展感应直线加速自由电子激光器，目标功率为 $10\sim100MW$。同时，一部分成员在探索激光推进，目标定为近期可实现的概念和小型的发射入轨运载器技术，轨道机动放在次要位置。1986 年夏天，美国 SDIO 与国防高级研究计划局(Defense Advanced Research Projects Agency，DARPA)策划举行了激光推进工作会议。会议研讨的部分结论是：最有希望的激光推进模式是最先由 AERL 的 Reilly 提出的双脉冲平面烧蚀推力器；最有希望的运载器构型是一个平面推力器占据锥形飞行器的整个底部。

双脉冲平面烧蚀推力器具有胜过其他方案的三个优点：第一，连续波激光推力器需要复杂的飞行器，难以将其推力放大到用于发射的水平(轨道机动推进则仅需要很小的推力)。在发射系统的尺度上，推力室激光窗的要求超出了已知技术。另外，连续波激光推力器与感应型线性加速自由电子激光不相容。第二，单脉冲烧蚀被预测认为在对航天发射有利的比冲范围($600\sim800s$)内效率低(尽管在比冲超过 2000s 以后可能效率高)；生成高效率的单脉冲等离子体需要比双脉冲更高的光强，迫使运载器携带光束聚焦镜。第三，除烧蚀推力器之外，更复杂的激光推进航天器(如阿波罗乘光飞行器)需要发展更大和更先进的基础设施(如在轨道上布设多个 GW 级功率激光器)。

固体推进剂平面型推力器有三个预期的关键优点：第一，极端简单；第二，加速度(推力)矢量与激光束矢量无关，推力方向可以与激光束方向成大角度；第三，地基控制，只要改变激光束的轮廓就可以操纵飞行器。第二点对于实际运载器特别重要，否则入轨将受到极大限制。这样的激光推进发射系统几乎就等于推进剂加上顶部的有效载荷。对这种简单性的追求导致 Kantrowitz 归纳出激光推进的 4P 原理：激光器应该只发射载荷(payload)、推进剂(propellant)、光子(photon)和间歇周期(period)。

LLNL 被指定负责发展五年期的 $20\sim100kg$ 载荷发射能力的激光推进火箭技术项目。初始的研究工作部署如下。

(1) 有两个双脉冲推进理论研究组，分别在物理科学公司和海军研究实验室。

(2) 有三个小规模的双脉冲推进实验研究组，使用能量为 $10\sim100J$、为 $50\sim100ns$ 的脉冲 $CO_2$ 激光器，分别在物理科学公司、AERL(由 Reilly 领导)和光谱技术公司开展。

(3) 在 LLNL 开展吸气式激光推进、弹道和系统建模工作(由 Kare 领导)。

(4) 伦斯勒理工学院的 Myrabo 领导开展更近期的、缩比的多推进模式乘光飞行器研究。

(5) 斯坦福大学开展爆轰波膨胀和推力产生的计算研究。

(6) Lehigh 大学开展 $1.06\mu m$ 波长的激光照射固体推进剂的研究，测量烧蚀和等离子体发生特性。

(7) 华盛顿大学研究 $CO_2$ 高能(500J)激光的单脉冲、双脉冲烧蚀实验。

到 1987 年工作会议召开时，主要研讨话题是优化双脉冲推进的多个特性：浅烧蚀深度、即时等离子体点火、良好的激光支持的爆轰波传播以及低的冻结流动损失。在适合于运载器的脉冲宽度、光强范围内，点火、传播和化学复合问题非常关键，特别是稍微的点火延迟和表面屏蔽等离子体的生成会导致很大的"下滴"损失——被烧蚀的推进剂速度低，不产生显著的推力。

为了增强点火，物理科学公司建议在推进剂中嵌入亚波长尺寸的铝片，AERL 的 Reilly 建议在推进剂中嵌入半波长宽度的金属丝来创造一种可调整的点火阵列型推进剂。

Delrin 塑料(聚甲醛)被确认是一种很好的候选者，它在 10.6μm 波段具有很强的 C—O 键吸收(后来测量表明吸收深度小于 2.5μm)，并且只含轻元素。然而模拟研究表明，在推进剂中添加一种容易离子化的成分将改善激光支持的爆轰波特性。将钠的代换物 ($CH_3(CH_2)_2COONa$)添加到 Delrin 的尝试没有成功，但是物理科学公司将 4% 的这种钠的代换物添加到与 Delrin 相似的塑料——Celcon 中获得成功。也测试了其他不同波长尺寸形式的金属添加剂，包括 5μm 直径、2μm 厚的铝片，用银包裹的微圆球(银大约只占微圆球体积的 1/1000)。实验中使用银包裹的微玻璃球，将其以接近 20% 的比例添加到 Celcon 中，使单脉冲烧蚀质量减少到 1/10。实验表明上述方法能缩短 Celcon 在大气中的点火时间并降低表面屏蔽效应。另外，到项目结束时尚未实验验证其效果的添加剂包括：50% 的钠基丙烯酸甲酯，30% 的甲基丙烯酸甲酯，15% 的碳粉(为了光学吸收目的)和 5% 的铝片。

此次会议另外两个有趣的第一为：第一次清楚地观察到使用双脉冲增强比冲和效率(PSI 数据)；第一次公开现今大家熟悉的 Myrabo 塞型尾部乘光飞行器构型。

会后两个关键的优先实验确定为：第一，更大规模的实验，用足够长的脉冲，使脉冲持续到等离子体点火瞬变过程结束；使用足够的能量，达到接近一维膨胀的条件。第二，重复脉冲实验，达到稳态的推进剂表面条件，测量"下滴"损失。然而，没有合适的激光器进行双脉冲重复脉冲实验，转而集中力量开展高能量双脉冲实验研究。

由于激光支持爆震(laser supported detonation，LSD)波的传播速度达到 10km/s，因此开始估计进行 1μs 的一维 LSD 波传输实验，照射目标直径应该有 20~50cm，而脉冲能量应该有 30kJ——这在当时是不现实的。直到 1987 年中期发现，利用靶边缘对波的后向反射这种二维损失机制，在目标中心很小的区域可以达到较高的能量密度，实验得以进行。利用一个直径为 8cm 的目标，在中心约 $1cm^2$ 的区域满足了实验所需能量条件，测量了冲量数据。

一个意外高性能的结果是用 Celcon 在大气中获得的：冲量耦合系数约 1300N/MW，名义效率约 500%，对应比冲约 800s。这应该归因于 Celcon 击穿产物在空气中燃烧并释放能量。对比在氮气环境中，冲量耦合系数下降到约 250N/MW，名义效率约 30%(推算比冲约 244s)。

还有一个现象是距离激光脉冲延迟 100μs 后出现的显著的靶面质量损失，当时没有进行细致研究。直到进入 21 世纪，阿拉巴马大学的短脉冲实验中也报道了上述现象，被认为是液体状态的表面层过热的结果。

考虑到运载发射过程需要较长的时间和能量消耗来穿越大气层，SDIO 支持了两项大气呼吸模式的激光推进研究，Myrabo 的塞型尾部乘光飞行器是其中一种。对 Myrabo 的塞型尾部乘光飞行器构型的形成具有贡献的另外两项研究成果如下。

(1)LLNL 演示了一种独特的保护结构免受激光破坏的技术，就是将表面布满小窝，每个窝都有聚焦能力，焦距约为数毫米。当激光照射时，在焦点区域形成等离子体，从而减少照射到表面的激光能量。实验中观察到了等离子体的形成，并且产生了很可观的冲量耦合系数，但是这些等离子体没有像预期的那样，在激光脉冲持续的约 100ns 期间与主 LSD 波融合。

(2) 斯坦福大学的研究组研究了飞行器基体面积和形状对冲量传递的影响。对于名义上的平板推力器，当爆轰波的厚度与推力器的直径相当时，效率下降严重。不过一个很短的、有扩张角的"裙边"，只要不干扰入射激光，将会大幅度提高推进效率。其实对于超声速流动状态来说，这一点是符合理论预期的。

SDIO 支持的激光推进项目在 1989 年终止，起因是大型地基激光器项目更倾向于采用洛斯阿拉莫斯国家实验室和波音公司的射频型直线加速器自由电子激光器方案，而不是 LLNL 的感应型直线加速器自由电子激光器。

SDIO 支持的激光推进研究最重要的结果可总结如下。

(1) 对于双脉冲激光推进的效率，当比冲在 600～1000s 时，理论和计算机模拟的数值约 30%。

(2) 双脉冲激光烧蚀推进可比单脉冲激光推进减少工质消耗并增大比冲和效率。但是比预期的演示结果 (600～800s 的比冲以及 25% 的效率) 要低。其中，PSI 得到的是 300s 的比冲以及 8%～10% 的效率，AERL 的放大尺寸实验得到的比冲约为 220s，但效率达到了 20%～30%，不过 AERL 的实验的确观察到 80% 的第二个脉冲的能量被遮蔽了。光谱技术公司使用 LiH 作为工质，观察到了约 800s 的比冲和 10% 的效率。他们也使用纹影技术在 LiH 和 Delrin 中观察到了 LSD 波的形成。

(3) 在绝缘的推进剂中增加金属结构可以显著降低表面等离子体的点火阈值。

(4) 使用稳态重复频率脉冲激光器进行烧蚀推进的"下滴"损失很大，等离子体温度只略高于 10000K。

(5) 使用双脉冲激光烧蚀推进时，点火必须迅速是关键，因此第二个脉冲上升沿应该是陡峭的，对于脉冲拖尾的截止形状要求也是这样——快速截断，这样可以减少"下滴"损失。

## 1.2　典型激光热推进模式简介

本书中的激光热推进指推进剂在激光辐照下产生宏观定向热喷气反冲作用。根据推力接收面上的压强时空分布形式，喷气反冲推进可分为稳态膨胀推进、周期性非稳态膨胀推进。在后者的每一周期内，压强先上升到峰值再回落到初始值，其间可能经历更低的谷值。

激光加热推进剂可以是激光直接辐照推进剂，也可以采用换热器间接加热推进剂[2]。本书只关注激光直接辐照推进剂。

激光直接辐照推进剂发生能量转换的第一介质是电子，即首先是推进剂的束缚或者自由电子在激光束的电磁场中运动而吸收能量，再通过弛豫过程将能量传递给较重的结构粒子，能量传递单方向进行并且加剧，使固态推进剂熔化、气化，使气态推进剂升温、发生化学变化，再在自身热压力作用下发生膨胀。气体从低温低压状态转变到高温高压状态，需要经历吸收大幅值激光能量的过程。因此，气体吸收和转化激光能量的环节是影响激光推进性能的关键过程。

如图 1.1 所示，会聚形激光束在气体中传播，当光强达到当地气体的击穿阈值时，引发光学击穿。击穿产生的局部等离子体团强烈吸收激光，压强与温度陡升，高温高压前沿迎着入射光束移动，称为激光支持的吸收波。视吸收波移动速度大小，将其分为超声速的激光支持爆震(LSD)波和亚声速的激光支持燃烧(laser supported combustion，LSC)波。图 1.1 参考自文献[13]，表示会聚型激光束在空气介质中传播的不同吸收工况区间划分：在 1atm(1atm=1.01325×10⁵Pa)的洁净空气中，对于波长为 10.6μm 的 $CO_2$ 激光，当光强大于 $2.5×10^4W/cm^2$ 时 LSC 波形成，光强大于 $10^7W/cm^2$ 时 LSD 波形成，光强在 $10^6\sim10^7W/cm^2$ 内时 LSC 波与 LSD 波互相转变。

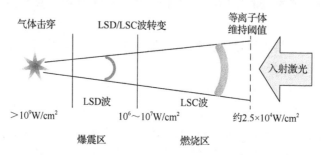

图 1.1　空气介质中激光支持吸收波的不同工况区间

为区分不同类别的激光推进方式，将推进剂来源、激光辐照时域形式、推进剂初始形态等特征组合，称为不同的"模式"。本书讨论的激光热推进模式主要包括脉冲激光辐照气体爆震模式、连续激光辐照流体稳态膨胀模式、脉冲激光辐照固体烧蚀模式。

### 1.2.1　脉冲激光辐照气体爆震模式

如图 1.1 所示，此模式要求入射激光被聚焦到合适的光强，理想的工况为推进剂击穿后的激光能量仅通过 LSD 波被吸收。当推力器受到重复脉冲激光照射时，被加热的气体流场呈周期性变化，推力幅值也是周期性变化的。

图 1.2　乘光飞行器技术验证机上升瞬间

该类推力器中，重要的一类是在大气层中飞行时不消耗本身推进剂的吸气式(airbreathing)推力器。其中，具有代表性的是伦斯勒理工学院的 Myrabo 提出的乘光飞行器技术验证机(LTD)[3]，如图 1.2 所示。按照最小光程的费马定理，抛物线具有无穷远和焦点这样一对共轭点，即具有将平行光汇聚成点的特性。LTD 虽然使用了抛物线作为基本面型母线，但却将抛物线离轴后向外旋转，形成环聚焦的构型；在其裙边和旋转抛物形后体之间设计有环形进气道。

采用抛物线作为基本面型母线并且向内聚焦的构型如图 1.3 所示，这是日本研究者在美国早期研究的基础上提出的具有进气道结构的设计[14]。

除此之外，俄罗斯通用物理研究所的 Apollonov 和 Tishchenko[15,16]提出了"准静态波"

的概念，由高重复频率的脉冲激光爆震波链维持着一种接近平面的激波，使得光能向冲量转化的冲量耦合系数极大提高。

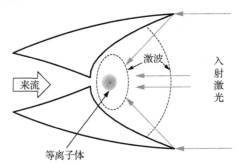

图 1.3　吸气式脉冲激光爆震推力器示意图

### 1.2.2　连续激光辐照流体稳态膨胀模式

连续激光辐照流体稳态膨胀模式下工作的推力器如图 1.4 所示，早期文献中称为激光维持等离子体热火箭 (laser-sustained plasma thermal rocket)。

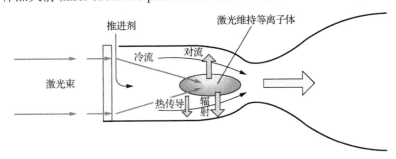

图 1.4　连续激光辐照流体稳态膨胀推力器示意图

连续激光辐照流体稳态膨胀模式中的激光吸收区是 LSC 波，并且来流速度恰好等于吸收波迎着光束移动的速度，吸收区驻定在流场中，成为稳定的激光维持等离子体。利用等离子体吸收激光并依靠热传导、辐射、对流方式加热推进剂，再使之通过拉瓦尔喷管膨胀喷射产生推力。

### 1.2.3　脉冲激光辐照固体烧蚀模式

脉冲激光辐照固体烧蚀模式通常简称为激光烧蚀推进 (laser ablative propulsion，LAP)。20 世纪 80 年代美国 SDIO 重点支持的"双脉冲平面烧蚀推力器"是其中的典型代表。

双脉冲平面烧蚀推力器指采用时间波形精确控制的两个激光脉冲辐照推进剂产生烧蚀和推力，一个推力周期内各环节的示意如图 1.5 所示，描述如下。

(1)第一个"熔化"脉冲使一薄层固体推进剂气化。

(2)在随后无激光辐照的时间段内，气体层膨胀到预期的密度。

(3)第二个主脉冲穿过气体层，在固态推进剂表面激发等离子体层。

(4)等离子体层以逆轫致机制吸收激光形成 LSD 波，以极大速度逆着光束照射方向移动。

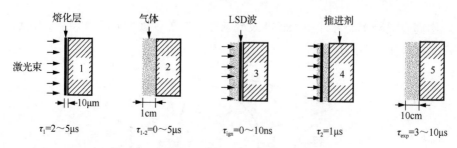

图 1.5 双脉冲平面烧蚀推力器的一个推力周期

（5）LSD 波后的热气体维持高温高压状态，压力作用在固体面上形成推力。

（6）LSD 波到达气体层的阈值位置，激光脉冲结束，废气自由消散。

从气体开始逸出时刻到废气完全消失的时间段中，固体表面受到的气体压力对时间的积分等于冲量。

实现双脉冲烧蚀推进的关键如下：一是要求推进剂对激光的吸收深度足够小，使被烧蚀的单位质量推进剂中沉积足够多的能量；二是精确控制前导脉冲与主脉冲之间的时间间隔，保证烧蚀生成的推进剂气体层因惯性仍停留在固体表面附近，同时又膨胀到预期的密度，以维持 LSD 波传播并向推进剂固体表面传递冲量。根据其原理，最佳推进剂的物理化学性质应该是：容易离解成小分子气体，同时这些小分子又容易电离，以形成高效吸收激光的等离子体。

# 1.3 激光热推进的国内外研究状况综述

## 1.3.1 吸气式脉冲激光辐照爆震推进研究

### 1. 激光吸收效率

#### 1）数值研究

2000 年以来，美国马歇尔航天飞行中心的 Wang 等[17-20]针对 Myrabo 的#200 乘光飞行器性能预示，建立了较完整的激光空气等离子体动力学三维模型。这个模型考虑了热力学三温度、有限速率化学反应、等离子体对激光能量的吸收和反射、等离子体辐射，且采用电子压强和电子温度计算逆轫致吸收系数等，其中共振吸收能量效率设定为 25%[17]或 40%[19]。Chen 等[21]在此基础上发展了激光聚焦在铝表面产生铝离子并引发空气击穿的过程模型。

2009 年，装备指挥技术学院的李倩等[22]对无约束情况下激光在空气中的聚焦放电过程进行了模拟，计算得到对 32.5J、10μs 脉宽激光的吸收效率为 57%。其采用热力学、化学平衡流动模型，并将光学厚辐射和光学薄辐射都简化为直接热沉损失。

2011～2013 年，国防科学技术大学的李小康等[23,24]建立了新的激光吸收计算模型，采用热力学三温度、化学非平衡空气等离子体模型，对点聚焦的铝质旋转抛物面推力器内的空气爆震过程进行了数值模拟。结果表明：随入射光强增大，实际吸收能量趋于饱和，有效吸收效率下降。此模型能合理解释 Schall 等[25]的实验中冲量耦合系数与光束质量提高相悖的现象，以及 Mori 等[26]的实验中高脉冲能量条件下，短脉宽激光的冲量耦合系数低于长脉宽激光的现象。

2）实验研究

2006 年，日本东京大学(University of Tokyo)的 Ushio 等[27]对激光束进行线聚焦，在半柱面形二维和楔形准一维空间约束下形成 LSD 波，采用阴影法显示波的传播，并据此估计冲击波能量和 LSD 波熄灭条件。其使用的激光器为横向激励大气压(transversely excited atmospheric，TEA)脉冲 $CO_2$ 激光器，单脉冲能量为 10J，90%的能量脉冲宽度为 2.5μs，光束截面为边长 3cm 的正方形。结果表明：线聚焦时焦点上的激光强度较低，LSD 波比点聚焦时更早熄灭。二维、准一维、三维点聚焦情况下，最终转化为冲击波的能量效率分别为 33%、37%、44%，激光吸收效率为 68%、81%和 90%。计算吸收效率时，以图像判读的 LSD 波熄灭时刻为依据，认为此时刻之前的入射激光能量被全部吸收。

2. 激光特性对冲量耦合系数的影响

激光特性包括光束质量、脉冲能量、脉宽、波长和重复频率。

2000～2002 年，德国宇航中心的 Schall 等[25]研究了激光器不同谐振腔模式输出光束的冲量耦合系数的变化规律。采用电子束激励的脉冲 $CO_2$ 激光器，脉冲能量达 400J，脉冲宽度为 11μs；稳定谐振腔输出的近场光斑为平顶形，非稳谐振腔输出的近场光斑为环形，后者光束质量更好。结果表明：对于将空气作为推进剂的点聚焦铝质钟形推力器，脉冲能量在 60～250J 以下时两者的冲量耦合系数相近；超过 250J 后，稳定谐振腔对应的冲量耦合系数继续上升，非稳谐振腔对应的冲量耦合系数开始下降。

2005～2006 年，日本东北大学(Tohoku University)的 Mori 与 Sasoh、Myrabo 合作，对比了 TEA 脉冲 $CO_2$ 激光器 TC300 与美国白沙导弹靶场的 PLVTS 光束对钟形推力器单脉冲性能的影响[26,28]。TC300 的最大脉冲能量为 380J，90%能量的脉冲宽度为 2.5μs，非稳谐振腔近场光斑为中空 8cm 和外边长 15cm 的方形。PLVTS 的典型脉宽为 18μs。结果表明：脉冲能量在 100～200J 时二者的冲量耦合系数相近，脉冲能量超过 200J 后短脉宽 TC300 获得的冲量耦合系数低于 PLVTS。由不同脉宽激光器得到的冲量耦合系数随脉冲能量的变化规律也有所差别。

2006 年，文明等利用两台激光器对不同脉冲波形的影响进行了比较[29]，其脉冲能量和持续时间分别为 100J 级、20μs 和 10J 级、6.6μs，实验表明前者的冲量耦合系数更高。2007 年，文明等[30]利用透镜聚焦对抛物形喷管进行了单脉冲实验。结果表明：脉冲能量在 4～70J 变化时，冲量耦合系数经历基本不变、线性增长以及达到稳定三个阶段。

2006 年，中国科学技术大学的龚平等[31]针对 20Hz 重复脉冲激光辐照空气，采用点爆炸自相似解同数值仿真结合的方式，使用动网格技术模拟了钟形推力器运动情况下的多脉冲性能。计算给出的冲量耦合系数随脉冲次数增加而减小的趋势同实验结果一致，但降低幅度与实验值相比有约 20%的偏差。

3. 推力器构型对冲量耦合系数的影响

1977 年，针对锥形推力器，Simons 和 Pirri[9]假设激光束由外部聚焦，将能量释放点取为锥形顶点，采用强激波和自相似理论估计喷管长度和重复频率对比冲的影响；而对于抛物形推力器，其认为可采用喷管出口切线与轴线夹角为半锥角的锥形推力器进行近似。

1980 年，Ageev 等[32]针对锥形喷管首次提出了一个包含推力器因子、脉冲能量、锥角和环境压强的无量纲因子，将冲量耦合系数表示成该无量纲因子的函数。结合实验指出：无量纲因子取 0.4 左右为最优值。

2002 年，Myrabo 等[33]利用美国白沙导弹靶场的 10kW 激光器(PLVTS)，对 60°、87.2°、120° 三种不同顶角，出口直径为 11cm 的钟形推力器进行了测试。其中顶角是推力器出口直径相对于焦点的张角。实验得到的最大单脉冲冲量耦合系数为 275～375N/MW，60° 顶角推力器所得冲量耦合系数最高，与预期结果相符。

2003 年，德国宇航中心的 Bohn 和 Schall[6]对比研究了钟形点聚焦推力器与 Myrabo 塞型尾部环聚焦推力器的性能差别。发现环聚焦推力器的冲量是脉冲能量的线性增长函数：从 120J 能量的 275N/MW 开始，到接近于 400J 能量的 350N/MW。点聚焦推力器在能量最低处获得最大冲量耦合系数，约为 400N/MW，其后下降。

2003～2004 年，日本东京大学的 Mori 等[34-36]采用 Ageev 等[32]导出的相同无量纲因子，结合锥形喷管实验数据给出了推力器性能的半解析公式，证实该无量纲因子约取 0.4 为最优值。

2006 年，Myrabo 等[37]探讨了以 LSC 波吸收激光能量的激光发动机性能，适合于利用天基激光器牵引竖直上升的跨声速段飞行。

2011 年，李小康[24]采用高温空气真实热力学性质模型，对抛物形脉冲爆震推力器性能进行了数值模拟。计算表明：推力在主峰之后的长时间往复振荡过程对总冲量有明显影响；并通过实验验证了考虑完整振荡过程的计算结果与实验数据吻合。

4. 推力器高度与速度特性

2002～2003 年，德国宇航中心的 Schall 等[25,38]针对钟形推力器进行了从高真空到 1atm 压强的实验。结果表明：推力器性能在 10km 大气层内不会降低，高度为 20km 左右时降低为 50%。2006 年，文明等在气压为 $10^3$～$10^5$Pa 内的实验同样证明冲量耦合系数的明显转折点对应海拔 10km[29]。

2002 年，Mori 等[39]实验研究了激光爆震波在马赫数为 2 的气流中的点燃和发展情况。结论认为：相对于 LSD 波高达 km/s 量级的发展速度，其过程不受环境气流速度(510m/s)的影响。结果表明：马赫数为 2 时转化为爆震的能量效率以及电子数密度的时间历程与静止大气中的 LSD 过程区别不大。

2002 年，日本东京大学的 Katsurayama 等[40]采用 11 组元化学非平衡模型，以爆炸源模型作为初始条件，将激光吸收效率取为 60%，计算了 Myrabo 飞行器在马赫数为 5、海拔为 20km 和马赫数为 8、海拔为 30km 下的性能。结果表明，冲量耦合系数对爆炸源半径并不敏感；化学冻结损失导致冲量耦合系数仅是发动机理想循环状况值分析的 1/3，且随来流密度减小，化学冻结损失增加。

2005 年，伦斯勒理工学院的 Richard 和 Myrabo[41,42]使用 LSD 波理论和 Sedov 自相似解，估计了 Myrabo 构型激光飞行器冲量耦合系数的速度和高度特性。

2010 年，伦斯勒理工学院的 Salvador 等[43]进行了马赫数为 9.05 来流下激光脉冲点火的纹影实验。由于入口激波已经进入进气道很深的位置，激光爆震处的气流速度仍然很高，设计在此处膨胀以产生推力的高压气体被很快冲出发动机。

### 1.3.2　连续激光辐照流体稳态膨胀推进研究

连续激光推进研究文献中提到的效率主要有三种，包括：全局吸收效率(global absorption efficiency)，即激光除透射外的部分与入射激光功率的比值；热效率(thermal efficiency)或称有效吸收率，即实际被推进剂获得并表现为焓增的功率与入射激光功率的比值；推力器效率(thruster efficiency)，即最终转化为推进剂定向喷射的动能流率与入射激光功率的比值。

#### 1. 稳定性和流场分析

1977 年，Raizer 和 Tybulewicz[44]通过分析能量平衡方程，研究了平行光束中的一维流动、聚焦光束在静止气体环境中维持稳定等离子体所需的阈值条件。

1978 年，Kemp 和 Root[10]同样采用基于一维管流的能量平衡模型(认为流动被限定在激光光束形成的通道中)来分析激光等离子体的稳定性流量条件。

1990 年，Guskov 等[45]将流场划分为等离子体高温区域和周围冷流区域两部分，利用不可压势流理论进行分析，指出二维效应是该流场的本质特点。来流质量中仅有几十分之一直接穿越等离子体高温区域，绝大部分气体将以绕流形式通过，并用数值计算证实了这一结果。

#### 2. 连续激光等离子体特性研究

1) 激光吸收和热效率实验研究

1987 年，美国田纳西大学空间研究院(University of Tennessee Space Institute，UTSI)Keefer 小组研究了激光功率 1kW 级、气体流速 4.5m/s、吸收室内压强 4atm 和不同光束聚焦几何形状(以聚焦镜的焦比 $f$/#表征，其中#为焦比 $f$ 的数值。可根据光束焦斑的大小和 $f$/#反推出光束聚焦几何形状)条件下在圆形石英管中维持 Ar 等离子体。使用量热计和热电偶分别测量透射激光功率和推进剂的温度变化，实验获得了 86%的吸收效率和 38%的热效率[46]。针对不同光束聚焦几何形状的实验表明，$f$/17.3 高斯分布光束和 $f$/5.6 环形分布光束聚焦后产生的 Ar 等离子体的空间特性基本接近[47]。

1988 年，美国伊利诺伊大学厄巴纳-香槟分校(University of Illinois at Urbana-Champaign，UIUC)的 Zerkle 等[48]同样在石英管中维持 Ar 等离子体，实验研究了吸收室内压强分别为 1.0atm、2.5atm，激光功率分别为 2.5kW、5.0kW、7kW，光束聚焦几何形状分别为 $f$/4 和 $f$/7 时，不同质量通量的吸收情况，在 2.5atm、2.5kW、$f$/4 和气体质量流通密度为 $47kg/(s \cdot m^2)$ 下获得了最高 46%的热效率，并给出了总体热效率随激光功率升高而下降的结论。1990 年，UIUC 的 Mertogul 等[49]研究了 $H_2$ 推进剂在室压为 $1.77 \sim 4.09atm$、气体物质的量流通密度为 $600 \sim 2355mol/(m^2 \cdot s)$、激光功率为 $3.24 \sim 7.0kW$、光束聚集几何形状为 $f$/4 和 $f$/7 时的工作性能，获得最大吸收效率 89.8%和热效率 80.2%，明显优于 Ar 推进剂。

2) 连续激光维持等离子体流场仿真

1986～1987 年，针对圆形等截面流道，UTSI 的 Jeng 等采用 Navier-Stokes(N-S)方程计算 1kW 以内低激光功率辐照下 Ar 的流动[50,51]，以及 60kW 以内不同功率、不同入口速度

的 $H_2$ 推进剂的流场[52]。此外，Jeng 和 Keefer 初步计算了 Ar 等离子体对不同波长激光的吸收情况[47]。

1995～1996 年，Conrad 等根据 1971 年的 150kW 气动激光器实验数据，数值计算了从管道喷出的 $N_2$ 气流中发生的连续光学放电(continuous optical discharge)现象，考虑了辐射换热和激光在等离子体中的折射；结果表明，等离子体总是位于光束最窄的位置[53,54]。

### 3. 连续激光推力器构型研究

在 20 世纪 70 年代，已开展了连续激光推力器相关设计研究[10,11]，先后提出了"稳态模拟喷管"(steady-state simulation nozzle)、"双口连续波激光推力器"(two port CW laser powered thruster)等使用连续激光的推力器概念。

#### 1) 实验研究

1992 年，美国燃烧科学公司(Combustion Sciences Inc.，CSI)的 Black 等[55,56]设计的推力器采用光学透镜作为激光入射窗口，除推进剂入口以外发动机整体是封闭的，如图 1.6 所示。比较了电弧、脉冲激光、添加吸收性粒子等点火方式，采用可靠性最高的钨棒辅助点火。推力器构型接近于传统火箭发动机，发动机壁面冷却类似再生冷却。使用 $H_2$ 和 Ar 作为推进剂，激光功率为 10kW，测试了不同喉部尺寸喷管的推进性能，通过一个精心设计的推力台架测量得到 $H_2$ 推进剂具有 350s 的比冲和 40%的效率，推力约为 3.5N。实验结果表明：相同室压下激光功率从 5500W 增大到 7560W 时，Ar 推进剂的比冲仅有很小幅度的提高。

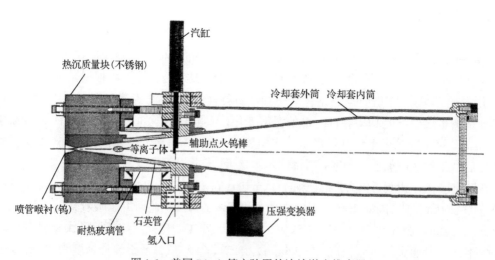

图 1.6　美国 Black 等实验用的连续激光推力器

2002～2005 年，日本东京大学开展了连续激光推力器实验(图 1.7)[57,58]。推力器同样采用钨棒辅助点火。使用力传感器进行推力测量，使用的激光器为 2kW 级；其自行设计的推力器具有独特的子吸收室结构，以 Ar 和 $N_2$ 作为推进剂。气压为 2～7atm 时，实验证明激光支持的等离子体可以在 300W 低功率水平下维持，其位置可以通过功率和焦点位置进行调节，推力器效率为 17%[58]。在大气和真空环境下的推力实验表明，增大压力比有利于提高推力系数，推力器效率在真空时达到 37%，具有子吸收室的推力器构型比冲较高[57]。

2) 数值模拟研究

1988 年，UTSI 的 Jeng 等[59]针对 30kW 功率的
$H_2$ 推进剂连续激光推力器进行了数值模拟，考虑
激光吸收过程和几何光线追迹，采用二维可压缩
N-S 方程描述流场，采用热力学平衡假设计算等离
子体的热力学和光学特性，没有考虑化学反应和组
元方程。结果表明比冲可达 1500s。

2001 年，日本东京大学的 Morales 等[60]对 2kW
级功率的 Ar 推进剂连续激光推力器进行了数值模

图 1.7　日本东京大学的连续激光推力器

拟，考虑了激光光学、逆轫致吸收、化学非平衡模
型(电子、离子和原子三组元离解/复合反应)、辐射、热传导和对流等，所考虑的物理机制
比较完善。数值模拟给出的稳定等离子体位置与实验结果吻合。

2011 年，国防科学技术大学的李小康等[61,62]发展了包含组元方程的连续激光加热推力
器的内部流动控制方程组，采用由组元方程所得到的电子数密度计算实际逆轫致吸收系数，
较全面地研究了激光功率、推进剂物性及壁面约束对推力器流场和性能的影响。结果表明：
对于 $H_2$ 推进剂，适当减小内部流道尺寸可以显著提高比冲。

### 1.3.3　脉冲激光辐照固体烧蚀推进研究

激光烧蚀推进的研究主要在四个方面：其一，建立流场解析模型，得到烧蚀面的压强
分布和推力；其二，从激光能量转化、守恒的角度，利用半经验关系式确定烧蚀质量和烧
蚀产物的动能，进而根据动量守恒定律得到冲量；其三，通过实验测量烧蚀质量、羽流场
和冲量，分析冲量特性及其参数影响关系；其四，数值仿真。

1. 产物流场模型

1979 年，Reilly 等[63]综合考虑了 LSC 和 LSD 二维模型，并分析了光斑尺寸、脉宽和
光强等激光参数对冲量耦合效率的影响。

2014 年，李干等考虑了解离、电离和辐射对质量、动量和能量守恒的影响，提出了
一种改进的激光烧蚀聚甲醛的气体喷射流场中的 LSD 波模型，分析了激光强度、脉宽、
环境压强和光斑尺寸对生成冲量的影响。结果表明：离解是冲量耦合系数极值出现的关键
因素[64]。

总体来说，采用 LSC 和 LSD 模型研究激光烧蚀脉冲喷气推进性能，还需要耦合推进
剂相变过程。

2. 半理论模型

1988 年，Phipps 等[65]对于产物充分电离的情况，设定综合效率为 40%，确定了脉冲激
光辐照 C-H 元素材料的冲量耦合系数 $C_m$ 和比冲 $I_{sp}$ 与材料平均原子量、等离子体平均电荷
数，以及反映激光光强($I$)、脉宽($\tau$)和波长($\lambda$)的组合参数 $I\lambda\sqrt{\tau}$ 之间的函数关系式。其
拟合采用的数据范围如下：光强为 $3.0\times10^7\sim7.0\times10^{13}W/cm^2$，脉宽为 500ps~1.5ms，波长
为 248nm~10.6μm，脉冲能量为 100mJ~10kJ。

2001～2003 年，美国马歇尔航天飞行中心的 Larson 等[66-68]从喷气推进的热力学原理出发，研究了热力学平衡假设下激光推进的总体性能：采用空气作为推进剂时，1atm 背压下的能量转化效率可以达到 30%；增加固体推进剂时，能量转化效率可以上升至 50%。

2009 年，Sinko 和 Phipps[69]采用 Saha 方程计算烧蚀产物的电离度 $\alpha_i$，将 $\alpha_i$ 作为加权因子对完全电离与无电离状态的冲量进行加权计算，统一描述不同电离度下激光诱导冲量耦合系数与激光参数的关系。结果表明：对于 POM，预示曲线与实验数据符合较好。

2015 年，李干等根据激光能量在 POM 内的沉积分布特征，将激光辐照下的活性区分为烧蚀区、温升区、扰动区和未扰区四个区域，建立了脉冲 $CO_2$ 激光真空辐照 POM 质量烧蚀的分区响应模型。根据模型推导出烧蚀质量面密度的计算公式，与实验数据符合较好[70]。

### 3. 实验测量

#### 1) 冲量特性

2006 年，Sterling 等[71]采用压电传感器测量 TEA 脉冲 $CO_2$ 激光辐照下 Delrin 和 PVC 在 $N_2$ 和空气环境中产生的推力演变过程，脉宽约为 2μs 的激光产生的推力脉冲宽度约为 10μs。

2008 年，Anju 等[72]采用 VISAR（velocity interferometer system for any reflector）技术测量不同压强下 TEA 脉冲 $CO_2$ 激光辐照 POM 诱导冲量随时间的增长过程，发现冲量发展时间远大于激光脉宽。

#### 2) 烧蚀产物羽流场

2008 年，Sinko 和 Pakhomov[73]对比了阴影法和纹影法在羽流场观测中的优劣，认为纹影法能够获得更高的空间分辨率，并且能更好地显示羽流场中产物击穿和等离子体发展等精细过程。

对比不同研究者的工作，2008 年 Anju 等[72]的研究最为系统，他们的实验结果表明：不同环境压强对应的实验现象差异明显，高压情况出现了明显的辐射区（等离子体），并逐步由 LSD 波退化成 LSC 波；低压情况则表现为持续烧蚀，对应冲量的持续增长。

2004 年，德国宇航中心的等 Schall[74]对羽流场的屏蔽效应进行了测试。他们在推进剂上加工一个通孔，通过测量入射激光穿过通孔后的强度获得羽流场对入射激光的吸收性质。结果表明：随入射激光能量增大，产物的屏蔽效应增强，透射激光强度减弱；受等离子体辐射和临界反射等效应的影响，激光反射率增大。

#### 3) 激光能量密度的影响

Sinko 和 Sasoh[75]综合了若干文献给出的数据，指出：真空下，等离子体屏蔽效应相对滞后，烧蚀质量随着激光能量密度增大而增大；大气环境下，能量密度为 $3.0\times10^5 J/m^2$ 左右时等离子体屏蔽效应开始增强。能量密度在 $5\times10^4 \sim 2.0\times10^5 J/m^2$ 内，不同实验的 $C_m$ 达到最大值，并且 1atm 大气环境中最佳能量密度比真空下略大。

4) 推进剂掺杂效应

2005 年, 德国宇航中心的 Schall 等[76]对掺杂金属聚合物的冲量特性进行了实验研究。被辐照的长方体推进剂块的尺寸为 22mm×22mm×3mm, $CO_2$ 激光器参数为: 脉宽 12μs、脉冲能量 280J、光斑大小 15.5mm。推进剂包括掺杂不同质量分数 Al 粉的 POM、掺杂不同质量分数 Al 粉的环氧树脂(epoxi)和掺杂不同质量分数 Mg 粉的 Epoxi, 掺杂物尺寸为 15～30μm。结果表明: 掺杂 Al 粉的 POM 和 Epoxi 的推进性能都明显降低。Schall 等认为性能降低的主要原因是: 其一, 推进剂中的金属颗粒在完全气化之前以较低的速率脱离, 导致飞散产物的平均速率下降; 其二, 烧蚀产物的屏蔽作用也导致性能的降低。

2008 年, Sinko 和 Pakhomov[77]对掺碳 POM 的性能进行了实验研究。掺碳的质量比例为 1%时, 性能得到明显的改善。含碳 POM 和不含碳 POM 的透射光谱表明: 在 10.6μm 波段, 含碳 POM 的透过率仅为 7%, 低于不含碳 POM 约 15%的透过率。

2008 年, 程建中等[78]利用 TEA 脉冲 $CO_2$ 激光器作为光源, 对不同元素、浓度及颗粒直径的金属掺杂 PVC 推进剂进行了测试。结果发现: 冲量耦合系数变化不大, 但比冲在不同功率密度时均有显著提高, 其中纳米铁粉的性能最为优异。在功率密度为 $5×10^6 W/cm^2$ 处, 纳米铁粉质量分数为 50%的推进剂可以获得最大比冲(约为 325s)。他们将这一结果与 Schall 等[76]的结论相反的原因归结为脉宽的影响, 他们所用激光脉宽约为 3μs(Schall 等[76]所用激光脉宽约为 15μs), 这有效减弱了烧蚀喷射物的屏蔽作用。

4. 数值仿真

1986 年 Srinivasan 等[79]针对受激准分子激光、1993 年 Küper 等[80]针对 $CO_2$ 激光, 各自研究了激光辐照聚合物烧蚀的不同模式, 建立了光化学、光热和光物理模型, 在模型中考虑了聚合物传热、热解和烧蚀面移动。

2006 年, 童慧峰[81]针对激光烧蚀 Al 和 C-H 推进剂的推力产生过程进行了数值仿真, 得到了冲量耦合系数等冲量特性参数并和实验结果进行了比较。其采用稳态烧蚀假设, 没有考虑激光辐照下 C-H 推进剂的化学反应。

2009 年, Sakai 等[82]及 Sinko 和 Phipps[69]也尝试以数值计算手段模拟激光辐照下 POM 的烧蚀过程。其沿用激光与金属相互作用的模型, 没有考虑聚合物热解和由热解引起的产物热物理性质变化的影响, 计算出的烧蚀温度高于 3000K, 远高于实验观测值。此外, 在烧蚀产物羽流场计算中, 其考虑了 $CH_2O$ 分解的平衡组分, 但是没有考虑羽流场演化对入射激光屏蔽效应的动态变化, 而采用恒定的激光透过率(1.0 或 0.8)。

2014 年, 李干[83]建立了一个激光烧蚀 POM 的冲量产生过程模型, 该模型可反映聚合物热解率变化引起的跨临界温度烧蚀机制转变及其对羽流场入口组分和状态参数的影响, 考虑了十四组元化学平衡组成、产物电离和等离子体发展等过程, 能描述羽流场组分演变及其对入射激光的动态屏蔽效应, 并研究了单脉冲和双脉冲激光烧蚀聚合物的冲量产生机理和推进性能, 研究了激光能量面密度和激光能量时域分布对冲量产生过程和推进性能的影响, 给出了单脉冲 LAP 性能与光强和脉冲的二次回归模型及优化参数, 探讨了双脉冲激光烧蚀聚合物推进中羽流场的发展。

# 参 考 文 献

[1] NEBOLSINE P E, PIRRI A N. Laser propulsion: the early years[C]. Proceedings of the First International Symposium on Beamed Energy Propulsion, AIP CP664. New York: American Institute of Physics, 2003: 11-21.

[2] KARE J T. Laser launch—the second wave[C]. Proceedings of the First International Symposium on Beamed Energy Propulsion, AIP CP664. New York: American Institute of Physics, 2003: 22-36.

[3] MYRABO L N. Brief history of the lightcraft technology demonstrator (LTD) project[C]. Proceedings of the First International Symposium on Beamed Energy Propulsion, AIP CP664. New York: American Institute of Physics, 2003: 49-60.

[4] JONES L W. A brief history of laser propulsion at the Marshall Space Flight Center[C]. Proceedings of the First International Symposium on Beamed Energy Propulsion, AIP CP664. New York: American Institute of Physics, 2003: 61-70.

[5] NIINO M. Activities of laser propulsion in Japan[C]. Proceedings of the First International Symposium on Beamed Energy Propulsion, AIP CP664. New York: American Institute of Physics, 2003: 71-78.

[6] BOHN W L, SCHALL W O. Laser propulsion activities in Germany[C]. Proceedings of the First International Symposium on Beamed Energy Propulsion, AIP CP664. New York: American Institute of Physics, 2003: 79-91.

[7] PIRRI A N, WEISS R F. Laser propulsion[R]. AIAA72-0719. New York: American Institute of Aeronautics and Astronautics, 1972.

[8] CHAPMAN P K, DOUGLAS-HAMILTON D H, REILLY D A. Investigation of laser propulsion[R]. Everett: AVCO Everett Research Laboratory Inc., 1977.

[9] SIMONS G A, PIRRI A N. The fluid mechanics of pulsed laser propulsion[R]. AIAA77-0699. New York: American Institute of Aeronautics and Astronautics, 1977.

[10] KEMP N H, ROOT R G. Analytical study of laser-supported combustion waves in hydrogen[R]. AIAA78-1219. New York: American Institute of Aeronautics and Astronautics, 1978.

[11] KEMP N H, ROOT R G, WU P K S, et al. Laser-heated rocket studies[R]. NASA-CR-135127. Cleveland: NASA Lewis Research Centre, 1976.

[12] LEGNER H H, DOUGLAS-HAMILTON D H. CW laser propulsion[R]. AIAA77-0657. New York: American Institute of Aeronautics and Astronautics, 1977.

[13] MYRABO L N, BORKOWSKI C A, KAMINSKI D A. Analytical investigation of an airbreathing repetitively pulsed LSC-wave thruster: part 1[C]. Proceedings of the Fourth International Symposium on Beamed Energy Propulsion, AIP CP830. New York: American Institute of Physics, 2006: 58-71.

[14] KOMURASAKI K, ARAKAWA Y, HOSODA S, et al. Fundamental research on laser powered propulsion[R]. AIAA 2002-2200. New York: American Institute of Aeronautics and Astronautics, 2002.

[15] APOLLONOV V V, TISHCHENKO V N. Stable generation and merging of shock waves for "lightcraft" applications: part 1[C]. Proceedings of the Third International Symposium on Beamed Energy Propulsion, AIP CP766. New York: American Institute of Physics, 2005: 205-215.

[16] APOLLONOV V V, TISHCHENKO V N. Stable generation and merging of shock waves for "lightcraft" applications: part 2[C]. Proceedings of the Third International Symposium on Beamed Energy Propulsion, AIP CP766. New York: American Institute of Physics, 2005: 216-229.

[17] WANG T S, CHEN Y S, LIU J, et al. Performance modeling of an experimental laser propelled lightcraft[R]. AIAA 2000-2347. New York: American Institute of Aeronautics and Astronautics, 2000.

[18] LIU J, CHEN Y S, WANG T S. Accurate prediction of radiative heat transfer in laser induced air plasmas[R]. AIAA 2000-2370. New York: American Institute of Aeronautics and Astronautics, 2000.

[19] WANG T S, CHEN Y S, LIU J, et al. Advanced performance modeling of experimental lightcrafts[R]. AIAA 2001-0648. New York: American Institute of Aeronautics and Astronautics, 2001.

[20] WANG T S, MEAD F B, LARSON C W. Analysis of the effect of pulse width on laser lightcraft performance[R]. AIAA 2001-3664. New York: American Institute of Aeronautics and Astronautics, 2001.

[21] CHEN Y S, LIU J, WANG T S. Numerical modeling of laser supported propulsion with an aluminum surface breakdown model[C]. Proceedings of the First International Symposium on Beamed Energy Propulsion, AIP CP664. New York: American Institute of Physics, 2003: 138-148.

[22] 李倩, 洪延姬, 曹正蕊, 等. 吸气式激光推进中激光能量沉积过程的数值模拟[J]. 强激光与粒子束, 2009, 21(12): 1781-1785.

[23] LI X K, CHENG M S, WANG M G, et al. Numerical study on impulse characteristics of laser-supported air-breathing pulsed detonation thrusters[J]. Proceedings of the institution of mechanical engineers part G journal of aerospace engineering, 2013, 228(G8): 1324-1335.

[24] 李小康. 气体工质激光推力器工作过程数值模拟和实验研究[D]. 长沙: 国防科学技术大学, 2011.

[25] SCHALL W O, ECKEL H A, MAYERHOFER W, et al. Comparative lightcraft impulse measurements[C]. International Symposium on High-Power Laser Ablation. Taos, 2002: 908-917.

[26] MORI K, SASOH A, MYRABO L N. Experimental investigation of air-breathing laser propulsion engines: $CO_2$ TEA vs. EDL[C]. Proceedings of the Third International Symposium on Beamed Energy Propulsion, AIP CP766. New York: American Institute of Physics, 2005: 155-165.

[27] USHIO M, KAWAMURA K, KOMURASAKI K, et al. Energy conversion process in laser supported detonation waves induced by a line-focusing laser[C]. Proceedings of the Fourth International Symposium on Beamed Energy Propulsion, AIP CP830. New York: American Institute of Physics, 2006: 133-141.

[28] MORI K, SASOH A, MYRABO L N. Pulsed laser propulsion performance of 11-cm parabolic 'Bell' engines: $CO_2$ TEA vs. EDL[C]. Proceedings of the Fourth International Symposium on Beamed Energy Propulsion, AIP CP830. New York: American Institute of Physics, 2006: 38-47.

[29] WEN M, HONG Y J, CAO Z R, et al. Experimental and numerical investigation of effects of laser pulse waveform on lightcraft performance[C]. Proceedings of the Fourth International Symposium on Beamed Energy Propulsion, AIP CP830. New York: American Institute of Physics, 2006: 628-636.

[30] 文明, 洪延姬, 崔村燕, 等. 吸气式激光推进单脉冲性能实验研究[J]. 推进技术, 2007, 28(5): 522-525.

[31] GONG P, TANG Z P. Numerical simulation for laser propulsion of air breathing mode considering moving boundaries and multi-pulses[C]. Proceedings of the Fourth International Symposium on Beamed Energy Propulsion, AIP CP830. New York: American Institute of Physics, 2006: 87-94.

[32] AGEEV V P, BARCHUKOV A I, BUNKIN F V, et al. Experimental and theoretical modeling of laser propulsion[J]. Acta astronautica, 1980, 7(1): 79-90.

[33] MYRABO L N, LIBEAU M A, MELONEY E D, et al. Pulsed laser propulsion performance of 11-cm parabolic 'Bell' engines within the atmosphere[R]. AIAA 2002-2732. New York: American Institute of Aeronautics and Astronautics, 2002.

[34] MORI K, KATSURAYAMA H, HIROOKA Y, et al. An experimental study on the energy balance in the repetitively pulsed laser propulsion[R]. AIAA 2003-496. New York: American Institute of Aeronautics and Astronautics, 2003.

[35] MORI K, KATSURAYAMA H, HIROOKA Y, et al. Conversion of blast wave to impulse in a pulsed-laser thruster[C]. Proceedings of the First International Symposium on Beamed Energy Propulsion, AIP CP664. New York: American Institute of Physics, 2003: 95-104.

[36] MORI K, HIROOKA Y, KATSURAYAMA H, et al. Effect of the refilling processes on the thrust generation of a laser pulsejet[C]. Proceedings of the Second International Symposium on Beamed Energy Propulsion, AIP CP702. New York: American Institute of Physics, 2004: 40-48.

[37] MYRABO L N, BORKOWSKI C A, KAMINSKI D A. Analytical investigation of an airbreathing repetitively pulsed LSC-wave thruster: part 2[C]. Proceedings of the Fourth International Symposium on Beamed Energy Propulsion, AIP CP830. New York: American Institute of Physics, 2006: 72-80.

[38] SCHALL W O, ECKEL H A, RIEDE W. Laser propulsion experiments with a high-power pulsed $CO_2$ laser[C]. Society of Photo-Optical Instrumentation Engineers. Bellingham, 2003: 618-622.

[39] MORI K, KOMURASAKI K, ARAKAWA Y, et al. Laser plasma production and expansion in a supersonic flow[R]. AIAA 2002-0634. New York: American Institute of Aeronautics and Astronautics, 2002.

[40] KATSURAYAMA H, KOMURASAKI K, ARAKAWA Y. Computational performance estimation of laser ramjet vehicle[R]. AIAA 2002-3778. New York: American Institute of Aeronautics and Astronautics, 2002.

[41] RICHARD J C, MYRABO L N. Analysis of laser-generated impulse in an airbreathing pulsed detonation engine: part 1[C]. Proceedings of the Third International Symposium on Beamed Energy Propulsion, AIP CP766. New York: American Institute of Physics, 2005: 265-278.

[42] RICHARD J C, MYRABO L N. Analysis of laser-generated impulse in an airbreathing pulsed detonation engine: part 2[C]. Proceedings of the Third International Symposium on Beamed Energy Propulsion, AIP CP766. New York: American Institute of Physics, 2005: 279-291.

[43] SALVADOR I I, MYRABOA L N, MINUCCI M A S, et al. Experimental analysis of a 2-D lightcraft in static and hypersonic conditions[C]. Proceedings of the Sixth International Symposium on Beamed Energy Propulsion, AIP CP1230. New York: American Institute of Physics, 2010: 61-76.

[44] RAIZER Y P, TYBULEWICZ A. Laser-induced discharge phenomena[M]. New York: Plenum Publishing Corporation, 1977.

[45] GUSKOV K G, RAIZER Y P, SURZHIKOV S T. Observed velocity of slow motion of an optical discharge[J]. Soviet journal of quantum electronics, 1990, 20(7): 860-864.

[46] WELLE R, KEEFER D, PETERS C. Laser-sustained plasmas in forced argon convective flow, part I: experimental studies[J]. AIAA journal, 1987, 25(8): 1093-1099.

[47] JENG S M, KEEFER D R. Influence of laser beam geometry and wavelength on laser-sustained plasma[R]. AIAA 1987-1409. New York: American Institute of Aeronautics and Astronautics, 1987.

[48] ZERKLE D, SCHWARTZ S, MERTOGUL A, et al. Laser-sustained argon plasmas for thermal rocket propulsion[R]. AIAA 1988-2773. New York: American Institute of Aeronautics and Astronautics, 1988.

[49] MERTOGUL A, ZERKLE D, KRIER H, et al. Continuous wave laser sustained hydrogen plasma for thermal rocket propulsion[R]. AIAA 1990-2637. New York: American Institute of Aeronautics and Astronautics, 1990.

[50] JENG S M, KEEFER D R, WELLE R, et al. Numerical study of laser-sustained argon plasmas in a forced convective flow[R]. AIAA 1986-1078. New York: American Institute of Aeronautics and Astronautics, 1986.

[51] JENG S M, KEEFER D, WELLE R, et al. Laser-sustained plasmas in forced convective argon flow, part II: comparison of numerical model with experiment[J]. AIAA journal, 1987, 25(9): 1224-1230.

[52] JENG S M, KEEFER D R. Numerical study of laser-sustained hydrogen plasmas in a forced convective flow[J]. Journal of propulsion and power, 1987, 3(3): 255-262.

[53] CONRAD R, RAIZER Y P, SURZHIKOV S T. Continuous optical discharge stabilized by gas flow in weakly focused laser beam[J]. AIAA journal, 1996, 34(8): 1584-1588.

[54] RAIZER Y P, SURZHIKOV S T. Continuous laser-sustained plasma and laser sustained combustion, state of the art[R]. AIAA 95-1999. New York: American Institute of Aeronautics and Astronautics, 1995.

[55] BLACK J, KRIER H, ZERKLE D, et al. Characterization of laser-sustained plasma behavior during 10kW laser thruster tests[R]. AIAA 92-3022. New York: American Institute of Aeronautics and Astronautics, 1992.

[56] BLACK J, KRIER H, GLUMB R J. Laser propulsion 10kW thruster test program results[R]. AIAA 92-3218. New York: American Institute of Aeronautics and Astronautics, 1992.

[57] TOYODA K, KOMURASAKI K, ARAKAWA Y. Thrust performance of a CW laser thruster in vacuum[J]. Vacuum, 2002, 65(3-4): 383-388.

[58] UEHARA S, INOUE T, KOMURASAKI K, et al. An experimental study on energy conversion process of an in-space CW laser thruster[C]. Proceedings of the Third International Symposium on Beamed Energy Propulsion, AIP CP766. New York: American Institute of Physics, 2005: 254-264.

[59] JENG S M, LITCHFORD R, KEEFER D. Computational design of an experimental laser powered thrust[R]. NASA-CR-183578. Cleveland: NASA Lewis Research Centre, 1988.

[60] MORALES P M, TOYODA K, KOMURASAKI K, et al. CFD simulation of a 2-kW class laser thruster[R]. AIAA 2001-0650. New York: American Institute of Aeronautics and Astronautics, 2001.

[61] 李小康, 张育林, 程谋森, 等. 氩工质连续激光加热推力器的数值仿真[J]. 航空动力学报, 2011, 26(1): 217-222.

[62] 李小康, 张育林, 程谋森, 等. 激光功率和工质对连续激光推力器性能影响的数值模拟[J]. 航空学报, 2011, 32(1): 27-34.

[63]　REILLY J P, BALLANTYNE A, WOODROFFE J A. Modeling of momentum transfer to a surface by laser-supported absorption waves[J]. AIAA journal, 1979, 17(10): 1098-1105.

[64]　LI G, CHENG M S, LI X K. Calculation of laser induced impulse based on the laser supported detonation wave model with dissociation, ionization and radiation[J]. AIP advances, 2014, 4: 037124.

[65]　PHIPPS C R, TURNER T P, HARRISON R F, et al. Impulse coupling to targets in vacuum by KrF, HF, and $CO_2$ single-pulse lasers[J]. Journal of applied physics, 1988, 64(3): 1083-1096.

[66]　LARSON C W, MEAD F B. Energy conversion in laser propulsion[R]. AIAA 2001-0646. New York: American Institute of Aeronautics and Astronautics, 2001.

[67]　LARSON C W, MEAD F B, KALLIOMAA W M. Energy conversion in laser propulsion II[R]. AIAA 2002-0632. New York: American Institute of Aeronautics and Astronautics, 2002.

[68]　LARSON C W, MEAD F B, KALLIOMAA W M. Energy conversion in laser propulsion III[C]. Proceedings of the First International Symposium on Beamed Energy Propulsion, AIP CP664. New York: American Institute of Physics, 2003: 170-181.

[69]　SINKO J E, PHIPPS C R. Modeling $CO_2$ laser ablation impulse of polymers in vapor and plasma regimes[J]. Applied physics letters, 2009, 95(13): 1435-1443.

[70]　LI G, CHENG M S, LI X K. Slicing-response model for ablation mass removal of polyformaldehyde irradiated by pulsed $CO_2$ laser in vacuum[J]. 中国科学: 技术科学(英文版), 2015, 58(1): 158-162.

[71]　STERLING E, LIN J, SINKO J E, et al. Laser-driven mini-thrusters[C]. Proceedings of the Fourth International Symposium on Beamed Energy Propulsion, AIP CP830. New York: American Institute of Physics, 2006: 247-256.

[72]　ANJU K, SAWADA K, SASOH A, et al. Time-resolved measurements of impulse generation in pulsed laser-ablative propulsion[J]. Journal of propulsion and power, 2008, 24(2): 322-329.

[73]　SINKO J E, PAKHOMOV A V. From shadowgraph to monochromatic Schlieren: time-resolved imaging of dim laser-induced phenomena in the presence of saturating plasma emission[C]. Proceedings of the Fifth International Symposium on Beamed Energy Propulsion, AIP CP997. New York: American Institute of Physics, 2008: 121-130.

[74]　SCHALL W O, ECKEL H A, TEGEL J, et al. Properties of laser ablation products of Delrin with $CO_2$ laser[R]. FA8655-03-1-3061. Stuttgart: DLR-German Aerospace Center, 2004.

[75]　SINKO J E, SASOH A. Survey of $CO_2$ laser ablation propulsion with polyoxymethylene propellant[C]. Proceedings of the Sixth International Symposium on Beamed Energy Propulsion, AIP CP1230. New York: American Institute of Physics, 2010: 231-242.

[76]　SCHALL W O, TEGEL J, ECKEL H A. Ablation performance experiments with metal seeded polymers[C]. Proceedings of the Third International Symposium on Beamed Energy Propulsion, AIP CP766. New York: American Institute of Physics, 2005: 423-432.

[77]　SINKO J E, PAKHOMOV A V. Delrin for propulsion with $CO_2$ laser carbon doping effects[C]. Proceedings of the Fifth International Symposium on Beamed Energy Propulsion, AIP CP997. New York: American Institute of Physics, 2008: 254-265.

[78]　程建中, 蔡建, 胡云, 等. 掺杂金属颗粒的高分子工质激光推进实验研究[J]. 强激光与粒子束, 2008,

20(7): 1190-1194.

[79] SRINIVASAN V, SMRTIC M A, BABU S V. Excimer laser etching of polymers[J]. Journal of applied physics, 1986, 59(11): 3861-3867.

[80] KÜPER S, BRANNON J, BRANNON K. Threshold behavior in polyimide photoablation: single-shot rate measurements and surface-temperature modeling[J]. Applied physics A, 1993, 56(1): 43-50.

[81] 童慧峰. 烧蚀模式激光推进的机理及实验研究[D]. 合肥: 中国科学技术大学, 2006.

[82] SAKAI T, ICHIHASHI K, MATSUDA A, et al. Calculation of pulsed laser-ablative impulse on polyacetal[R]. AIAA2009-3590. New York: American Institute of Aeronautics and Astronautics, 2009.

[83] 李干. 脉冲激光辐照聚合物工质烧蚀推进机理与性能优化研究[D]. 长沙: 国防科学技术大学, 2014.

# 第 2 章　激光加热气体反应流动模型

进行理论分析和数值仿真的基础是针对所研究问题建立合适的数学模型。在以气体喷射反冲作用为推进原理的问题中，流动描述均基于 Navier-Stokes 方程组。在气体推进剂激光推力器中，能量以激光的形式在非常集中的时间和空间内与推进剂相互作用，流动有其独特性，基本物理过程为：激光能量通过逆轫致吸收等机制被自由电子吸收，再经过能量弛豫过程传递到推进剂的其他内能模式中，最终通过压力作用于推力器的固壁，产生推力。这一过程中涉及的物理机制包括激光在等离子体中的传播和吸收、高温气体不同内能模式的激发及弛豫、推进剂离解和电离等化学反应、等离子体辐射等。

本章根据气体推进剂激光推力器工作过程的特点，首先建立描述流场的一般方程组；再针对不同的研究目标，给出控制方程组的具体形式。为使控制方程组封闭，给出计算所需的相关物理化学模型。

## 2.1　模型类别与控制方程

### 2.1.1　流动的平衡与非平衡

#### 1. 热力学平衡与非平衡

在较低温度下(如室温)，气体中的粒子只有平动能和转动能处于完全激发状态，气体比热容为定值，内能与温度呈线性关系。随着温度升高，振动能和电子能相继被激发，能量已不再是温度的线性函数，被激发的气体粒子内能包括平动能、转动能、振动能、电子能等。

假设各内能模式中，粒子满足各自温度对应的 Maxwell-Boltzmann 分布，即可用平动温度、转动温度、振动温度和电子温度分别描述上述四种内能模式。热力学平衡状态时，各温度相等，所有模式的能量可以采用同一个温度进行衡量；热力学非平衡状态则指上述不同温度之间没有达到完全相等的状态。能量在不同模式之间交换，从而达到相互平衡的过程，称为能量的弛豫过程。

当流体质点穿越当地的流动特征时间 $\tau_f$ 与能量弛豫特征时间 $\tau_r$ 可以比拟时，流场中将出现明显的热力学非平衡效应。根据气体粒子所处状态，在不同近似下就可以得到用不同温度描述的热力学非平衡多温度模型。

转动能量模式的激发温度很低，并且重粒子的平动能和转动能之间的能量弛豫很快，故一般认为转动温度等于平动温度。目前在热力学非平衡研究中常采用双温度 Park 模型，一个温度即为平动-转动温度，另一个温度是振动温度和电子温度的合并量，用以统一描述振动、电子激发和电子平动能量模式。Gnoffo 等[1]则发展了一个采用双温度乃至三温度描述高超声速空气热化学非平衡流动的理论模型。

在气体推进剂激光推力器工作过程中，激光能量首先注入电子能模式，再向其他内能模式弛豫，电子在激光能量的转化过程中起着重要作用。对于连续激光推进模式或爆震推进模式的冲击波衰减阶段，由于流速相对较低，能量弛豫速度快于流动速度，热力学非平衡效应并不显著。对于爆震推进模式中的激光支持吸收波迅速发展阶段，能量弛豫特征时间与流动特征时间可以比拟，这种情况下则须考虑热力学非平衡效应，本书采用由平动-转动温度、振动温度、电子温度三者组成的三温度热力学非平衡模型。

2. 化学平衡与非平衡

随着温度升高，气体粒子之间产生了离解、复合、交换以及电离等化学反应现象。根据流动特征时间 $\tau_f$ 以及化学反应趋于平衡特征时间 $\tau_c$ 二者之间的关系，可以把含化学反应的流动分为以下三类[2]。

(1) $\tau_f \gg \tau_c$：化学平衡流，即流动速度远慢于化学反应速度的情况，因此在流场的每一空间位置各组元含量都已达到该点压力、温度下的化学平衡状态。此时组元含量的求解与流动控制方程无关，可以解耦计算。

(2) $\tau_f \ll \tau_c$：化学冻结流，即流动速度远快于化学反应速度的情况，化学反应在流动过程中来不及进行，如果不考虑扩散影响，则组元含量从入口边界开始在整个流动过程中不变。

(3) $\tau_f \sim \tau_c$：化学非平衡流，即流动速度基本相当于化学反应速度的情况，此时组元含量随流动过程同步变化，因此需要将其作为流场变量之一同时进行求解。从化学反应动力学的角度来看，化学反应总是在以一定速率进行着，化学平衡流和化学冻结流都是针对某些极端情况(反应极快或极慢)提出的理想模型。

激光加热核心区的推进剂由于高温将发生多种化学反应，组元随流动变化。其中电子数密度尤为关键，直接决定了等离子体对激光的吸收性质。本书采用化学反应动力学或化学平衡气体模型，对混合气体中的各气体组元含量进行求解。

### 2.1.2　流场控制方程组

对气体推进剂激光加热流场进行描述，除总质量守恒方程、总动量守恒方程、总能量守恒方程以外，考虑化学非平衡反应时，应增加各组元质量守恒方程；若考虑热力学非平衡效应，则应引入各种能量模式的能量守恒方程。由化学反应、激光能量在等离子体中沉积、能量在各内能模式之间弛豫等造成的质量、能量变化，在各方程中则体现为相应的源项。需要指出的是，在等离子体准中性假设下，流场各处净电荷密度为零，气体中存在电离但不会产生电场力作用[2]。

激光加热气体流场的理论模型框架如图 2.1 所示。

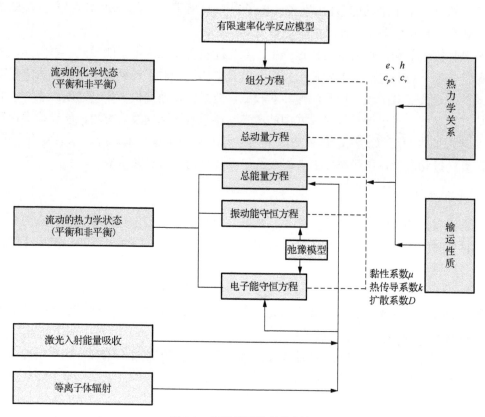

图 2.1　理论模型的结构框架

以平动温度 $T$、振动温度 $T_v$、电子温度 $T_e$ 三温度模型为基础，根据守恒定律建立二维轴对称流场控制方程组：

$$\frac{\partial \boldsymbol{U}}{\partial t} + \frac{\partial \boldsymbol{E}}{\partial x} + \frac{\partial \boldsymbol{F}}{\partial r} + \boldsymbol{G} = \left( \frac{\partial \boldsymbol{E}_v}{\partial x} + \frac{\partial \boldsymbol{F}_v}{\partial r} + \boldsymbol{G}_v \right) + \boldsymbol{W} \tag{2.1}$$

其中，$\boldsymbol{U}$ 为守恒变量矢量；$\boldsymbol{E}$、$\boldsymbol{F}$ 分别为柱坐标系下 $x$、$r$ 方向上的对流通量；$\boldsymbol{E}_v$、$\boldsymbol{F}_v$ 分别为 $x$、$r$ 方向上的黏性通量；$\boldsymbol{G}$、$\boldsymbol{G}_v$ 分别为无黏部分和有黏部分由于采用柱坐标系产生的源项；$\boldsymbol{W}$ 为物理化学过程造成的质量和能量源项。若略去径向通量 $\boldsymbol{F}$、$\boldsymbol{F}_v$ 及由于采用柱坐标系产生的源项 $\boldsymbol{G}$、$\boldsymbol{G}_v$，并令径向速度 $v=0$，即可得到一维平面情况下的控制方程组。

由于质量守恒，总密度和各组元密度之间、各组元反应质量生成率之间有如下关系：

$$\rho = \sum_{i=1}^{n_s} \rho_i \tag{2.2}$$

$$\sum_{i=1}^{n_s} \dot{\omega}_i = 0 \tag{2.3}$$

其中，$i=1,2,\cdots,n_s$，$n_s$ 为混合气体中的组元种数。

将各组元质量守恒方程相加即可得到总质量守恒方程，故求解各组元的控制方程时可略去一个组元方程，用总质量守恒方程替代，以简化计算。

$$
U = \begin{bmatrix} \rho_1 \\ \rho_2 \\ \vdots \\ \rho_{n_s-1} \\ \rho \\ \rho u \\ \rho v \\ \rho E \\ \rho e_v \\ \rho e_e \end{bmatrix}, \quad
E = \begin{bmatrix} \rho_1 u \\ \rho_2 u \\ \vdots \\ \rho_{n_s-1} u \\ \rho u \\ \rho u^2 + p \\ \rho uv \\ \rho uH \\ \rho ue_v \\ u(\rho e_e + p_e) \end{bmatrix}, \quad
F = \begin{bmatrix} \rho_1 v \\ \rho_2 v \\ \vdots \\ \rho_{n_s-1} v \\ \rho v \\ \rho uv \\ \rho v^2 + p \\ \rho vH \\ \rho ve_v \\ v(\rho e_e + p_e) \end{bmatrix}, \quad
G = \frac{1}{r}\begin{bmatrix} \rho_1 v \\ \rho_2 v \\ \vdots \\ \rho_{n_s-1} v \\ \rho v \\ \rho uv \\ \rho v^2 \\ \rho vH \\ \rho ve_v \\ v(\rho e_e + p_e) \end{bmatrix}
\tag{2.4}
$$

$$
E_v = \begin{bmatrix} \rho D_1 \dfrac{\partial c_1}{\partial x} \\ \rho D_2 \dfrac{\partial c_2}{\partial x} \\ \vdots \\ \rho D_{n_s-1} \dfrac{\partial c_{n_s-1}}{\partial x} \\ 0 \\ \tau_{xx} \\ \tau_{xr} \\ u\tau_{xx} + v\tau_{xr} + q_x \\ q_{vx} \\ q_{ex} \end{bmatrix}, \quad
F_v = \begin{bmatrix} \rho D_1 \dfrac{\partial c_1}{\partial r} \\ \rho D_2 \dfrac{\partial c_2}{\partial r} \\ \vdots \\ \rho D_{n_s-1} \dfrac{\partial c_{n_s-1}}{\partial r} \\ 0 \\ \tau_{xr} \\ \tau_{rr} \\ u\tau_{xr} + v\tau_{rr} + q_r \\ q_{vr} \\ q_{er} \end{bmatrix}, \quad
G_v = \frac{1}{r}\begin{bmatrix} \rho D_1 \dfrac{\partial c_1}{\partial r} \\ \rho D_2 \dfrac{\partial c_2}{\partial r} \\ \vdots \\ \rho D_{n_s-1} \dfrac{\partial c_{n_s-1}}{\partial r} \\ 0 \\ \tau_{xr} \\ \tau_{rr} - \tau_{\theta\theta} \\ u\tau_{xr} + v\tau_{rr} + q_r \\ q_{vr} \\ q_{er} \end{bmatrix}
\tag{2.5}
$$

由物理化学过程产生的源项为

$$
W = \begin{bmatrix} \dot{\omega}_1 \\ \dot{\omega}_2 \\ \vdots \\ \dot{\omega}_{n_s-1} \\ 0 \\ 0 \\ 0 \\ Q_{\mathrm{abs}} + Q_{\mathrm{rad}} \\ Q_{T\text{-}V} + Q_{E\text{-}V} + \sum\limits_{s=\mathrm{mol}} \dot{\omega}_s \widehat{D}_s \\ Q_{\mathrm{abs}} + Q_{\mathrm{rad}} + Q_{T\text{-}E} - Q_{E\text{-}V} - \sum\limits_{s=\mathrm{ion}} \dot{n}_{e,s} \widehat{I}_s \end{bmatrix}
\tag{2.6}
$$

其中，$\rho$、$\rho_i$ 分别为混合气体总密度和组元 $i$ 的密度；$p$、$p_e$ 分别为混合气体的压强和电子分压强；$u$、$v$ 为两个坐标方向上的速度分量；$E$、$H$ 分别为单位质量混合气体的总能和总焓；$e_v$ 是混合气体单位质量振动能；$e_e$ 是混合气体单位质量电子能；$q_x$、$q_r$，$q_{vx}$、$q_{vr}$，$q_{ex}$、$q_{er}$ 分别是总热流、振动热流和电子热流在两个坐标方向上的分量；$D_i$ 表示组元 $i$ 的扩散系数；$c_i$ 为该组元的质量分数。

由物理化学过程产生的源项 $W$ 中，$\dot{\omega}_i$ 是组元 $i$ 由化学反应产生的质量源项；$Q_{abs}$ 是激光能量吸收源项；$Q_{rad}$ 为辐射效应源项；$Q_{T-V}$ 表示重粒子平动能与振动能之间的弛豫；$Q_{E-V}$ 表示电子能与振动能之间的弛豫；$Q_{T-E}$ 表示重粒子平动能与电子能之间的弛豫；$\sum\limits_{s=\mathrm{mol}}\dot{\omega}_s\widehat{D}_s$ 和 $\sum\limits_{s=\mathrm{ion}}\dot{n}_{e,s}\widehat{I}_s$ 分别代表离解和电离对振动能和电子能带来的损失，mol 和 ion 分别表示分子和离子组元。

其中，各热力学量之间有如下关系：

$$c_i = \frac{\rho_i}{\rho} \tag{2.7}$$

$$E = e + \frac{1}{2}(u^2+v^2) = \sum_{i=1}^{n_s} c_i e_i + \frac{1}{2}(u^2+v^2) \tag{2.8}$$

$$H = h + \frac{1}{2}(u^2+v^2) = E + \frac{p}{\rho} \tag{2.9}$$

$$e_v = \sum_{i=\mathrm{mol}} c_i e_{v,i} \tag{2.10}$$

$$e_e = \sum_{i} c_i e_{e,i} \tag{2.11}$$

热流表示为

$$q_n = \left(k_t \frac{\partial T}{\partial n} + k_v \frac{\partial T_v}{\partial n} + k_e \frac{\partial T_e}{\partial n}\right) + \rho \sum_{i=1}^{n_s} h_i D_i \frac{\partial c_i}{\partial n} \qquad (n=x,r) \tag{2.12}$$

$$q_{vn} = k_v \frac{\partial T_v}{\partial n} + \rho \sum_{i=\mathrm{mol}} h_{v,i} D_i \frac{\partial c_i}{\partial n} \qquad (n=x,r) \tag{2.13}$$

$$q_{en} = k_e \frac{\partial T_e}{\partial n} + \rho \sum_{i=1}^{n_s} h_{e,i} D_i \frac{\partial c_i}{\partial n} \qquad (n=x,r) \tag{2.14}$$

其中，$e$ 为单位质量混合气体内能，其中包含各组元零点能；$h$ 为单位质量混合气体的焓；下标 $v,i$、$e,i$ 分别表示组元 $i$ 的振动能模式及电子能模式；$k_t$、$k_v$、$k_e$ 分别是平动、振动和电子热传导系数。应力张量各分量的表达式如下：

$$\begin{cases} \tau_{xx} = -\dfrac{2}{3}\mu(\nabla\cdot V) + 2\mu\dfrac{\partial u}{\partial x} = \dfrac{2}{3}\mu\left(2\dfrac{\partial u}{\partial x} - \dfrac{\partial v}{\partial r} - \dfrac{v}{r}\right) \\[2mm] \tau_{rr} = -\dfrac{2}{3}\mu(\nabla\cdot V) + 2\mu\dfrac{\partial v}{\partial r} = \dfrac{2}{3}\mu\left(2\dfrac{\partial v}{\partial r} - \dfrac{\partial u}{\partial x} - \dfrac{v}{r}\right) \\[2mm] \tau_{\theta\theta} = -\dfrac{2}{3}\mu(\nabla\cdot V) + 2\mu\dfrac{v}{r} = \dfrac{2}{3}\mu\left(\dfrac{2v}{r} - \dfrac{\partial u}{\partial x} - \dfrac{\partial v}{\partial r}\right) \\[2mm] \tau_{xr} = \tau_{rx} = \mu\left(\dfrac{\partial u}{\partial r} + \dfrac{\partial v}{\partial x}\right) \end{cases} \tag{2.15}$$

其中，$\mu$ 表示黏性系数，$\nabla \cdot V = \dfrac{\partial u}{\partial x} + \dfrac{\partial v}{\partial r} + \dfrac{v}{r}$。

上述控制方程组适用于一般的激光加热气体流动描述。对于激光推进中某一类特定的模式或某一模式下的特定阶段，其主导因素不尽相同。针对所关心的具体问题，根据流动的具体特征选取合适的热化学模型，按照其自身特点将一般性的控制方程组转化为适当形式，以更好地抓住问题的主要矛盾，这对于数值计算和理论分析都是十分有利的。

## 2.2　能量源项模型

### 2.2.1　激光吸收

#### 1. 逆轫致吸收

物质对光子的吸收有束缚-束缚、束缚-自由、自由-自由三类。在激光热推力器中，等离子体吸收激光的主要过程为电子自由-自由吸收，即电子逆轫致吸收过程。此时，自由电子被激光电场激励而发生高频振荡，并以一定概率与粒子(主要为离子)发生碰撞，把能量传递给比较重的粒子，从而使等离子体的能量增大、温度升高。

一个速度为 $v$ 的电子在运动过程中受离子、原子电场作用而偏转，同时发射或吸收光子，其能量可按粒子轨道理论计算[3]。由于电子速率分布满足温度为 $T_e$ 的玻尔兹曼分布律，故总吸收系数可按速率积分获得。Raizer 和 Tybulewicz 给出的激光逆轫致吸收系数为[4]

$$\kappa_l = \frac{16\pi^2}{3}\left(\frac{2\pi}{3}\right)^{1/2} \frac{e^6 Z^2 n_e n_i}{(m_e k_b T_e)^{3/2} c\omega^2} g \qquad (\text{cm}^{-1}) \qquad (2.16)$$

其中，$n_i$ 和 $n_e$ 分别为离子数密度和电子数密度；$k_b$、$c$、$e$、$m_e$ 分别为玻尔兹曼常数、光速、元电荷量和电子质量；$Z$ 为离子平均电荷数；$\omega$ 为激光频率。式中冈特因子 $g$ 为

$$g = \frac{\sqrt{3}}{\pi}\ln\left(\frac{4k_b T_e}{Ze^2 n_e^{1/3}}\right) \approx 0.55\ln\left(\frac{2.4\times10^3 T_e}{Z^{4/3} n^{1/3}}\right) \qquad (2.17)$$

式中，$n$ 为初始原子数密度，物理常量单位均使用高斯制，温度单位取 K，粒子数密度单位为 $\text{cm}^{-3}$。

特别地，激光热推进研究范围内等离子体主要为一次电离，则 $n_i = n_e$；针对 $CO_2$ 激光波长 $10.6\mu\text{m}$，其吸收系数为

$$\kappa_{lCO_2}(n_e, T_e) = 1.1\times10^{-41} \frac{n_e^2}{T_e^{3/2}}\ln\left(2.4\times10^5 \frac{T_e}{n_e^{1/3}}\right) \qquad (\text{cm}^{-1}) \qquad (2.18)$$

其中，$n_e$ 的单位为 $\text{m}^{-3}$。或使用电子分压强 $p_e$ 表示吸收系数，考虑到 $p_e = n_e k_b T_e$ 并采用 atm 为单位，则有[4,5]

$$\kappa_{lCO_2}(p_e, T_e) = \frac{5.72 p_{e,\text{atm}}^2 \ln\left[27\left(T_e/10^4\right)^{4/3} p_{e,\text{atm}}^{-1/3}\right]}{\left(T_e/10^4\right)^{7/2}} \qquad (\text{cm}^{-1}) \qquad (2.19)$$

获得吸收系数后，入射激光在等离子体中的传播距离为 $ds$ 时，光强空间分布按照 Lambert-Beer 衰减定律确定：

$$\frac{\mathrm{d}I}{\mathrm{d}s} = -\kappa_l I \tag{2.20}$$

该微分方程的解是 $I = I_0 \mathrm{e}^{-\int \kappa_l \mathrm{d}s}$。

### 2. 共振吸收

除逆轫致吸收机制外，等离子体对激光的吸收还包括多种反常吸收。此时激光能量通过非碰撞机制转化为等离子体波，进而通过各种耗散机制转化为等离子体热能，同样会使等离子体温度升高。其中比较重要的一类是共振吸收。

研究激光与等离子体相互作用时，临界电子数密度定义为

$$n_{e,\mathrm{cr}} = \frac{\varepsilon_0 m_e \omega^2}{e^2} \tag{2.21}$$

其中，$\varepsilon_0$ 为真空介电常量；$\omega$ 为入射激光频率。

等离子体中 $n_e = n_{e,\mathrm{cr}}$ 的位置称为临界面，入射激光无法穿过该面进入等离子体内部。正入射激光可到达临界面并产生反射，斜入射激光则在此前某个低于临界值的地方转向，称此处为折返点，如图 2.2 所示。

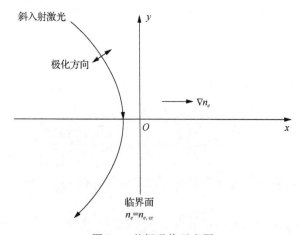

图 2.2　共振吸收示意图

如果激光是斜入射、线极化的，且极化方向处于激光传播方向与电子数密度梯度 $\nabla n_e$ 方向组成的平面内，称为 P 极化。当斜入射的 P 极化激光束传播到折返点时，激光电场方向与电子数密度方向重合。折返点距临界面虽有一定距离，但临界面处电场不为零，导致等离子体电荷分离，引起等离子体振荡。由于振荡频率为激光频率，因此引发共振，从而实现了能量从横向电磁波转化为纵向的电子 Langmuir 波[6]。

由上述分析可以看出，产生共振吸收需要同时满足三个条件：激光斜入射、P 极化的偏振方向以及达到该激光波长对应的临界电子数密度。产生共振吸收的同时，等离子体与激光的相互作用涉及反射、散射、辐射跃迁等过程，关于总的有效吸收效率尚未获得统一认识。

特别注意到，当入射角度为 0，即正入射时，电子数密度梯度方向上激光电场没有分量，此时即使电子数密度达到临界值也仅使得入射激光产生反射，不发生共振吸收[3]。

## 2.2.2 内能弛豫

基本方程中振动能方程和电子能方程中均包含弛豫能量源项，即能量在不同内能模式之间的转移，其关系如图 2.3 所示。具体表达式[1]如下。

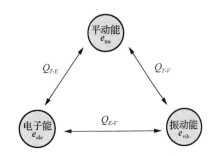

1. 平动能-振动能间的弛豫

$$Q_{T\text{-}V} = \sum_{i=\text{mol}} \rho_i \frac{(e_{v,i}^* - e_{v,i})}{<\tau_{T\text{-}v,i}>} \tag{2.22}$$

其中，$e_{v,i}^*$ 为利用平动温度计算的振动能；$<\tau_{T\text{-}v,i}>$
为 Landau-Teller 弛豫时间：

图 2.3 能量在不同模式间的弛豫示意图

$$<\tau_{T\text{-}v,i}> = \tau_{T\text{-}v,i}^{\text{MW}} + \tau_{T\text{-}v,i}^{P} \tag{2.23}$$

式中，$\tau_{T\text{-}v,i}^{\text{MW}}$ 和 $\tau_{T\text{-}v,i}^{P}$ 分别为 Millikan-White 弛豫时间和 Park 有限碰撞时间：

$$\begin{cases} \tau_{T\text{-}v,i}^{\text{MW}} = \dfrac{1}{p} \cdot \dfrac{\sum\limits_{j \neq e} n_j \cdot \exp\left[ A_i \left( T^{-\frac{1}{3}} - 0.015 \mu_{ij}^{\frac{1}{4}} \right) - 18.42 \right]}{\sum\limits_{j=1}^{10} n_j} \\[4mm] \tau_{T\text{-}v,i}^{P} = (\sigma_i \cdot \bar{c}_i \cdot n_i)^{-1} \end{cases} \tag{2.24}$$

其中，$p$ 的单位为 atm；$\mu_{ij} = \dfrac{M_i M_j}{M_i + M_j}$ 为碰撞组元 $i$ 和 $j$ 的折合质量；$\bar{c}_i = \sqrt{\dfrac{8\bar{R}T}{\pi M_i}}$ 是分子 $i$ 的平均热运动速度；$\bar{R}$ 为通用气体常数；$\sigma_i$ 为振动弛豫的有效碰撞截面面积，一般 $\sigma_i = \left( \dfrac{50000}{T} \right)^2 \cdot 10^{-21}$ $(\text{m}^2)$。

2. 电子能-振动能间的弛豫

$$Q_{E\text{-}V} = \sum_{i=\text{mol}} \rho_i \frac{(e_{v,i}^{**} - e_{v,i})}{<\tau_{e\text{-}v,i}>} \tag{2.25}$$

其中，$<\tau_{e\text{-}v,i}>$ 为弛豫时间；$e_{v,i}^{**}$ 为利用电子温度计算的振动能。

对 $N_2$ 弛豫时间计算如下[7]：

$$\lg(p_e \tau_{e\text{-}v,N_2}) = \begin{cases} 3.91(\lg T_e)^2 - 30.36(\lg T_e) + 48.90 & (1000\text{K} \leqslant T_e \leqslant 7000\text{K}) \\ 1.30(\lg T_e)^2 - 9.09(\lg T_e) + 5.58 & (7000\text{K} < T_e \leqslant 50000\text{K}) \end{cases} \tag{2.26}$$

其中，$p_e$ 的单位取 atm。

Park 和 Lee 据此计算了其他组元的弛豫时间[8]，包括：

$$\tau_{e\text{-}v,O_2} = 300\tau_{e\text{-}v,N_2}(1.492T_e) \tag{2.27}$$

$$\tau_{e\text{-}v,NO} = 300\tau_{e\text{-}v,N_2}(1.239T_e) \tag{2.28}$$

其中，因子 300 表示 $O_2$ 和 NO 的碰撞截面比 $N_2$ 小 300 倍。

3. 平动能-电子能间的弛豫

$$Q_{T\text{-}E} = 2\rho_e \frac{3}{2}\bar{R}(T - T_e)\sum_{i\neq e}\frac{\nu_{ei}}{M_i} \tag{2.29}$$

其中，$\nu_{ei}$ 为电子与非电子组元 $i$ 的有效碰撞频率。其中，电子与离子组元间的碰撞频率为

$$\nu_{ei} = \frac{8}{3}\left(\frac{\pi}{m_e}\right)^{0.5} n_i e^4 \frac{1}{(2k_bT_e)^{3/2}}\ln\left(\frac{k_b^{\;3}T_e^{\;3}}{\pi n_e e^6}\right) \tag{2.30}$$

电子与中性粒子组元间的碰撞频率为

$$\nu_{ei} = n_i\sigma_{ei}\left(\frac{8k_bT_e}{\pi m_e}\right)^{1/2} \tag{2.31}$$

其中，有效电子-中性粒子能量交换碰撞截面拟合公式为

$$\sigma_{ei} = \tilde{a}_i + \tilde{b}_iT_e + \tilde{c}_iT_e^2 \tag{2.32}$$

拟合系数可参照 NASA 技术报告[1]。

## 2.2.3　化学反应

振动能和电子能守恒方程中，均有化学反应导致的能量源项，如下[1]。

(1)振动能方程中，$\sum_{i=\text{mol}}\dot{\omega}_i\hat{D}_i$ 是由分子组元的离解或复合导致的振动能变化。其中 $\hat{D}_i$ 代表组元 $i$ 单位质量双原子分子的振动能，由式(2.33)给出：

$$\hat{D}_i = c_1\tilde{D}_i \tag{2.33}$$

其中，$c_1$ 通常取为 0.8；$\tilde{D}_i$ 为物性参数。

(2)电子能方程中，$\sum_{i=\text{ion}}\dot{n}_{e,i}\hat{I}_i$ 项表示通过电子碰撞产生离子时电子能的损失。其中，$\hat{I}_i$ 为单位摩尔的电离能；$\dot{n}_{e,i}$ 为组元 $i$ 的摩尔生成速率，即等于正向反应速率：

$$\dot{n}_{e,i} = R_{fr} \tag{2.34}$$

## 2.2.4　辐射效应

处在高温状态下的等离子体同时对外辐射能量。精确考虑热辐射的影响，需要在整个计算域内采用各种数值方法(离散传递法(DTM)、离散坐标法(DOM)、有限体积法(FVM)等)求解辐射输运方程(radiative transfer equation)：

$$\frac{\mathrm{d}I_\nu(\boldsymbol{r},\boldsymbol{s})}{\mathrm{d}s} = j_\nu - \kappa_\nu{'}I_\nu(\boldsymbol{r},\boldsymbol{s}) - \sigma_{s\nu}I_\nu(\boldsymbol{r},\boldsymbol{s}) + \frac{\sigma_{s\nu}}{4\pi}\int_{4\pi}I_\nu(\boldsymbol{r},\boldsymbol{s'})\varPhi_\nu(\boldsymbol{s},\boldsymbol{s'})\mathrm{d}\varOmega' \tag{2.35}$$

其中，$I_\nu$ 为位置 $\boldsymbol{r}$ 处和 $\boldsymbol{s}$ 方向上的光谱辐射强度；$j_\nu$、$\kappa_\nu{'}$ 分别为光谱发射系数和强迫发射修正后的光谱吸收系数；$\sigma_{s\nu}$ 和 $\varPhi_\nu(\boldsymbol{s},\boldsymbol{s'})$ 为散射系数和散射相函数；$\mathrm{d}\varOmega'$ 为立体角微元；下标 $\nu$ 表示频率。

在以吸收和发射为主、不考虑散射的情况下，式(2.35)简化为

$$\frac{\mathrm{d}I_\nu(\boldsymbol{r},\boldsymbol{s})}{\mathrm{d}s} = j_\nu - \kappa_\nu{'}I_\nu(\boldsymbol{r},\boldsymbol{s}) \tag{2.36}$$

而流动控制方程中的辐射效应源项为

$$Q_{\mathrm{rad}} = -\nabla\cdot\boldsymbol{q}_{\mathrm{rad}} = -\nabla\cdot\left(\int_0^\infty\int_{4\pi}I_\nu\boldsymbol{\varOmega}\cdot\mathrm{d}\varOmega\cdot\mathrm{d}\nu\right) \tag{2.37}$$

其中，$\boldsymbol{q}_{\mathrm{rad}}$ 为辐射能流。因此，辐射输运方程和流场能量方程组成的方程组具有积分和微分的特点，并且同时包括对频率 $\nu$ 和对角度 $\varOmega$ 的积分，由此造成了方程组求解的困难。

此外，该方程的解算需建立在获得特定等离子体详细的光谱发射系数 $j_\nu$ 和光谱吸收系数 $\kappa_\nu{'}$ 的基础上，即使认为二者满足基尔霍夫定律：

$$j_\nu = I_{\nu p}\kappa_\nu^{'}$$

其中，$I_{\nu p} = 2h_p\nu^3 \left/ \left[c^2\left(\mathrm{e}^{\frac{h_p\nu}{k_b T}} - 1\right)\right]\right.$ 为黑体辐射强度，$c$ 为光速，$h_p$ 为普朗克常数，也需要详细获得至少一个物性参数。等离子体辐射根据不同跃迁机制分为以下三类。

(1)连续谱辐射吸收系数，包括电子的自由-自由跃迁，以及中性粒子与电离态粒子之间的束缚-自由跃迁。

(2)线性谱辐射吸收系数，主要对应于原子的束缚-束缚跃迁。

(3)带谱辐射吸收系数，主要对应于分子的束缚-束缚跃迁。

它们均是当地组元浓度、流场密度、压力、温度等的复杂函数，并且往往难以精确计算或实验测得。为此，本书在处理辐射效应时采用文献[9]和文献[10]给出的简化计算模型，描述如下。

考虑到气体介质按频率选择性吸收的特点，可将辐射分为两类[11]：对于弱吸收的波段(即光学薄的波段)，辐射能量直接穿透了工作物质，因而可以视作某种热损失源项；对于强吸收的波段(即光学厚的波段)，辐射能量在一个较小的距离上被辐射、吸收、再辐射，其总的作用效果相当于能量的再分配，因而可以作为热传导的某种增强效果加以考虑，而这一效果是可以实际测量的。

按照这一思想，两类辐射可以得到各自的近似表达形式[12]。对于光学厚部分，其辐射能流由辐射热传导近似给出：

$$\boldsymbol{q}_{\mathrm{rad},tk} = -\frac{c}{3}\int_0^\infty l_\nu{'}\nabla U_{\nu p}\mathrm{d}\nu = -\frac{16\sigma_b l_R T^3}{3}\nabla T \stackrel{\mathrm{def}}{=\!=} -k_{\mathrm{rad}}\nabla T \tag{2.38}$$

其中，$\sigma_b$ 为斯特藩-玻尔兹曼常数；$U_{\nu p}$ 为光谱平衡辐射密度；$l_\nu' = 1/\kappa_\nu'$ 为强迫发射修正后的光谱自由程；$l_R$ 则是将 $l_\nu'$ 按光谱进行平均得到的平均自由程，称为罗斯兰德平均自由程：

$$l_R = \frac{\int_0^\infty l_\nu' \dfrac{\mathrm{d}U_{\nu p}}{\mathrm{d}T}\mathrm{d}\nu}{\int_0^\infty \dfrac{\mathrm{d}U_{\nu p}}{\mathrm{d}T}\mathrm{d}\nu} = \int_0^\infty l_\nu' G(u)\mathrm{d}u \tag{2.39}$$

其中，$G(u)$ 为权重因子：

$$G(u) = \frac{15}{4\pi^4}\frac{u^4 \mathrm{e}^{-u}}{(1-\mathrm{e}^{-u})^2} \tag{2.40}$$

其中，无量纲变量 $u = \dfrac{h\nu}{k_b T}$。

对于光学薄部分，由于产生于介质内部的辐射几乎不受阻碍地穿透，效果表现为单位体积辐射损失：

$$Q_{\mathrm{rad},m} = c\int_0^\infty \kappa_\nu' U_{\nu p}\mathrm{d}\nu = \frac{4\sigma_b T^4}{l_P} \tag{2.41}$$

其中，$l_P$ 是将吸收系数按光谱进行平均得到的平均自由程，称为普朗克自由程，其定义式为

$$\frac{1}{l_P} = \frac{\int_0^\infty \kappa_\nu' U_{\nu p}\mathrm{d}\nu}{\int_0^\infty U_{\nu p}\mathrm{d}\nu} = \int_0^\infty \kappa_\nu' G_1(u)\mathrm{d}u \tag{2.42}$$

权重因子 $G_1(u)$ 为

$$G_1(u) = \frac{15}{\pi^4}\frac{u^3}{\mathrm{e}^u - 1} \tag{2.43}$$

采用上述处理方式，辐射效应源项可分解为

$$Q_{\mathrm{rad}} = Q_{\mathrm{rad},tk} - Q_{\mathrm{rad},m} = \nabla \cdot (k_{\mathrm{rad}}\nabla T) - Q_{\mathrm{rad},tn} \tag{2.44}$$

其中，$Q_{\mathrm{rad},tk}$ 的影响通过辐射热传导系数 $k_{\mathrm{rad}}$ 引入；$Q_{\mathrm{rad},m}$ 的影响则通过加入热沉项来体现。

对于氩等离子体，10000K 以上辐射热传导系数的作用开始显著，文献[13]和文献[14]给出了实验结果，如图 2.4 所示，其中同时标出了实验测得氩等离子体的总热传导系数值和未考虑辐射影响计算出的理论值，可以看到在 10000K 以上时二者有明显区别。

对于氢等离子体，Kemp 和 Root 通过光谱数据分析给出以下公式以计算辐射效应显著后的热传导系数[15]：

$$k_{\mathrm{rad}} = \frac{0.775\times10^{30}}{T^2}\frac{Z_{\mathrm{ele,H}}}{n_{\mathrm{H}}}\left[\frac{7!\mathrm{e}^{-150865/T}}{(11605/T)^8}\sum_{l=0}^7\frac{(150865/T)^l}{l!}\right] \tag{2.45}$$

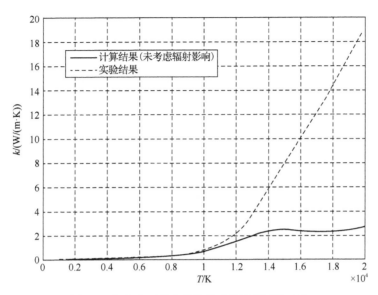

图 2.4  氩等离子体总热传导系数随温度的变化

其中，$n_H$ 和 $Z_{ele,H}$ 分别是 H 原子的数密度和电子配分函数：

$$Z_{ele,H} = 2\left[\sum_{j=1}^{L} j^2 \exp\left(\frac{\theta_{IL}}{Tj^2}\right)\right]\exp\left(-\frac{\theta_{IL}}{T}\right)$$

其中，$L$ 为能级数；$\theta_{IL}$ 为原子电离能对应的特征温度。

对于激光加热空气爆震产生的等离子体，因其时空尺度和物性特点，本书主要考虑光学薄损失。由于存在多种组元，其光谱吸收系数的计算十分复杂，Olstad 通过大量工作给出了如下表达式[16]：

$$k_P = 7.94\times10^{-26}\left(\frac{\rho}{\rho_0}\right)^{3.25} T^{6.0-0.5\lg\left(\frac{\rho}{\rho_0}\right)} \tag{2.46}$$

其单位为 $\text{cm}^{-1}$，参考密度 $\rho_0 = 1.288\text{kg}/\text{m}^3$。

## 2.3  化学组元模型

化学组元计算在求解控制方程中十分重要，不仅因化学反应焓变影响了各能量方程，电子组元数密度更是计算激光逆轫致吸收系数所必需的参数。对于不同流动条件，计算气体化学组元有不同方法。对于化学非平衡流动，需要给出各组元控制方程中的质量源项 $\dot{\omega}_i$，采用的主要方法是有限速率化学反应模型。对于化学平衡流动，需要得到给定压力、温度条件下气体推进剂各组元的含量，目前常用方法为平衡常数法或最小自由能法。考虑到与控制方程组同步解算的复杂程度，本书采用平衡常数法。下面分别给出两种模型。

### 2.3.1　有限速率化学反应模型

#### 1. 化学反应源项

控制方程组的组元方程中，由化学反应导致的质量源项 $\dot{\omega}_i$ 按有限速率化学反应动力学计算。假设在 $n_s$ 个化学组元的混合气体中有 $n_r$ 个反应，第 $r$ 个反应式可表示成如下的一般形式：

$$\sum_{i=1}^{n_s} \alpha_{ri} X_i \underset{k_{br}}{\overset{k_{fr}}{\rightleftharpoons}} \sum_{i=1}^{n_s} \beta_{ri} X_i \quad (r = 1, 2, \cdots, n_r) \tag{2.47}$$

其中，$X_i$ 代表参与反应的组元；$\alpha_{ri}$、$\beta_{ri}$ 是反应物与生成物的化学当量系数；$k_{fr}$、$k_{br}$ 分别表示正、逆向反应速率系数。

某一组元 $i$ 在某一反应 $r$ 中的源项 $\dot{\omega}_{i,r}$，即单位体积组元的质量生成率为

$$\dot{\omega}_{i,r} = M_i \left( \frac{\mathrm{d}[X_i]}{\mathrm{d}t} \right)_r \tag{2.48}$$

反应式中组元 $i$ 的摩尔浓度 $[X_i]$ 的变化率为

$$\left( \frac{\mathrm{d}[X_i]}{\mathrm{d}t} \right)_r = (\beta_{ri} - \alpha_{ri}) \left( k_{fr} \prod_{j=1}^{n_s} [X_j]^{\alpha_{rj}} - k_{br} \prod_{j=1}^{n_s} [X_j]^{\beta_{rj}} \right) \tag{2.49}$$

定义正向反应速率和逆向反应速率为

$$R_{fr} = k_{fr} \prod_{j=1}^{n_s} [X_j]^{\alpha_{rj}} \tag{2.50}$$

$$R_{br} = k_{br} \prod_{j=1}^{n_s} [X_j]^{\beta_{rj}} \tag{2.51}$$

则式 (2.49) 可以写为

$$\left( \frac{\mathrm{d}[X_i]}{\mathrm{d}t} \right)_r = (\beta_{ri} - \alpha_{ri})(R_{fr} - R_{br}) \tag{2.52}$$

其中，摩尔浓度定义为

$$[X_i] = \frac{\rho_i}{M_i} = \rho \frac{c_i}{M_i} \tag{2.53}$$

其中，$c_i = \dfrac{\rho_i}{\rho}$ 为组元的质量分数。

控制方程中组元 $i$ 的质量源项 $\dot{\omega}_i$ 为各反应方程式质量生成率 $\dot{\omega}_{i,r}$ 之和：

$$\dot{\omega}_i = \sum_r \dot{\omega}_{i,r} \tag{2.54}$$

#### 2. 化学反应速率系数

选定组元及相应化学反应式后，质量源项的求解只需确定各化学反应式中的正向反应

速率系数 $k_{fr}$ 和逆向反应速率系数 $k_{br}$。其计算可以使用修正的阿伦尼乌斯(Arrhenius)公式：

$$k_{fr} = A_{fr} T_k^{B_{fr}} \exp\left(-\frac{C_{fr}}{T_k}\right) \tag{2.55}$$

$$k_{br} = A_{br} T_k^{B_{br}} \exp\left(-\frac{C_{br}}{T_k}\right) \tag{2.56}$$

其中，$T_k$ 是反应控制温度。在三温度模型中对应于涉及的六类化学反应：离解反应、交换反应、结合电离、电荷交换、碰撞电离和辐射复合，需要取不同的温度。$A_{fr}$、$B_{fr}$、$C_{fr}$、$A_{br}$、$B_{br}$、$C_{br}$ 是依赖于反应方程的常数。对于空气，文献[1]的附表中给出了 11 组元化学反应详细数据，可用以参考。

一些化学反应模型仅给出正向反应速率系数的计算常数，逆向反应速率系数通过平衡常数 $K_{eq}$ 获得：

$$k_{br} = \frac{k_{fr}}{K_{eq}} \tag{2.57}$$

### 3. 化学反应平衡常数

对于某一化学反应式，由化学反应速率系数定义的平衡常数 $K_{eq} = k_{fr}/k_{br}$，其基准为摩尔浓度；以各组元分压强定义的平衡常数形式为 $K_p = \prod_i p_i^{\beta_i} / \prod_i p_i^{\alpha_i}$；以粒子数密度定义的平衡常数形式为 $K_n = \prod_i n_i^{\beta_i} / \prod_i n_i^{\alpha_i}$。三者之间的换算如下：

$$K_{eq} = \left(\frac{1}{\overline{R}T}\right)^{\Delta\nu} K_p \tag{2.58}$$

$$K_p = \left(k_b T\right)^{\Delta\nu} K_n \tag{2.59}$$

其中，$\Delta\nu = \sum_i (\beta_i - \alpha_i)$；$\overline{R}$ 和 $k_b$ 分别为通用气体常数和玻尔兹曼常数。

对于研究较多的气体之间的化学反应，平衡常数可通过实验数据拟合等手段获得。例如，对高温空气的相关研究给出了随温度变化的拟合曲线来计算平衡常数[1]：

$$K_{eq} = \exp(B_1 + B_2 \ln Z + B_3 Z + B_4 Z^2 + B_5 Z^3) \tag{2.60}$$

$$Z = 10000/T_k \tag{2.61}$$

对于没有现成数据的化学反应，平衡常数 $K_{eq}$ 可以用热力学参数计算：

$$\begin{aligned}
K_{eq} &= \left(\frac{1}{\overline{R}T}\right)^{\Delta\nu} K_p \\
&= \left(\frac{1}{\overline{R}T}\right)^{\Delta\nu} \mathrm{e}^{-\frac{\Delta G_m^0}{\overline{R}T}} (p_{\mathrm{atm}})^{\Delta\nu} \\
&= \left(\frac{p_{\mathrm{atm}}}{\overline{R}T}\right)^{\Delta\nu} \mathrm{e}^{-\frac{\Delta G_m^0}{\overline{R}T}}
\end{aligned} \tag{2.62}$$

其中，$p_{atm}$ 为标准大气压；摩尔吉布斯(Gibbs)自由焓变 $\Delta G_m^0 = \Delta h_m^0 - T\Delta s_m^0$，其中摩尔焓变和熵变为

$$\begin{cases} \Delta h_m^0 = \sum_i (\beta_i - \alpha_i) h_{m,i}^0 \\ \Delta s_m^0 = \sum_i (\beta_i - \alpha_i) s_{m,i}^0 \end{cases} \tag{2.63}$$

其中，上标 0 表示在标准大气压下(1atm)的值；下标 $m$ 表示摩尔量。标准大气压下的焓和熵可写成如下形式：

$$\begin{cases} h_{m,i}^0(T) = \int_{T_0}^{T} c_{p_m,i} \mathrm{d}T \\ s_{m,i}^0(T) = \int_{T_0}^{T} \dfrac{c_{p_m,i}}{T} \mathrm{d}T \end{cases} \tag{2.64}$$

因此问题归结为比定压热容 $c_p$ 的求解，将由 2.4 节热力学性质的相关理论给出。

### 2.3.2　化学平衡模型

对于化学平衡流动，要求在给定的压力 $p$ 和温度 $T$ 下求解各组元含量，本书采用平衡常数法进行计算。对于各选定组元，其分压间满足如下关系。

(1)道尔顿分压定律，即 $p = \sum_i p_i$。

(2)元素守恒，即各组元中各元素之比保持不变。

(3)电荷守恒，即电子总电荷等于各正离子电荷之和。

(4)各组元含量满足平衡常数关系。

以 Ar 推进剂为例，激光推进研究的温度范围主要发生一阶电离反应，因此使用以下三组元模型：Ar、$Ar^+$、$e^-$。考虑的主要反应式为高温状态下 Ar 原子由于级联电离而释放电子：

$$Ar + e^- \rightleftharpoons Ar^+ + e^- + e^- \tag{2.65}$$

由于只涉及一种元素，不需要使用元素守恒方程。由分压定律有

$$p = p_a + p_i + p_e = (n_a + n_i + n_e) k_b T \tag{2.66}$$

其中，$p$ 为压力；$n$ 为数密度；下标 $a$、$i$、$e$ 分别为原子、离子和电子。

由电荷守恒有

$$n_i = n_e \tag{2.67}$$

化学平衡关系给出：

$$\frac{n_i n_e}{n_a} = K_n \tag{2.68}$$

对于一次电离反应，式(2.68)即为 Saha 方程。$K_n$ 由配分函数表示如下：

$$K_n = \frac{n_i n_e}{n_a} = \frac{2Z_i}{Z_a} \left( \frac{2\pi m_e k_b T}{h_p^2} \right)^{\frac{3}{2}} \mathrm{e}^{-\frac{W_I}{k_b T}} \tag{2.69}$$

其中，$W_I$ 为电离能；$m_e$ 和 $h_P$ 分别为电子质量和普朗克常数；$Z_i$、$Z_a$ 是离子和原子配分函数，可从统计热力学计算获得。

给定压力 $p$ 和温度 $T$，联立上述方程，可以求得各组元数密度如下：

$$\begin{cases} n_e = \sqrt{K_n\left(K_n + \dfrac{p}{k_b T}\right)} - K_n \\[3mm] n_i = n_e \\[3mm] n_a = \dfrac{n_e^{\,2}}{K_n} \end{cases} \tag{2.70}$$

## 2.4　热力学性质模型

控制方程中的能量项及化学反应速率系数等都依赖热力学性质的求解。高温条件下，化学组元方面将产生离解、电离等反应；内能方面除常温下的平动能和转动能模式以外，将激发振动能、电子能模式，最终导致气体的热力学性质偏离常温气体，产生"真实气体效应"，即高温效应。其突出特征如下。

(1) 气体推进剂的比热容不再为定值，而与压力和温度有关，即偏离量热气体性质。故能量方程中焓的计算公式 $h = c_p T$ 不再适用，需对比定压热容进行积分获得。

(2) 由于组元间的化学反应，总的混合气体不再服从理想气体状态方程 $p = \rho RT$。此时通过引入压缩因子 $z$，使 $p = z\rho RT$。其中 $z$ 表示混合气体对理想气体的偏离程度，它也是压力和温度的函数。

目前获得高温气体的热力学性质有两种思路：一种思路是从宏观着眼，将高温气体视为一种单质，不具体考虑其中发生的物理化学过程，利用表格或拟合曲线表示热力学性质随温度、压力的变化关系，给出 $c_p(p,T)$、$z(p,T)$ 等关系；另一种思路是从微观入手，在获得气体各组元质量分数 $c_i$ 及各组元热力学性质的基础上，将其按照质量分数进行加权组合，得到气体混合物的热力学性质。下面分别给出两种计算方法。

### 2.4.1　多项式拟合模型

热力学平衡气体性质一般采用拟合曲线或逼近公式来近似。对于空气，研究者做过大量工作。Gupta 等于 1991 年精确计算了 11 组元平衡空气的热力学特性和输运性质，并给出了曲线拟合公式[17]。该方法适用于温度为 500～30000K、压力为 $10^{-4}$～$10^2$atm 的范围。本书在平衡流数值模拟中采用了 Gupta 等的模型计算空气的热力学特性和输运性质。下面分别给出计算需要的焓和压缩因子的拟合公式。

在确定压力下，焓值只是温度的函数。焓值 $h$ 可以通过式(2.71)进行计算，即

$$h = \exp(A_h x^4 + B_h x^3 + C_h x^2 + D_h x + E_h) \tag{2.71}$$

其中，$x = \ln(T/10000)$；$A_h$、$B_h$、$C_h$、$D_h$、$E_h$ 为拟合系数。

当温度低于 500K 时，空气性质为量热完全气体，故

$$h = 0.24 \times 10^{-3} T \tag{2.72}$$

计算所得焓值的单位为 kcal[①]/g。

在确定压力下，压缩因子根据式(2.73)进行计算：

$$z = A_z + B_z x + C_z x^2 + D_z x^3 + E_z x^4 \tag{2.73}$$

其中，$x = T/1000$；$A_Z$、$B_Z$、$C_Z$、$D_Z$、$E_Z$ 为拟合系数，当温度低于 500K 时为理想气体，$z=1$。

### 2.4.2　统计热力学模型

由于激光推进计算中涉及较高温度，对于多数热力学性质，数据库没有相应的值，或者因热力学非平衡假设需要计算不同内能模式的能量。此时可从统计热力学的角度出发，按配分函数计算热力学性质。

1. 组元热力学性质

从微观上看，不同类型的组元(分子、原子、电子)内能的构成不同；同时在热力学非平衡多温度模型中，不同内能模式的能量大小由不同温度表征，如表 2.1 所示。

表 2.1　各类组元的内能模式及多温度模型下各自的表征温度

| 组元 | 平动能 | 转动能 | 振动能 | 电子能 |
| --- | --- | --- | --- | --- |
| 分子(及对应离子) | $T$ | $T$ | $T_v$ | $T_e$ |
| 原子(及对应离子) | $T$ | — | — | $T_e$ |
| 电子 | $T_e$ | — | — | — |

对于满足局部热力学平衡的流动，也可按统计热力学方法由各内能模式计算热力学性质，此时所有模式下的表征温度均取当地热力学平衡温度 $T$。

分子的能量由平动能、转动能、振动能和电子能组成，其配分函数为

$$Z_m = Z_{tra} \cdot Z_{rot} \cdot Z_{vib} \cdot Z_{ele} \tag{2.74}$$

原子的能量由平动能和电子能组成，其配分函数为

$$Z_a = Z_{tra} \cdot Z_{ele} \tag{2.75}$$

自由电子的能量为其平动能，配分函数为

$$Z_e = Z_{tra} \tag{2.76}$$

各种离子配分函数的表达式与其对应的中性分子或原子一致。

平动能模式包含粒子在空间三个维度上的平动能，其摩尔内能和摩尔定容热容分别为

$$e_{tra} = \frac{3}{2} \bar{R} T, \qquad c_{v,tra} = \frac{3}{2} \bar{R} \tag{2.77}$$

转动能模式包含粒子在两个热力学自由度上的能量，在较低温度下就已经处于完全激发状态，其摩尔内能和摩尔定容热容分别为

---

① 1 kcal=4186.8J。

$$e_{\mathrm{rot}} = \bar{R}T, \qquad c_{v,\mathrm{rot}} = \bar{R} \tag{2.78}$$

而振动能模式下的摩尔内能和摩尔定容热容分别为

$$e_{\mathrm{vib}} = \frac{\dfrac{h_p \nu}{k_b T_v}}{\mathrm{e}^{\frac{h_p \nu}{k_b T_v}} - 1} T_v \bar{R}, \qquad c_{v,\mathrm{vib}} = \frac{\partial e_{\mathrm{vib}}}{\partial T_v} = \frac{\left(\dfrac{h_p \nu}{k_b T_v}\right)^2 \mathrm{e}^{\frac{h_p \nu}{k_b T_v}}}{\left(\mathrm{e}^{\frac{h_p \nu}{k_b T_v}} - 1\right)^2} \bar{R} \tag{2.79}$$

其中，$\nu$ 是粒子振动频率。量 $h_p\nu/k_b$ 有温度量纲，可定义振动特征温度 $\theta_v = h_p\nu/k_b$，在一些文献中作为物质的物性参数给出。

对于电子激发部分，其配分函数为

$$Z_{\mathrm{ele}} = \sum_i g_i \mathrm{e}^{-\frac{\omega_i}{k_b T_e}} \tag{2.80}$$

其中，$g_i$ 是第 $i$ 能级简并度；$\omega_i$ 是对应能级能量，所采用的简并度和能级数值取自美国国家标准与技术研究院数据库(national institute of standards and technology-atomic spectra database)。

根据统计热力学相关结论，摩尔电子内能为

$$e_{\mathrm{ele}} = \bar{R} T_e^2 \frac{\partial \ln Z_{\mathrm{ele}}}{\partial T_e} = \bar{R} \frac{\sum_i \left(g_i \mathrm{e}^{-\frac{\omega_i}{k_b T_e}} \cdot \dfrac{\omega_i}{k_b}\right)}{\sum_i \left(g_i \mathrm{e}^{-\frac{\omega_i}{k_b T_e}}\right)} \overset{\mathrm{def}}{=\!=} \bar{R} \frac{B}{A} \tag{2.81}$$

某些场合下近似估计能级数取到 $i=1$，由于量 $\omega_1/k_b$ 有温度量纲，可定义电子激发特征温度 $\theta_e = \omega_1/k_b$，并作为物性参数给出。此时：

$$e_{\mathrm{ele}} = \bar{R} \cdot \frac{\theta_e g_1 \mathrm{e}^{-\theta_e/T_e}}{g_0 + g_1 \mathrm{e}^{-\theta_e/T_e}} \tag{2.82}$$

电子能模式对应的摩尔定容热容为

$$c_{v,\mathrm{ele}} = \frac{\partial e_{\mathrm{ele}}}{\partial T_e} = \bar{R} \frac{1}{T_e^2} \frac{CA - B^2}{A^2} \tag{2.83}$$

系数 $A$、$B$、$C$ 定义如下：

$$\begin{cases} A = \sum_i \left(g_i \mathrm{e}^{-\frac{\omega_i}{k_b T_e}}\right) \\[2mm] B = \sum_i \left(g_i \mathrm{e}^{-\frac{\omega_i}{k_b T_e}} \cdot \dfrac{\omega_i}{k_b}\right) \\[2mm] C = \sum_i \left[g_i \mathrm{e}^{-\frac{\omega_i}{k_b T_e}} \cdot \left(\dfrac{\omega_i}{k_b}\right)^2\right] \end{cases} \tag{2.84}$$

组元内能为各内能模式之和加上零点能。实际问题仅与内能变化有关，应用中引入有效零点能的概念代替零点能[2]。对于分子组元：

$$e = e_{tra} + e_{rot} + e_{vib} + e_{ele} + (\Delta h^f)_{T_{ref}} \tag{2.85}$$

其总摩尔定容热容为各内能模式下的摩尔定容热容之和：

$$c_{v,m} = c_{v,tra} + c_{v,rot} + c_{v,vib} + c_{v,ele} \tag{2.86}$$

原子和自由电子组元的摩尔定容热容分别为 $c_{v,a} = c_{v,tra} + c_{v,ele}$，$c_{v,e} = c_{v,tra}$。

由此可获得摩尔定压热容：

$$c_{p,m} = c_{v,m} + \overline{R} \tag{2.87}$$

比定压热容与摩尔定压热容只相差一个摩尔质量的因子：

$$c_p = \frac{c_{p,m}}{M} \tag{2.88}$$

## 2. 混合气体热力学性质

多组元混合气体被认为是由多种单一组元热完全气体组成的，获得混合气体各组元含量和各组元的热力学性质之后，混合气体性质由各单一组元气体性质按照下面的关系式得到：

$$h = \sum_{i=1}^{n_s} c_i \cdot h_i, \qquad h_i = \int_{T_{ref}}^{T} c_{p,i} \mathrm{d}T + h_{i,0} \tag{2.89}$$

$$e = \sum_{i=1}^{n_s} c_i \cdot e_i, \qquad e_i = \int_{T_{ref}}^{T} c_{v,i} \mathrm{d}T + e_{i,0} \tag{2.90}$$

$$h_{i,0} = (\Delta h_i^f)_{T_{ref}} = e_{i,0} + \frac{\overline{R}}{M_i} T_{ref} \tag{2.91}$$

其中，$(\Delta h_i^f)_{T_{ref}}$ 是在参考温度 $T_{ref}$ 下组元 $i$ 的生成焓。

混合气体的每一组元采用理想气体状态方程描述，同时气体压强只受能量的平动部分影响，其值只与平动温度有关。热力学平衡状态下，气体状态方程为

$$p = \sum_i p_i = \sum_i c_i \rho \frac{\overline{R}}{M_i} T = \rho \overline{R} T \sum_i \frac{c_i}{M_i} \tag{2.92}$$

热力学非平衡状态三温度模型中，自由电子平动温度为电子温度 $T_e$，其余各组元平动温度均为 $T$，则气体状态方程为

$$p = \sum_{i \neq e} p_i + p_e = \rho \overline{R} T \sum_{i \neq e} \left( \frac{c_i}{M_i} \right) + \rho_e T_e \frac{\overline{R}}{M_e} \tag{2.93}$$

## 参 考 文 献

[1] GNOFFO P A, GUPTA R N, SHINN J L. Conservation equations and physical models for hypersonic air flows in thermal and chemical nonequilibrium[R]. NASA TP 2867, N89-16115, 1989.

[2] 瞿章华, 曾明, 刘伟, 等. 高超声速空气动力学[M]. 长沙: 国防科技大学出版社, 2001.

[3] 常铁强, 张钧, 张家泰, 等. 激光等离子体相互作用与激光聚变[M]. 长沙: 湖南科学技术出版社, 1991.

[4] RAIZER Y P, TYBULEWICZ A. Laser-induced discharge phenomena[M]. New York: Plenum Publishing Corporation, 1977.

[5] WANG T S, CHEN Y S, LIU J, et al. Advanced performance modeling of experimental laser lightcrafts[C]. 39th Aerospace Sciences Meeting and Exhibit. Reno, 2001.

[6] 孙承纬. 激光辐照效应[M]. 北京: 国防工业出版社, 2002.

[7] LEE J H. Electron impact vibrational relaxation in high-temperature nitrogen[C]. 30th Aerospace Sciences Meeting and Exhibit. Reno, 1992.

[8] PARK C, LEE S H. Validation of multi-temperature nozzle flow code NOZNT[C]. Thermophysics Conference. Orlando, 1993.

[9] JENG S M, KEEFER D R. Numerical study of laser-sustained hydrogen plasmas in a forced convective flow[J]. Journal of propulsion and power, 1987, 3(3): 255-262.

[10] MORALES P M, TOYODA K, KOMURASAKI K, et al. CFD simulation of a 2kW class laser thruster[C]. 38th Aerospace Sciences Meeting and Exhibit. Reno, 2001.

[11] JENG S M, KEEFER D. A theoretical evaluation of laser-sustained plasma thruster performance[C]. 23rd Joint Propulsion Conference. San Diego, 1987.

[12] 泽尔道维奇, 莱依捷尔. 力学名著译丛: 激波和高温流体动力学现象物理学 (上册) [M]. 张树材, 译. 北京: 科学出版社, 1980.

[13] GLUMB R J, KRIER H. Two-dimensional model of laser-sustained plasmas in axisymmetric flowfileds[J]. AIAA journal, 1986, 24(8): 1331-1336.

[14] EMMONS H W. Arc measurement of high-temperature gas transport properties[J]. The physics of fluids, 1967, 10(6): 1125-1136.

[15] KEMP N H, ROOT R G. Analytical study of laser-supported combustion waves in hydrogen[R]. NASA CR 135349, 1977.

[16] OLSTAD W B. Stagnation-point solutions for inviscid radiating shock layers[R]. NASA TN D-5792, 1970.

[17] GUPTA R N, LEE K P, THOMPSON R A, et al. Calculations and curve fits of thermodynamic and transport properties for equilibrium air to 30000K[R]. NASA RP-1260, 1991.

# 第3章 激光辐照固体聚合物喷气推进效应计算模型

高分子聚合物固体块(简称固体聚合物)作为火箭推进剂,受激光辐照时出现升温、热解、气化以及气化层散失的烧蚀现象,烧蚀产物气体在飞散时还会对入射激光产生吸收、反射和透射作用。因此,脉冲激光辐照固体聚合物产生喷气反冲的过程很复杂,涉及激光在固、液、气及等离子体态物质中的传播和能量沉积,并与相变、多组分化学反应、流场瞬变等耦合。

本章首先建立脉冲激光辐照固体聚合物热喷气过程的详细模型,分为固体聚合物烧蚀和烧蚀产物飞散两个子过程模型,前后衔接,共同描述冲量产生过程。其次介绍对应的数值仿真系统结构与功能。

如图 3.1 所示,本章采用圆柱坐标系 $(r, x)$ 和 $(r, z)$ 分别描述产物飞散运动与固体聚合物内部热过程,其中 $x$ 轴正方向定义为烧蚀面外法线方向,$z$ 轴正方向与 $x$ 轴正方向相反。

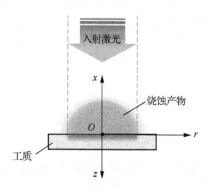

图 3.1 激光辐照固体聚合物热喷气过程模型坐标系

## 3.1 固体聚合物烧蚀模型

### 3.1.1 烧蚀过程能量方程

#### 1. 激光能量在聚合物中的沉积

激光辐照下,固体聚合物中的束缚电子首先从光场中吸收能量,而后通过电子与分子间的弛豫过程转化为聚合物内能。聚合物对入射激光的吸收可用反射率 $R$ 和吸收系数 $\alpha$ 描述。由于固体聚合物的光学厚度通常较大,透过率近似为零,因此反射率决定了聚合物吸收激光的总能量,而吸收系数决定了能量在聚合物内部的分布,$R$ 和 $\alpha$ 为物性参数。激光在聚合物内传播时,强度沿传播路径的变化满足 Bouguer-Lambert-Beer 定律[1]:

$$\frac{\mathrm{d}I(z,r,t)}{\mathrm{d}z} = -\alpha I(z,r,t) \tag{3.1}$$

所以激光强度在聚合物内部的分布为

$$I(z,r,t) = (1-R)I_0'(r,t)\exp(-\alpha z) \tag{3.2}$$

其中，$I_0'$ 表示实际到达聚合物表面的激光强度。以 $I_0$ 表示到达烧蚀产物羽流场外边界面的激光强度，采用激光透过率 $\zeta \overset{\text{def}}{=} I_0'/I_0$ 描述烧蚀产物对入射激光的屏蔽效应，将在 3.2.3 节的"产物等离子体对激光能量的吸收"部分详述。

沉积在深度 $z$ 位置的功率密度为[2]

$$Q_I(z,r,t) = \alpha(1-R)I_0'(r,t)\exp(-\alpha z) \tag{3.3}$$

2.　聚合物中的温度场

采用文献[3]给出的耦合激光能量沉积与热解反应的热传导方程描述聚合物中的温度场：

$$\begin{cases} \dfrac{\partial H}{\partial t} = v_s\dfrac{\partial H}{\partial z} + \dfrac{\partial}{\partial z}\left(k_T\dfrac{\partial T}{\partial z}\right) - \dfrac{\partial I}{\partial z} - H_d(1-n_b)k_0\exp[-E_a/(RT)] \\ \dfrac{\partial n_b}{\partial t} = v_s\dfrac{\partial n_b}{\partial z} + (1-n_b)k_0\exp[-E_a/(RT)] \end{cases} \tag{3.4}$$

其中，$H(n_b,T)$ 为聚合物的焓；$H_d$ 为热解热；$k_T$ 为热导率；$v_s$ 为烧蚀面后移速度；$n_b$ 为聚合物的热解率，定义为高分子单体连接键的断裂比例；$E_a$ 和 $k_0$ 分别为热解反应的活化能和指前系数，可通过实验测量确定。

边界条件为

$$\begin{cases} k_T\dfrac{\partial T}{\partial z}\bigg|_{x=0} = -\rho H_v v_s, \quad I(x)\big|_{z=0} = I_0 \\ T\big|_{z\to\infty} = T_\infty, \quad T\big|_{t=0} = T_\infty, \quad n_b\big|_{t=0} = 0, \quad n_b\big|_{z\to\infty} = 0 \end{cases} \tag{3.5}$$

其中，$T_\infty$ 为环境温度；$H_v$ 为固体聚合物热解产物的汽化潜热。

式(3.4)中的未知参数包括 $T$、$I$、$v_s$ 和 $n_b$，与式(3.1)联立后还需要增加一个烧蚀判别条件来确定 $v_s$ 以使方程封闭，这将在 3.1.3 节详细论述。

### 3.1.2　热解模型及产物性质的计算方法

已知热解率和温度时，计算聚合物的物性参数需要确定对应状态下热解产物的成分和份额，并确定混合物的物性参数计算方法。由于一条高分子链热解产生的短链分子数目以及各自的聚合度都具有随机性，本章采用统计模型，以无规热解产物统计参数表示相同温度和热解率下产物的分布和热力学性质。

1.　无规热解模型

若起始聚合物为含有 $N$ 条不同聚合度高分子链的反应体系，由于 $N$ 远远小于高分子链单体数目 $N_m$，不妨忽略聚合物的初始聚合度分布，以单链无规热解模型描述其热解过程。对于一个聚合度为 $N_m$ 的高分子长链，具有 $N_m$ 个单体，在这些结构单元之间有 $N_m-1$ 个键。若长链发生 $R$ 次断裂，记形成的 $R+1$ 个产物分子中包含 $n_1$ 个单体，$n_2$ 个二聚体，$\cdots$，$n_i$

个 $i$ 聚体；热解示意图如图 3.2 所示，每个小方格代表一个单体，$i$ 个方格连在一起表示 $i$ 聚体。

图 3.2　高分子链无规热解示意图

记产物分布为：$\boldsymbol{n}=(n_1, n_2, \cdots, n_i)$，产物的分布不是唯一的，任何满足如下约束的组合都是可能的热解产物组成：

$$\sum_i n_i = R+1, \quad \sum_i i n_i = N_m \tag{3.6}$$

认为在热解过程中每个键断裂的概率都是相等的，可以采用随机实验模拟聚合物热解过程，获得产物组成。首先将高分子链的单体沿着长链延续方向按顺序编号为 $1,2,\cdots,N_m$，并将单体间的连接键编号为 $1,2,\cdots,N_m-1$；然后采用 Fortran 随机数生成器等概率地产生 $R$ 个小于 $N_m$ 的自然数，表征 $R$ 个断键位置；最后统计断键后相同单体数短链的数目，得到产物分布。常见长链高分子的实际聚合度为几百至几千，本章将长链聚合度取为 $N_m=10000$，可以理解为对应的热解率是 $0.001\sim0.01$。令 $R=[n_b \cdot N_m]$（方括号表示取整）进行 10000 次随机实验，结果如图 3.3 所示：随着热解率的增大，产物的聚合度不断减小，当热解率大于 0.3 时，聚合度小于 10 的产物质量分数总和超过 90%。

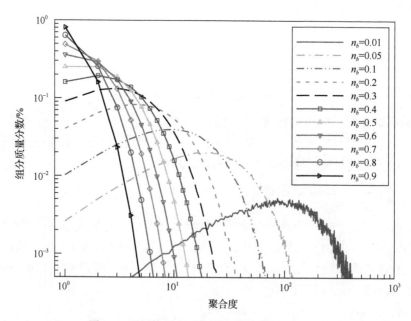

图 3.3　不同热解率下热解产物的质量分数分布

## 2. 单组分热解产物热力学参数的计算

对于聚合物的热解产物，现有材料参数数据库难以提供每一种组分的准确数据。为此从产物的结构组成出发，采用基团贡献法计算每一种组分的热力学性质。基团贡献法种类繁多，文献[4]对不同方法的优劣和适用性进行了介绍和评述。本章以聚甲醛为研究对象，选用 Marrero-Pardillo 法[4]计算临界温度 $T_c$ 和临界体积 $V_c$，同时采用 Joback 法[4]计算产物的临界压强 $p_c$、标准沸点 $T_b$ 和熔点 $T_m$，基本方程为

$$
\begin{cases}
T_c = \dfrac{T_b}{0.5851 - 0.9286\left(\displaystyle\sum_k N_k T_{cbk}\right) - \left(\displaystyle\sum_k N_k T_{cbk}\right)^2} \\[4mm]
V_c = \left(25.1 + \displaystyle\sum_k N_k V_{cbk}\right) \\[4mm]
p_c = \left(0.113 + 0.0032 N_{\text{atoms}} - \displaystyle\sum_k N_k p_{ck}\right)^{-2} \\[4mm]
T_b = 198 + \displaystyle\sum_k N_k T_{bk} \\[4mm]
T_m = 122 + \displaystyle\sum_k N_k T_{mk}
\end{cases}
\tag{3.7}
$$

其中，$N_{\text{atoms}}$ 为产物原子数；$N_k$ 为第 $k$ 类基团或原子/基团对数目，对应的贡献值表示为 $T_{cbk}$、$V_{cbk}$、$p_{ck}$、$T_{bk}$ 和 $T_{mk}$。

液态烧蚀产物的饱和蒸气压用 Clausius-Clapyeron 方程来描述：

$$
p = p_b \exp\left[\frac{H_v}{R}\left(\frac{1}{T_b} - \frac{1}{T}\right)\right]
\tag{3.8}
$$

其中，$p_b$ 为标准压强；$R$ 为产物气体常数；$H_v$ 为气化能，采用 Kistiakowsky 法[5]进行计算：

$$
H_v = (36.61 + R\ln T_b)T_b
\tag{3.9}
$$

对于聚甲醛（POM），其单体为 $CH_2O$，低聚合度产物 $(CH_2O)_n$ 的组成基团、原子/基团对和贡献值如表 3.1 所示。

表 3.1　$(CH_2O)_n$ 的组成基团、原子/基团对及其贡献值

| Marrero-Pardillo 法 | | | | | Joback 法 | | | | | |
|---|---|---|---|---|---|---|---|---|---|---|
| 原子/基团对 | $N_k$ | $V_{cbk}$ | $T_{cbk}$ | 备注 | 基团 | $N_k$ | $p_{ck}$ | $T_{bk}$ | $T_{mk}$ | 备注 |
| $CH_3-\&-COO[-]$ | 1 | 93.3 | 0.0267 | $n=2$ | $CH_3-$ | 1 | −0.0012 | 23.58 | −5.10 | $n>1$ |
| $CH_3-\&-O-$ | 1 | 66.0 | −0.0205 | $n>2$ | $-CH_2-$ | $n-2$ | 0 | 22.88 | 11.27 | $n>1$ |
| $-CH_2-\&-O-$ | $n-2$ | 34.5 | −0.0205 | $n>2$ | $-O-$ | $n-1$ | 0.0015 | 22.42 | 22.23 | $n>1$ |
| $-CH_2-\&-COO[-]$ | 1 | 69.9 | 0.0276 | $n>2$ | $-CHO$ | 1 | 0.0030 | 72.24 | 36.9 | $n>1$ |
| $-H\ \&[-]COO-$ | 1 | 51.2 | −0.0781 | $n>1$ | — | — | — | — | — | — |
| $-H\ \&-CHO$ | 1 | — | −0.0422 | $n=1$ | — | — | — | — | — | — |

根据上述方法求得 POM 不同聚合度产物的标准沸点和临界温度，如图 3.4 所示。

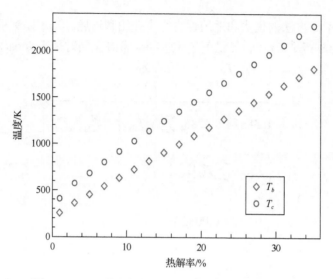

图 3.4　POM 不同聚合度产物的标准沸点和临界温度

### 3. 混合物性质确定

采用 Liu 法[6]计算烧蚀产物混合物的性质：

$$
\begin{cases}
T_{cm} = \sum_i \dfrac{y_i V_{c,i}}{V_{cm}} T_{c,i} \\[2mm]
V_{cm} = \sum_i y_i V_{c,i} \\[2mm]
T_{bm} = \sum_i y_i T_{b,i} \\[2mm]
H_{vm} = \sum_i y_i H_{v,i} \\[2mm]
p_{cm} = p^* \left[ 1 + (5.808 + 4.93\omega^*)\left( \dfrac{T_{cm}}{T^*} - 1 \right) \right]
\end{cases} \tag{3.10}
$$

其中

$$
\begin{cases}
T^* = \sum_i y_i T_{c,i} \\[2mm]
p^* = \sum_i y_i p_{c,i} \\[2mm]
\omega^* = \sum_i y_i \omega_i
\end{cases} \tag{3.11}
$$

$y_i$ 表示 $i$ 组分的摩尔分数；$T_{bm}$、$H_{vm}$ 分别表示混合物的名义标准沸点和汽化潜热；$T_{cm}$、$p_{cm}$ 和 $V_{cm}$ 分别表示混合物的临界温度、临界压强和临界体积；下标 $i$ 表示 $i$ 组分对应的参数；$\omega^*$ 和 $\omega_i$ 为偏心因子，定义为[4]

$$
\omega_i = -\lg\left[ \frac{p_{0.7T_{c,i}}}{p_{c,i}} \right] - 1.0 \tag{3.12}
$$

其中，$p_{0.7T_{c,i}}$ 为温度 $0.7T_{c,i}$ 对应的饱和蒸气压。

对于 POM 推进剂，根据混合法则可以求得不同热解率下分解产物的临界参数，如图 3.5 所示，并且不同热解率混合产物的临界温度可以拟合为

$$\begin{cases} T_{cm}(n_b) = 1.41229 \times 10^6 n_b^4 - 1.29432 \times 10^6 n_b^3 + 4.45300 \times 10^5 n_b^2 \\ \qquad\qquad - 6.99474 \times 10^4 n_b + 5.05500 \times 10^3 \qquad\qquad (n_b \leqslant 0.3) \\ T_{cm}(n_b) = 1.28576 \times 10^3 n_b^4 - 3.94880 \times 10^3 n_b^3 + 4.66463 \times 10^3 n_b^2 \\ \qquad\qquad - 2.71834 \times 10^3 n_b + 1.12615 \times 10^3 \qquad\qquad (n_b > 0.3) \end{cases} \tag{3.13}$$

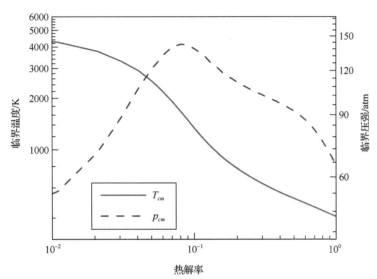

图 3.5　POM 不同热解率下分解产物的临界温度和临界压强

产物混合物的标准沸点及其对应的汽化潜热如图 3.6 所示。

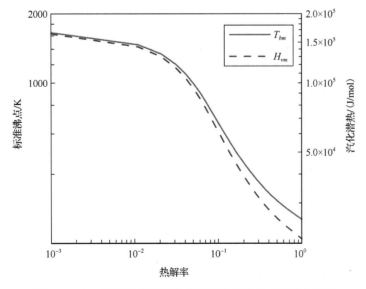

图 3.6　POM 不同热解率下分解产物的标准沸点和汽化潜热

不同热解率混合产物的标准沸点可以拟合为

$$
\begin{aligned}
T_{bm} = {} & 2.93935 \times 10^5 n_b^6 - 7.41760 \times 10^5 n_b^5 + 7.53672 \times 10^5 n_b^4 - 3.95486 \times 10^5 n_b^3 \\
& + 1.14421 \times 10^5 n_b^2 - 1.80798 \times 10^5 n_b + 1.66210 \times 10^3
\end{aligned}
\tag{3.14}
$$

### 3.1.3　烧蚀质量散失模型

随着激光能量的沉积，聚合物温度不断升高的同时逐步开始热解，当温度达到热解产物(混合物)熔点时，产物以液态的形式存在。混合物熔化直到达到标准沸点之前，由于饱和蒸气压太低，不出现明显质量散失即烧蚀现象。当表面温度超过标准沸点而低于临界温度时，认为产物的飞散以液体蒸发的形式进行；当表面温度超过产物的临界温度时，认为烧蚀由超临界气体飞散机制控制。为了便于表述，将烧蚀发生时，烧蚀面的温度定义为烧蚀温度。

1. 液体蒸发控制的烧蚀

认为这时烧蚀面外侧存在一个若干分子自由程厚度的区域，其间产物由非平衡态过渡到平衡态，这一区域即 Knudsen 层，如图 3.7 所示，Knudsen 层入口和出口参数分别以下标 0 和 1 表示。其中，$n$ 表示粒子数密度，$U = \sqrt{2 k_b T / m_a}$，$k_b$ 为玻尔兹曼常数，$m_a$ 为粒子质量，$U_x$ 为产物宏观速度，$\beta$ 为待定常数。

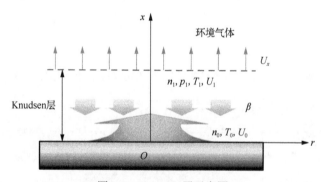

图 3.7　Knudsen 层示意图

Knudsen 层两侧参数满足关系[7]：

$$
\begin{cases}
\dfrac{1}{2\sqrt{\pi}} = C_1 - \xi_1 \beta \left[ \dfrac{\theta_x}{2} \operatorname{erfc}\left( \dfrac{\theta_x}{\theta_1} \right) - \dfrac{\theta_1}{2\sqrt{\pi}} \exp\left( -\dfrac{\theta_x^2}{\theta_1^2} \right) \right] \\[3mm]
\dfrac{1}{4} = C_2 - \xi_1 \beta \left[ \left( \dfrac{\theta_x^2}{2} + \dfrac{\theta_1^2}{4} \right) \operatorname{erfc}\left( \dfrac{\theta_x}{\theta_1} \right) - \dfrac{\theta_1 \theta_x}{2\sqrt{\pi}} \exp\left( -\dfrac{\theta_x^2}{\theta_1^2} \right) \right] \\[3mm]
\dfrac{1}{\sqrt{\pi}} = \xi_1 \beta \theta_1^3 \left[ \dfrac{1}{2\sqrt{\pi}} \left( \dfrac{\theta_x^2}{\theta_1^2} + 2 \right) \exp\left( -\dfrac{\theta_x^2}{\theta_1^2} \right) - \dfrac{\theta_x}{\theta_1} \dfrac{1}{2} \left( \dfrac{5}{2} + \dfrac{\theta_x^2}{\theta_1^2} \right) \operatorname{erfc}\left( \dfrac{\theta_x}{\theta_1} \right) \right] + C_3
\end{cases}
\tag{3.15}
$$

其中，$\xi_1 = n_1/n_0$；$\theta_x = U_x/U_0$；$\theta_1 = U_1/U_0$；

$$
\begin{cases}
C_1 = \xi_1 \theta_x \\
C_2 = \xi_1 \left( \theta_x^2 + \dfrac{\theta_1^2}{2} \right) \\
C_3 = \xi_1 \left[ \theta_x \left( \theta_x^2 + \dfrac{3\gamma\theta_1^2}{2} \right) - \dfrac{U_0 \theta_1}{\nu} \dfrac{\mathrm{d}(\ln T)}{\mathrm{d}x} \dfrac{3\gamma\theta_1^3}{4} \right]
\end{cases}
\tag{3.16}
$$

其中，$\nu = (8\pi k_b T_1/m_a)^{1/2} d^2 n_1$，为碰撞频率；$d$ 为粒子直径；$\gamma$ 为气体绝热指数；$\mathrm{erfc}(\cdot)$ 为余误差函数。

出口速度满足 Jouguet 条件[7]：

$$
U_x = \sqrt{\gamma p_1/\rho_1}
\tag{3.17}
$$

其中，$p_1$ 和 $\rho_1$ 分别为 Knudsen 层出口压力和密度。

方程组 (3.16) 中涉及的参数包括 $(n_0, n_1, U_0, U_x, U_1, \beta)$，根据聚合物温度场的计算结果可得 $T_0$，即 $U_0$ 已知，结合饱和蒸气压方程式 (3.8) 即可使方程组封闭，确定 $(n_0, n_1, U_x, U_1, \beta)$ 五个未知数，进而确定烧蚀速率 $\dot{m}$：

$$
\dot{m} = \bar{M} n_1 U_x = \rho v_s
\tag{3.18}
$$

其中，$\bar{M}$ 为烧蚀产物的平均分子质量；$\rho$ 为固体工质密度。将式 (3.18) 作为附加方程即可使式 (3.4) 封闭。

2. 气体飞散控制的烧蚀

当烧蚀产物温度高于临界温度时，认为在烧蚀面附近形成一个间断面，经过间断面的烧蚀产物由临界状态气体转变为正常气体。间断面两侧参量的质量、动量和能量守恒关系为

$$
\begin{cases}
\rho_S U_S = \rho_1 (u_1 + U_S) \\
\rho_S U_S^2 + p_S = \rho_1 (u_1 + U_S)^2 + p_1 \\
E_S + U_S^2/2 + p_S/\rho_S = p_1/(\gamma - 1)\rho_1 + (u_1 + U_S)^2/2 + p_1/\rho_1
\end{cases}
\tag{3.19}
$$

其中，下标为 $S$ 的参数表示间断面参数，由聚合物温度场计算所得热解率对应的临界参数确定；$E_S$ 为间断面处介质的内能；未知数为 $(U_S, \rho_1, p_1, u_1)$，上述方程加上 Jouguet 条件即可使问题封闭。根据质量守恒：

$$
v_s = \rho_S U_S/\rho
\tag{3.20}
$$

式 (3.20) 作为附加方程即可使式 (3.4) 封闭。

在临界点附近，产物从液态变为气态并进一步向周围环境流动时，产物极为稠密，理想气体状态方程在这一区域并不适用，需要采用实际气体状态方程描述产物的初始状态。

采用 P-R 方程描述临界区附近产物的状态关系[8,9]：

$$
p = \frac{R_g T}{V - b} - \frac{a(T)}{V(V + b) + b(V - b)}
\tag{3.21}
$$

其中，$R_g$ 和 $V$ 分别为气体常数和比容，其他参数满足：

$$\begin{cases} b = 0.07780 RT_c / p_c \\ a(T) = 0.45724 \dfrac{R^2 T_c^2}{p_c} \left\{ 1 + k_{PR} \left[ 1 - \left( \dfrac{T}{T_c} \right)^{1/2} \right] \right\}^2 \\ k_{PR} = 0.37464 + 1.54226\omega - 0.26992\omega^2 \end{cases} \tag{3.22}$$

其中，$\omega$ 为偏心因子。根据 P-R 方程以余函数方法[9]确定产物的内能：

$$\begin{aligned} E_S &= E_{V,T}^* - \int_\infty^V \left[ p - T \left( \frac{\partial p}{\partial T} \right)_V \right]_T \mathrm{d}V \\ &= E_{V,T}^* - (1 + k_{PR}) a(T) \frac{1}{2\sqrt{2}b} \ln \frac{(V+b) + \sqrt{2}b}{(V+b) - \sqrt{2}b} \end{aligned} \tag{3.23}$$

其中，$E_{V,T}^*$ 是假设系统在比容 $V$、温度 $T$ 时，处于理想气体状态的内能：

$$E_{V,T}^* = RT / (\gamma - 1) \tag{3.24}$$

## 3.2 烧蚀产物飞散过程模型

### 3.2.1 控制方程、状态方程及定解条件

#### 1. 控制方程

根据 3.1.3 节所述的不同烧蚀机制，可以获得烧蚀产物飞散的初始状态。在产物羽流场内，随着飞散膨胀和入射激光能量沉积，单组分裂解、不同组分之间的化学反应以及组分电离等过程均会导致产物种类及相应比例的变化。因此，聚合物烧蚀产物飞散是一个多组分、含化学反应、有源、可压、非定常的流动过程。将烧蚀产物作为理想气体，则流场在二维轴对称坐标系 $rOx$（图 3.1）中的控制方程为

$$\frac{\partial \boldsymbol{U}}{\partial t} + \frac{\partial \boldsymbol{E}}{\partial x} + \frac{\partial \boldsymbol{F}}{\partial r} + \boldsymbol{G} = \boldsymbol{W} \tag{3.25}$$

其中

$$\boldsymbol{U} = \begin{bmatrix} \rho_1 \\ \rho_2 \\ \vdots \\ \rho_{n_s-1} \\ \rho \\ \rho u_x \\ \rho u_r \\ \rho E \end{bmatrix}, \quad \boldsymbol{E} = \begin{bmatrix} \rho_1 u_x \\ \rho_2 u_x \\ \vdots \\ \rho_{n_s-1} u_x \\ \rho u_x \\ \rho u_x^2 + p \\ \rho u_x u_r \\ \rho u_x H \end{bmatrix}, \quad \boldsymbol{F} = \begin{bmatrix} \rho_1 u_r \\ \rho_2 u_r \\ \vdots \\ \rho_{n_s-1} u_r \\ \rho u_r \\ \rho u_x u_r \\ \rho u_r^2 + p \\ \rho u_r H \end{bmatrix}, \quad \boldsymbol{G} = \frac{1}{r} \begin{bmatrix} \rho_1 u_r \\ \rho_2 u_r \\ \vdots \\ \rho_{n_s-1} u_r \\ \rho u_r \\ \rho u_x u_r \\ \rho u_r^2 \\ \rho u_r H \end{bmatrix} \tag{3.26}$$

源项 $W$ 为

$$W = \begin{bmatrix} \dot{\omega}_1 \\ \dot{\omega}_2 \\ \vdots \\ \dot{\omega}_{n_s-1} \\ 0 \\ 0 \\ 0 \\ Q_{\text{abs}} + Q_{\text{rad}} + \sum_{i=1}^{n_s - n_{\text{ion}} - 1} \dot{\omega}_i h_i + \sum_{i=1}^{n_{\text{ion}}} \dot{n}_i H_i \end{bmatrix} \qquad (3.27)$$

其中，$i=1,2,\cdots,n_s$，$n_s$ 为组元种数，$i=n_s$ 代表电子组元；$\rho$、$\rho_i$ 分别表示混合气体总密度和组元 $i$ 的密度，易知：

$$\rho = \sum_{i=1}^{n_s} \rho_i \qquad (3.28)$$

$p$ 为混合气体的压强；$u_x$、$u_r$ 表示轴向和径向的速度分量；$E$、$H$ 分别表示单位质量混合气体的总能和总焓；式(3.27)中，$\dot{\omega}_i$ 表示组元 $i$ 的化学反应质量源项；$Q_{\text{abs}}$ 表示激光能量吸收源项；$Q_{\text{rad}}$ 表示辐射效应源项；$\sum_{i=1}^{n_s - n_{\text{ion}} - 1} \dot{\omega}_i h_i$ 为化学反应产生的焓变，$h_i$ 表示组元 $i$ 的焓；$\sum_{i=1}^{n_{\text{ion}}} \dot{n}_i H_i$ 为电离产生的热源，$\dot{n}_i$ 为等离子体组元 $i$ 的粒子数变化，$H_i$ 为对应的电离能，$n_{\text{ion}}$ 为组元中的离子种数，它们的求法将在 3.2.2 节给出。

　　模型中采用了局部热力学平衡假设。因为从时间尺度上来看，电子与分子能量弛豫时间为 $10^{-12} \sim 10^{-10}$s，远小于产物运动时间尺度(约 $10^{-6}$s)，羽流场大部分区域内的非平衡效应并不显著[17]。

### 2. 状态方程

　　产物中非电子组元 $i(i < n_s)$ 的状态参数(密度 $\rho_i$、压强 $p_i$、温度 $T$、内能 $e_i$ 和焓 $h_i$)之间满足的关系为

$$p_i = \rho_i R_i T = N_i k_b T \qquad (3.29)$$

$$e_i = \frac{p_i}{\rho_i (\gamma_i - 1)} \qquad (3.30)$$

$$h_i = \frac{\gamma_i p_i}{\rho_i (\gamma_i - 1)} \qquad (3.31)$$

其中，$R_i$、$N_i$ 和 $\gamma_i$ 分别为组元 $i$ 对应的气体常数、粒子数密度和绝热指数。

　　电子组元的状态参数满足：

$$p_{n_s} = N_{n_s} k_b T \qquad (3.32)$$

$$e_{n_s} = \frac{3}{2} N_{n_s} k_b T \quad (\text{J/m}^3) \tag{3.33}$$

$$h_{n_s} = \frac{5}{2} N_{n_s} k_b T \tag{3.34}$$

产物混合物的压强 $p$、内能 $e$ 和焓 $h$ 等状态参数可表示为

$$p = \sum_{i=1}^{n_s} p_i = \sum_{i=1}^{n_s} N_i k_b T \tag{3.35}$$

$$e = \sum_{i=1}^{n_s-1} \frac{\rho_i}{\rho} e_i + \frac{3}{2\rho} N_{n_s} k_b T \tag{3.36}$$

$$h = \sum_{i=1}^{n_s-1} \frac{\rho_i}{\rho} h_i + \frac{5}{2\rho} N_{n_s} k_b T \tag{3.37}$$

总能和总焓可以分别表示为

$$E = e + \frac{1}{2}(u_x^2 + u_r^2) = \sum_{i=1}^{n_s-1} \frac{\rho_i}{\rho} e_i + \frac{3}{2\rho} N_{n_s} k_b T + \frac{1}{2}(u_x^2 + u_r^2) \tag{3.38}$$

$$H = h + \frac{1}{2}(u_x^2 + u_r^2) = \sum_{i=1}^{n_s-1} \frac{\rho_i}{\rho} h_i + \frac{5}{2\rho} N_{n_s} k_b T + \frac{1}{2}(u_x^2 + u_r^2) \tag{3.39}$$

3. 定解条件

对于 LAP，主要关注聚合物烧蚀产生的冲量，在分析性能时不考虑环境组分的影响，仅进行背压处理。产物羽流场由固体聚合物烧蚀形成的质量流量边界驱动，满足：

$$\rho(r,t)u_x(r,t) = \dot{m}(r,t) \tag{3.40}$$

质量流量边界参数可根据 3.1.3 节所述的不同烧蚀机制获得，产物初始成分根据 3.1.3 节确定；其他边界条件依据实际工作环境分为固壁边界和远场边界。

### 3.2.2 产物组分和源项模型

烧蚀过程中高分子长链无规热解产生的不同聚合度短链，在飞散过程中继续分解成聚合度更小的短链，并逐步解离成小分子量产物。当激光能量足够强时，产物将被击穿，形成等离子体。本节针对 POM，给出分子结构、元素组成和性能方面的演化。

文献[10]在局部热力学平衡假设下，研究了温度为 1000～10000K 时，POM 分解气体的组分和热力学性能，主要成分如图 3.8 所示。表明：温度低于 2000K 时，$CO$、$H_2$、$CH_4$、$CO_2$ 和 $H_2O$ 是主要成分；温度为 2000～5000K 时，$CO$、$H_2$、$H$、$C$ 和 $O$ 为主要成分；温度为 5000～10000K 时，电离逐渐增强，主要成分包括 $CO$、$H_2$、$H$、$C$、$O$、$H^+$、$C^+$、$O^+$ 和 $e^-$；温度高于 10000K 时，烧蚀产物已基本完成解离，可以认为主要成分为 $H$、$C$、$O$、$H^+$、$C^+$、$O^+$ 和 $e^-$。

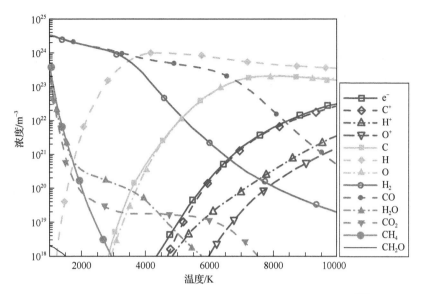

图 3.8　温度为 1000~10000K 时 POM 烧蚀产物的主要成分[10]

基于上述分析，本节将考虑$(CH_2O)_{\bar{n}}$（羽流场入口处 POM 短链的平均组成，$\bar{n}$ 表示产物平均 $CH_2O$ 分子数量）、$CH_2O$、$CH_4$、$CO_2$、$H_2O$、CO、$H_2$、C、H、O、$C^+$、$H^+$、$O^+$ 和 $e^-$ 共 14 种产物组分，并且将组分演变分为两个阶段。

1. $T < 2000K$

这一阶段产物的主要成分为 $(CH_2O)_{\bar{n}}$、$CH_2O$、$CH_4$、$CO_2$、$H_2O$、CO 和 $H_2$。对于 $(CH_2O)_{\bar{n}}$，将按照 POM 分解模型继续热解，满足热解动力学 Arrhenius 方程：

$$\frac{\mathrm{d}n_b}{\mathrm{d}t} = (1 - n_b)k_0 \exp\left(-\frac{E_a}{RT}\right) \tag{3.41}$$

其中，$E_a$ 和 $k_0$ 分别为热解反应的活化能和指前系数，并且初始条件为 $n_{b\_0} = 1/\bar{n}$。

$(CH_2O)_{\bar{n}}$ 的热解率为 $n_b$ 时，产物的平均组成为 $(CH_2O)_{n'}$，其中 $n' = 1/n_b$。为了便于进行数值处理，将 $(CH_2O)_{n'}$ 视为 $(CH_2O)_{\bar{n}}$ 和 $CH_2O$ 的混合物。根据聚合物单体数目守恒可知：

$$N_m = \bar{n}N_1 = n'N_2 = N_3\bar{n} + N_4 \tag{3.42}$$

其中，$N_1$、$N_2$ 分别为 $(CH_2O)_{\bar{n}}$ 和 $(CH_2O)_{n'}$ 的分子数目；$N_3$、$N_4$ 分别为 $(CH_2O)_{n'}$ 等效的 $(CH_2O)_{\bar{n}}$ 和 $CH_2O$ 分子数目，并且要求满足分子数相等：

$$N_2 = N_3 + N_4 \tag{3.43}$$

于是，可以解得 $CH_2O$ 分解产生的质量源项为

$$\dot{\omega}_{(CH_2O)_{\bar{n}}} = \frac{\mathrm{d}N_3}{\mathrm{d}t}M_{\rho_{(CH_2O)_{\bar{n}}}} = -\frac{\mathrm{d}n_b}{\mathrm{d}t}\left(\frac{\rho_{(CH_2O)_{\bar{n}}} + \rho_{CH_2O}}{1 - n_{b\_0}}\right) \tag{3.44}$$

$$\dot{\omega}_{CH_2O}^+ = -\dot{\omega}_1 \tag{3.45}$$

其中，$M_{\rho_{(CH_2O)_{\bar{n}}}}$ 和 $\rho_{(CH_2O)_{\bar{n}}}$ 为组元 $(CH_2O)_{\bar{n}}$ 的分子质量和密度；$\dot{\omega}_{CH_2O}^+$ 表示组元 $CH_2O$ 的正源项。

$CH_2O$ 分解为 $CH_4$、$CO_2$、$H_2O$、$CO$ 和 $H_2$；此时在 POM 烧蚀产物飞散体系中还有 $(CH_2O)_{\bar{n}}$ 组分，其分压由化学反应动力学过程确定。根据道尔顿分压定律可知：

$$p - p_{(CH_2O)_{\bar{n}}} = p_{CH_2O} + p_{CO} + p_{H_2} + p_{CH_4} + p_{CO_2} + p_{H_2O} \tag{3.46}$$

$CH_4$、$CO_2$、$H_2O$、$CO$ 和 $H_2$ 均由 $CH_2O$ 分解得到，因此混合物中 C、H、O 原子的比例不变，由此可得

$$\begin{cases} \dfrac{p_{CO} + p_{CH_4} + p_{CO_2}}{p_{CO} + 2p_{CO_2} + p_{H_2O}} = \dfrac{N_C}{N_O} = 1 \\[3mm] \dfrac{2p_{H_2} + 4p_{CH_4} + 2p_{H_2O}}{p_{CO} + 2p_{CO_2} + p_{H_2O}} = \dfrac{N_H}{N_O} = 2 \end{cases} \tag{3.47}$$

根据文献[11]介绍的方法，可以确定 $CH_2O$ 分解过程包含的三个独立反应：

$$① \quad 2CH_2O \underset{}{\overset{K_{p1}}{\rightleftharpoons}} CH_4 + CO_2 \tag{3.48}$$

$$② \quad CH_2O + CO_2 \underset{}{\overset{K_{p2}}{\rightleftharpoons}} 2CO + H_2O \tag{3.49}$$

$$③ \quad CH_4 + H_2O \underset{}{\overset{K_{p3}}{\rightleftharpoons}} CO + 3H_2 \tag{3.50}$$

根据化学反应热力学原理，化学反应平衡常数 $K_p(T)$ 为[12]

$$K_p(T) = \exp\left[-\frac{\Delta G(T)}{RT}\right] \tag{3.51}$$

其中，$\Delta G(T)$ 为反应标准摩尔 Gibbs 自由能变化。反应①、②和③的化学反应平衡常数分别为

$$K_{p1}(T) = \frac{p_{CH_4} p_{CO_2}}{p_{CH_2O}^2} = \exp\left[-\frac{\Delta G_1(T)}{RT}\right] \tag{3.52}$$

$$K_{p2}(T) = \frac{p_{CO}^2 p_{H_2O}}{p_{CH_2O} p_{CO_2} p^{\ominus}} = \exp\left[-\frac{\Delta G_2(T)}{RT}\right] \tag{3.53}$$

$$K_{p3}(T) = \frac{p_{CO} p_{H_2}^3}{p_{CH_4} p_{H_2O} p^{\ominus 2}} = \exp\left[-\frac{\Delta G_3(T)}{RT}\right] \tag{3.54}$$

其中，$p^{\ominus}$ 为标准压强，$p^{\ominus} = 101325Pa$。表 3.2 列出了 POM 主要烧蚀产物的焓和吉布斯自由能[13-15]，由此可得各反应的标准摩尔 Gibbs 自由能变化 $\Delta G(T)$。

反应①：

$$\Delta G_1(T) = -9.2 \times 10^{-6} T^2 + 5.6 \times 10^{-2} T - 244.9 \tag{3.55}$$

反应②：

$$\Delta G_2(T) = 9.0 \times 10^{-7} T^2 - 1.56 \times 10^{-1} T + 46.0 \tag{3.56}$$

反应③：

$$\Delta G_3(T) = 4.40 \times 10^{-6} T^2 - 0.260T + 224.5 \tag{3.57}$$

表 3.2　POM 主要烧蚀产物的焓 $H^*$ 和吉布斯自由能 $G^{**[13-15]}$

| 组分 | $H/(\text{kJ/mol})$ | | | $G/(\text{kJ/mol})$ | | | 温度/K |
|------|------|------|------|------|------|------|------|
| | $A_1$ | $A_2$ | $A_3$ | $B_1$ | $B_2$ | $B_3$ | |
| $CH_2O$ | $6.93 \times 10^{-6}$ | $4.65 \times 10^{-2}$ | $-1.33 \times 10^2$ | $-2.36 \times 10^{-5}$ | $-2.27 \times 10^{-1}$ | $-1.08\text{E} \times 10^2$ | 298～3000 |
| $CH_4$ | $1.74 \times 10^{-5}$ | $3.38 \times 10^{-2}$ | $-8.74 \times 10^1$ | $-3.43 \times 10^{-5}$ | $-1.76 \times 10^{-1}$ | $-7.39 \times 10^1$ | 298～2000 |
| $CO_2$ | $5.30 \times 10^{-6}$ | $4.11 \times 10^{-2}$ | $-4.07 \times 10^2$ | $-2.21 \times 10^{-5}$ | $-2.22 \times 10^{-1}$ | $-3.87 \times 10^2$ | 298～2500 |
| $H_2O$ | $5.33 \times 10^{-6}$ | $3.01 \times 10^{-2}$ | $-2.51 \times 10^2$ | $-1.76 \times 10^{-5}$ | $-1.95 \times 10^{-1}$ | $-2.37 \times 10^2$ | 298～2500 |
| $CO$ | $2.09 \times 10^{-6}$ | $2.82 \times 10^{-2}$ | $-1.19 \times 10^2$ | $-1.36 \times 10^{-5}$ | $-2.05 \times 10^{-1}$ | $-1.06 \times 10^2$ | 298～2500 |
| $H_2$ | $1.60 \times 10^{-6}$ | $2.74 \times 10^{-2}$ | $-8.28$ | $-1.13 \times 10^{-5}$ | $-1.42 \times 10^{-1}$ | $6.53$ | 298～3000 |
| $C$ | $2.23 \times 10^{-7}$ | $2.02 \times 10^{-2}$ | $7.11 \times 10^2$ | $-5.82 \times 10^{-6}$ | $-1.72 \times 10^{-1}$ | $7.24 \times 10^2$ | 298～4000 |
| $H$ | $-6.32 \times 10^{-10}$ | $2.08 \times 10^{-2}$ | $2.12 \times 10^2$ | $-7.34 \times 10^{-6}$ | $-1.24 \times 10^{-1}$ | $2.23 \times 10^2$ | 298～3000 |
| $O$ | $-1.36 \times 10^{-7}$ | $2.13 \times 10^{-2}$ | $2.43 \times 10^2$ | $-9.52 \times 10^{-6}$ | $-1.66 \times 10^{-1}$ | $2.52 \times 10^2$ | 298～2200 |

\* $H = A_1 T^2 + A_2 T + A_3$；

\*\* $G = B_1 T^2 + B_2 T + B_3$。

因此，根据式(3.46)、式(3.47)和式(3.52)～式(3.54)，可以确定 $CH_2O$、$CH_4$、$CO_2$、$H_2O$、CO 和 $H_2$ 的化学平衡分布。

各组分的质量源项为

$$\begin{cases} \dot{\omega}_{CH_2O}^- = \dfrac{dp_{CH_2O}}{R_{CH_2O}Tdt}, & \dot{\omega}_{CH_4} = \dfrac{dp_{CH_4}}{R_{CH_4}Tdt} \\[2mm] \dot{\omega}_{CO_2} = \dfrac{dp_{CO_2}}{R_{CO_2}Tdt}, & \dot{\omega}_{H_2O} = \dfrac{dp_{H_2O}}{R_{H_2O}Tdt} \\[2mm] \dot{\omega}_{CO}^+ = \dfrac{dp_{CO}}{R_{CO}Tdt}, & \dot{\omega}_{H_2}^+ = \dfrac{dp_{H_2}}{R_{H_2}Tdt} \end{cases} \tag{3.58}$$

其中，$R$ 为相应组分的气体常数；上标 "+" 表示使相应组分增加的源项；上标 "−" 表示使相应组分减少的源项。

**2. $T > 2000$ K**

$T < 2000$ K 阶段的最终产物为 CO 和 $H_2$，当 $T > 2000$ K 时，CO 和 $H_2$ 逐步解离成 H、C 和 O，并进一步电离生成 $C^+$、$H^+$、$O^+$ 和 $e^-$。CO 和 $H_2$ 的解离方程为

$$CO \underset{}{\overset{K_{CO}}{\rightleftharpoons}} C + O, \quad H_2 \underset{}{\overset{K_{H_2}}{\rightleftharpoons}} 2H \tag{3.59}$$

解离度定义为解离分子数与初始分子数的比，CO 和 $H_2$ 的解离度 $\alpha_{CO}$ 和 $\alpha_{H_2}$ 分别为

$$\frac{1 - \alpha_{CO}}{\alpha_{CO}^2} = \frac{N_{CO}^0 k_b T}{V} K_{CO}(T) \tag{3.60}$$

$$\frac{1-\alpha_{\mathrm{H}_2}}{\alpha_{\mathrm{H}_2}^{\ 2}} = \frac{N_{\mathrm{H}_2}^0 k_b T}{V} K_{\mathrm{H}_2}(T) \tag{3.61}$$

其中，$N_{\mathrm{CO}}^0$ 和 $N_{\mathrm{H}_2}^0$ 为 CO 和 $\mathrm{H}_2$ 的初始粒子总数；$K_{\mathrm{CO}}$ 和 $K_{\mathrm{H}_2}$ 为平衡常数 $V$ 为比容[16]：

$$K_{\mathrm{CO}}(T) = \left(\frac{M_{\mathrm{CO}}}{M_{\mathrm{C}} M_{\mathrm{O}}}\right)^{3/2} \frac{(2\pi\hbar)^{3/2}}{(k_b T)^{5/2}} \frac{g_{\mathrm{CO0}}^{(e)}}{g_{\mathrm{C0}}^{(e)} g_{\mathrm{O0}}^{(e)}} \exp\left(\frac{E_{\mathrm{CO}}^d}{k_b T}\right) j_{\mathrm{CO}}^{v\text{-}r}(T) \tag{3.62}$$

$$K_{\mathrm{H}_2}(T) = \left(\frac{M_{\mathrm{H}_2}}{M_{\mathrm{H}} M_{\mathrm{H}}}\right)^{3/2} \frac{(2\pi\hbar)^{3/2}}{(k_b T)^{5/2}} \frac{g_{\mathrm{H}_2 0}^{(e)}}{g_{\mathrm{H0}}^{(e)} g_{\mathrm{H0}}^{(e)}} \exp\left(\frac{E_{\mathrm{H}_2}^d}{k_b T}\right) j_{\mathrm{H}_2}^{v\text{-}r}(T) \tag{3.63}$$

其中，$\hbar = h_P / (2\pi)$，$h_P$ 为普朗克常数；$g_{\mathrm{C0}}^{(e)}$、$g_{\mathrm{H0}}^{(e)}$、$g_{\mathrm{O0}}^{(e)}$、$g_{\mathrm{CO0}}^{(e)}$ 和 $g_{\mathrm{H}_2 0}^{(e)}$ 分别为 C、H、O、CO 和 $\mathrm{H}_2$ 的基电子态简并度；$E_{\mathrm{CO}}^d$ 和 $E_{\mathrm{H}_2}^d$ 为 CO 和 $\mathrm{H}_2$ 的解离能；$M_{\mathrm{C}}$、$M_{\mathrm{H}}$、$M_{\mathrm{O}}$、$M_{\mathrm{CO}}$ 和 $M_{\mathrm{H}_2}$ 分别为 C、H、O、CO 和 $\mathrm{H}_2$ 的分子量；$j_{\mathrm{CO}}^{v\text{-}r}$ 和 $j_{\mathrm{H}_2}^{v\text{-}r}$ 为 CO 和 $\mathrm{H}_2$ 的振-转配分函数，可根据文献[16]求得。

各组分的质量源项为

$$\begin{cases} \dot{\omega}_{\mathrm{CO}}^- = -\dfrac{\mathrm{d}\alpha_{\mathrm{CO}}}{\mathrm{d}t}\left[\rho_{\mathrm{CO}} + \dfrac{7}{3}(\rho_{\mathrm{C}} + \rho_{\mathrm{C}^+})\right] \\[2mm] \dot{\omega}_{\mathrm{C}}^+ = -\dfrac{3}{7}\dot{\omega}_{\mathrm{CO}}^-, \quad \dot{\omega}_{\mathrm{O}}^+ = -\dfrac{4}{7}\dot{\omega}_{\mathrm{CO}}^- \\[2mm] \dot{\omega}_{\mathrm{H}_2}^- = -\dfrac{\mathrm{d}\alpha_{\mathrm{H}_2}}{\mathrm{d}t}\left[\rho_{\mathrm{H}_2} + 2(\rho_{\mathrm{H}} + \rho_{\mathrm{H}^+})\right] \\[2mm] \dot{\omega}_{\mathrm{H}}^+ = -\dot{\omega}_{\mathrm{H}_2}^- \end{cases} \tag{3.64}$$

C、H 和 O 电离生成 $\mathrm{C}^+$、$\mathrm{H}^+$、$\mathrm{O}^+$ 和 $\mathrm{e}^-$，电离方程为

$$\begin{cases} \mathrm{C} \underset{}{\overset{K_p^{\mathrm{C}}}{\rightleftharpoons}} \mathrm{C}^+ + \mathrm{e}^- \\[2mm] \mathrm{H} \underset{}{\overset{K_p^{\mathrm{H}}}{\rightleftharpoons}} \mathrm{H}^+ + \mathrm{e}^- \\[2mm] \mathrm{O} \underset{}{\overset{K_p^{\mathrm{O}}}{\rightleftharpoons}} \mathrm{O}^+ + \mathrm{e}^- \end{cases} \tag{3.65}$$

电离平衡常数可以表示为[16]

$$K_p(T) = \frac{2g_i}{g_a}\left(\frac{2\pi\hbar^2}{m_e}\right)^{-3/2}(k_b T)^{5/2}\exp\left(\frac{-E_i}{k_b T}\right) \tag{3.66}$$

其中，$g_i$ 和 $g_a$ 分别为离子和原子的简并度；$m_e$ 为电子质量；$E_i$ 为电离能。根据电离平衡常数 $K_p(T)$ 的定义[16]可知：

$$\begin{cases} \dfrac{N_{\mathrm{C}^+} N_e}{N_{\mathrm{C}}} = \dfrac{V}{kT} K_p^{\mathrm{C}}(T) \\[3mm] \dfrac{N_{\mathrm{H}^+} N_e}{N_{\mathrm{H}}} = \dfrac{V}{kT} K_p^{\mathrm{H}}(T) \\[3mm] \dfrac{N_{\mathrm{O}^+} N_e}{N_{\mathrm{O}}} = \dfrac{V}{kT} K_p^{\mathrm{O}}(T) \end{cases} \tag{3.67}$$

其中，$N_i$ 为 $i$ 粒子的粒子数；$N_e$ 为电子数目；$V$ 为电离系统体积。在解离产物中，同时存在 C、H 和 O 的电离，计算中 $N_e$ 为混合物中的电子总数。定义发生电离原子的份额为电离度，并记 C、H 和 O 的电离度为 $\alpha_C$、$\alpha_H$ 和 $\alpha_O$，则有

$$\begin{cases} N_{C^+} = \alpha_C N_{C\_0}, & N_C = (1-\alpha_C)N_{C\_0} \\ N_{H^+} = \alpha_H N_{H\_0}, & N_H = (1-\alpha_H)N_{H\_0} \\ N_{O^+} = \alpha_O N_{O\_0}, & N_O = (1-\alpha_O)N_{O\_0} \\ N_e = \alpha_C N_{C\_0} + \alpha_H N_{H\_0} + \alpha_O N_{O\_0} \end{cases} \tag{3.68}$$

其中，$N_{i\_0}$ 为元素 $i$ 的初始粒子数。

所以，式(3.67)可以用电离度的形式表达为

$$\begin{cases} \dfrac{\alpha_C(\alpha_H N_{H\_0} + \alpha_C N_{C\_0} + \alpha_O N_{O\_0})}{1-\alpha_C} = \dfrac{V}{kT}K_p^C(T) \\[3mm] \dfrac{\alpha_H(\alpha_H N_{H\_0} + \alpha_C N_{C\_0} + \alpha_O N_{O\_0})}{1-\alpha_H} = \dfrac{V}{kT}K_p^H(T) \\[3mm] \dfrac{\alpha_O(\alpha_H N_{H\_0} + \alpha_C N_{C\_0} + \alpha_O N_{O\_0})}{1-\alpha_O} = \dfrac{V}{kT}K_p^O(T) \end{cases} \tag{3.69}$$

求解式(3.69)即可获得 C、H 和 O 的电离度，进而可以确定各组分的质量源项：

$$\begin{cases} \dot{\omega}_C^- = -\dfrac{d\alpha_C}{dt}(\rho_C + \rho_{C^+}), & \dot{\omega}_{C^+} = -\dot{\omega}_C^- \\[3mm] \dot{\omega}_H^- = -\dfrac{d\alpha_H}{dt}(\rho_H + \rho_{H^+}), & \dot{\omega}_{H^+} = -\dot{\omega}_H^- \\[3mm] \dot{\omega}_O^- = -\dfrac{d\alpha_O}{dt}(\rho_O + \rho_{O^+}), & \dot{\omega}_{O^+} = -\dot{\omega}_O^- \end{cases} \tag{3.70}$$

### 3.2.3　产物与激光相互作用模型

#### 1. $(CH_2O)_{\bar{n}}$ 对激光能量的吸收

由于 $(CH_2O)_{\bar{n}}$ 和 POM 的化学键组成相似，因此认为二者吸收激光能量的机制是相同的。对于 $CO_2$ 激光，C—O 键是 POM 吸收 $CO_2$ 激光能量的主要结构[18]，因此在计算中根据 C—O 键的浓度计算光学厚度：

$$d\bar{h} = \frac{3\bar{n}N_{(CH_2O)_{\bar{n}}}}{100\rho_0 N_a}dh \tag{3.71}$$

其中，$\rho_0$ 为靶体初始密度；$N_{(CH_2O)_{\bar{n}}}$ 为 $(CH_2O)_{\bar{n}}$ 的粒子数密度；$N_a$ 为 Avogadro 常数。所以 $(CH_2O)_{\bar{n}}$ 的等效吸收系数 $\alpha_{(CH_2O)_{\bar{n}}}$ 为

$$\alpha_{(CH_2O)_{\bar{n}}} = \frac{3\bar{n}N_{(CH_2O)_{\bar{n}}}}{100\rho_0 N_a}\alpha_{POM} \tag{3.72}$$

其中，$\alpha_{POM}$ 为 POM 的吸收系数。

### 2. 激光诱导产物电离

产物飞散过程中，当激光强度高于产物击穿阈值时，产物被电离形成等离子体；随后等离子体吸收更多的入射激光能量，并诱导周围气体电离。通常认为激光诱导气体电离的机制主要为多光子电离[19-21](multiphoton ionization)和电子级联电离[22-24](electron cascade ionization，又称为电子雪崩电离)。多光子电离是指吸收一定数目的光子后电子由基态直接跃迁成为自由电子；电子级联电离是指气体内自由电子与激光相互作用，获得足够高的能量后撞击原子使之电离，并引发自由电子数密度的指数式增长，因此需要获得一定密度的初始电子以激发后续级联电离[19]。Tozer[25]指出：平衡状态下空气中的自由电子数密度小于 $10^3 \text{cm}^{-3}$，并且电子生成速率约为 $10 \text{s}^{-1}$；在焦点区域约 $10^{-8} \text{cm}^3$ 的体积内，出现气体自生的自由电子的可能性是极低的。普遍接受的观点是：当激光波长较短或气体的密度较小时，气体电离主要由多光子电离控制；当激光波长较长且气体的密度较大时(激光脉宽 $\tau_p$ 和环境压强 $P$ 的乘积 $P\tau_p > 10^{-7} \text{torr·s}$(1 torr=1.33322×$10^2$Pa)[26])，气体电离主要机制为电子级联电离，多光子电离为其提供初始电子[27]。

考虑到 $CO_2$ 激光光子能量远远小于 C、H、O 的电离能，并且激光辐照区域半径为 cm 量级，因此忽略多光子电离、扩散、分子吸附和非弹性碰撞耗能的影响，击穿区域电子数密度 $N_e$ 满足[26,28,29]：

$$\frac{dN_e}{dt} = N_e \left[ \frac{2e^2 \upsilon_m I}{m_e c \varepsilon_0 (\omega^2 + \upsilon_m^2) \varepsilon_i} - \frac{2m_e}{M} \frac{\overline{\varepsilon} \upsilon_m}{\varepsilon_i} \right] \tag{3.73}$$

其中，右侧中括号内第一项表示电子从激光电场获得能量后碰撞原子致其电离的频率；第二项表示电子弹性碰撞造成能量损失的影响。各符号代表的意义为：$e$ 为电子元电荷量；$I$ 为激光强度；$m_e$ 为电子质量；$c$ 为光速；$\varepsilon_0$ 为真空介电常数；$\omega$ 为激光角频率；$\overline{\varepsilon}$ 为电子平均能量；$\varepsilon_i$ 为电离能；$M$ 为原子质量；$\upsilon_m$ 为电子动量转移碰撞频率[30]：

$$\upsilon_m = N_g \sqrt{\frac{2\overline{\varepsilon}}{m_e}} \sigma_s \tag{3.74}$$

其中，$N_g$ 为中性原子数密度；$\sigma_s$ 为气体动力学横截面积，对于常见气体可取为 $10^{-15} \text{cm}^2$[30]。

求解上述方程的关键在于确定 $\overline{\varepsilon}$，根据文献[24]的建议，$\overline{\varepsilon}$ 可取为 $1/3 \varepsilon_i$。

为了保证电子数密度正增长，要求式(3.73)满足：

$$\frac{2e^2 \upsilon_m I}{m_e c \varepsilon_0 (\omega^2 + \upsilon_m^2) \varepsilon_i} - \frac{2m_e}{M} \frac{\overline{\varepsilon} \upsilon_m}{\varepsilon_i} > 0 \tag{3.75}$$

即

$$I > \frac{m_e^2 c \varepsilon_0 \varepsilon_i \left( \omega^2 + \frac{2\varepsilon_i}{3m_e} N_g^2 \sigma_s^2 \right)}{3M \cdot e^2} \overset{\text{def}}{=\!=\!=} I_{\min}(\rho) \tag{3.76}$$

对于平均分子量为 15 的混合气体，当 $I > I_{\min}$ 时，$CO_2$ 激光诱导电子级联电离导致产物击穿所需时间如图 3.9 所示。在激光辐照时间一定的条件下存在最佳的气体密度，其电离所需的激光强度最小；激光强度一定时，存在最佳气体密度，使电离时间最短即电子数密度增长速度最快，并且激光强度越大对应的最佳气体密度也越大。此外，当气体密度和激光强度均较小时，电子级联电离击穿时间对二者高度依赖、变化剧烈(图 3.9(b))。

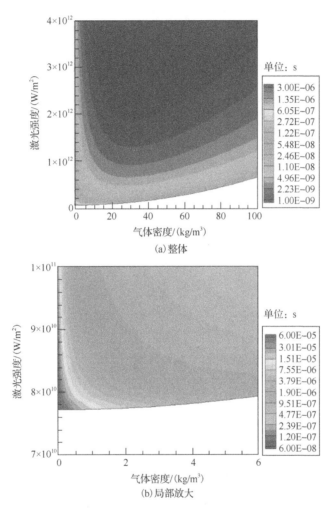

图 3.9　击穿所需时间与激光强度和气体密度之间的关系

### 3. 产物等离子体对激光能量的吸收

采用 Bouguer-Lambert-Beer 定律描述产物等离子体对激光能量的吸收，与激光在固体中传播不同的是，等离子体的吸收系数与其组成和状态参数密切相关。

1) $\alpha_i < 0.01$

烧蚀产物对激光的吸收系数可以表示为[1]

$$\alpha_{\text{shielding}} = \alpha_D = \frac{\omega_p^2 \omega_c}{c\omega^2} \tag{3.77}$$

其中，$c$ 为光速；$\omega_c$ 和 $\omega_p$ 分别为碰撞频率和等离子体频率。

$$\omega = \frac{2\pi c}{\lambda} \tag{3.78}$$

$$\omega_c = \sigma_{eg} \upsilon_e N_g \tag{3.79}$$

$$\omega_p{}^2 = \frac{e^2 N_e}{\varepsilon_0 m_e} = 3.18 \times 10^3 N_e \tag{3.80}$$

其中，$\sigma_{eg}$ 为电子-中性粒子碰撞截面面积（POM 主要烧蚀产物的特征长度如表 3.3 所示）；$\upsilon_e$ 为电子速度。可见，确定吸收系数的关键在于求解电子的运动状态和电子数密度。

表 3.3　POM 主要烧蚀产物的特征长度[31,32]

| 产物 | $d / \overset{\circ}{A}$ | 产物 | $d / \overset{\circ}{A}$ |
|---|---|---|---|
| $CH_4$ | 3.76 | CO | 3.69 |
| $CO_2$ | 3.94 | $H_2$ | 2.83 |
| $H_2O$ | 2.64 | $e^-$ | $1.0 \times 10^{-5}$ |

电子数密度由 3.2.3 节"激光诱导产物电离"部分给出，电子运动的平均速度为

$$\upsilon_e = \left( \frac{8kT}{\pi m_e} \right)^{1/2} \tag{3.81}$$

2）$0.01 \leqslant \alpha_i \leqslant 0.3$

在此区间，烧蚀产物对激光的吸收系数可以表示为[1]

$$\alpha_{\text{shielding}} = \alpha_{KU} = \alpha_{IB} \exp \left( \frac{\hbar \omega}{kT} \right) \tag{3.82}$$

其中，$\alpha_{IB}$ 为逆轫致吸收系数，由式（3.83）确定。

3）$\alpha_i > 0.3$

$\alpha_i > 0.3$ 时，烧蚀产物对激光的吸收系数可以表示为[1]

$$\alpha_{\text{shielding}} = \alpha_{IB} = 1.37 \times 10^{-27} \lambda^3 \frac{Z^2 N_i N_e}{T^{1/2}} \left[ 1 - \exp \left( -\frac{\hbar \omega}{kT} \right) \right] \quad (\text{m}^{-1}) \tag{3.83}$$

其中，$\lambda$ 为激光波长；$Z$ 为离子电量；$N_i$ 为离子数量。

4）$N_e > N_{ec}$

受色散关系的约束，激光在等离子体中传播时存在临界电子数密度 $N_{ec}$[33]：

$$N_{ec} = \frac{\varepsilon_0 m_e \omega^2}{e^2} \tag{3.84}$$

当等离子体电子数密度大于 $N_{ec}$ 时，正入射激光在临界面发生反射。$CO_2$ 激光的 $N_{ec}$ 为 $9.8 \times 10^{24} \text{m}^{-3}$。

### 4. 激光透过率计算

烧蚀产物对入射激光的屏蔽分为两部分：POM 低聚合度热解产物吸收和等离子体吸收。记 $N_{ec}$ 出现的位置为 $x_{ec}(r)$（若未出现临界面反射现象，则 $x_{ec}(r)=0$），则烧蚀产物的激光透过率可以由式(3.85)计算：

$$\zeta(r) = \begin{cases} \exp\left\{-\int_{x_{ec}(r)}^{\infty}\left[\alpha_{(CH_2O)_{\bar{n}}}(r,x)+\alpha_{shielding}(r,x)\right]dx\right\} & (x_{ec}(r)=0) \\ 0 & (x_{ec}(r)>0) \end{cases} \quad (3.85)$$

## 3.3　推进性能参数计算方法

根据 3.1 节建立的聚合物烧蚀模型可以获得不同光斑位置的烧蚀速率 $\dot{m}(r,t)$ 和烧蚀羽流场的入口参数；根据 3.2 节对羽流场的分析可以获得聚合物工质表面的压力分布 $p_S(r,t)$；根据激光参数（光强 $I(r,t)$ 和脉宽 $\tau_p$）可以获得激光能量。由此，比冲 $I_{sp}$、冲量耦合系数 $C_m$ 和推进效率 $\eta$ 可以按下面的形式获得：

$$I_{sp} = \frac{\int_0^{t_d}\int_0^{R_t}2\pi r p_S(r,t)drdt}{\int_0^{t_d}\int_0^{R_t}2\pi r \dot{m}(r,t)drdt} = \frac{\int_0^{t_d}\int_0^{R_t}r p_S(r,t)drdt}{\int_0^{t_d}\int_0^{R_t}r \dot{m}(r,t)drdt} \quad (3.86)$$

$$C_m = \frac{\int_0^{t_d}\int_0^{R_t}2\pi r p_S(r,t)drdt}{\int_0^{\tau_p}\int_0^{R_t}2\pi r I(r,t)drdt} = \frac{\int_0^{t_d}\int_0^{R_t}r p_S(r,t)drdt}{\int_0^{\tau_p}\int_0^{R_t}r I(r,t)drdt} \quad (3.87)$$

$$\eta = \frac{1}{2}g I_{sp} C_m \quad (3.88)$$

其中，$t_d$ 表示烧蚀面恢复环境压强的时刻；$R_l$ 和 $R_t$ 分别表示激光光斑半径和推力器工作表面半径。实际计算时，若烧蚀面位置存在质量流量，烧蚀面同时存在静压和动压，$p_S$ 应取静压与动压之和，即总压。按照 Jouguet 条件：

$$p_S = \left(1+\frac{\gamma}{2}\right)p_{in} \quad (3.89)$$

其中，$p_{in}$ 为羽流场入口压强。

## 3.4　数值仿真系统

对于上述激光辐照固体聚合物冲量产生模型的方程组，采用自编程序与商用软件相结合的方法，建立数值求解系统。由于系统针对激光烧蚀推进(LAP)机理研究，并且其中综合考虑了热(thermal)、光学(optical)、物理(physical)和化学(chemical)等多过程，因此命名为 LAP-TOPC。

### 3.4.1 总体架构

仿真系统主要包括聚合物烧蚀、烧蚀产物羽流场、通信交互和推进性能计算四个模块。聚合物烧蚀模块的功能是模拟脉冲激光辐照下固体聚合物的烧蚀过程，输出产物飞散的初始状态参数；烧蚀产物羽流场模块模拟烧蚀产物飞散运动和组分变化，输出激光透过率和压强分布；通信交互模块完成聚合物烧蚀模块和烧蚀产物羽流场模块的交互耦合，并在计算结束条件达到时调用推进性能计算模块计算 LAP 性能。各模块及其相互关系如图 3.10 所示，下面进行详细说明。

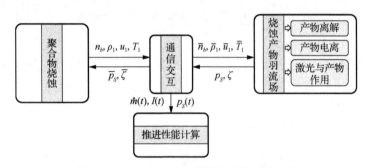

图 3.10　LAP-TOPC 主要模块及其相互关系

### 3.4.2 子模块介绍

#### 1. 聚合物烧蚀模块

为了便于表述，将聚合物烧蚀模块简记为 LAP_Ablation。根据 3.1 节所述聚合物烧蚀模型，调用 ANSYS 瞬态热计算内核计算温度场，采用 Fortran 和 ANSYS 参数化设计语言（ANSYS Parametric Design Language，APDL）编写其他功能程序。除 ANSYS 瞬态热计算内核之外，本模块的其他四个子程序如下。

（1）激光辐射与热解热加载子程序：按照 Beer 定律，将激光沉积能量作为体热源赋予工质内各计算节点，同时根据工质热解率和化学动力学参数，将聚合物热解热以体热源的形式加载。

（2）聚合物热解子程序：根据 ANSYS 热计算所得的温度场，计算当前时间步内聚合物工质热解率、热解产物聚合度分布及其热力学物性参数。

（3）Knudsen 层子程序：以聚合物热解子程序输出的烧蚀面参数为输入，求解 3.1.3 节"液体蒸发控制的烧蚀"部分所述的 Knudsen 层关系式，获得烧蚀质量和产物飞散参数。

（4）超临界气体飞散（Super-Critical Gas Emission，SCGE）子程序：以聚合物热解子程序输出的烧蚀面参数为输入，求解 3.1.3 节"气体飞散控制的烧蚀"部分所述的间断关系式，获得烧蚀质量和产物飞散参数。

计算流程如图 3.11 所示，可分为七个步骤。

步骤 1：初始化，清空软件内存，设定激光参数和推进工质初始参数。

步骤 2：施加载荷，将激光传输能量和热解热作为体热源施加在工质中。

步骤 3：ANSYS 热计算，获得工质温度场 $T$。

步骤 4：根据温度场计算聚合物热解，获得工质热解率 $n_b$ 及相应的临界温度 $T_c$ 和熔点 $T_m$。

步骤 5：判断烧蚀是否发生，若 $T > T_m$ 则烧蚀发生，转入步骤 6；$T \leqslant T_m$ 则进一步比较计算时间 $t$ 与预设烧蚀计算时间 $\tau$ 的大小，若 $t \leqslant \tau$，返回步骤 2，否则转入步骤 7。

步骤 6：烧蚀机制判别，若 $T > T_c$，工质以超临界气体飞散机制烧蚀，调用 SCGE 子程序计算烧蚀速率 $\dot{m}$ 及产物飞散参数 $\rho_1, u_1, T_1$；若 $T \leqslant T_c$，工质以液体蒸发机制烧蚀，调用 Knudsen 层子程序计算烧蚀速率 $\dot{m}$ 及产物飞散参数 $\rho_1, u_1, T_1$。

步骤 7：若计算时间 $t > \tau$ 且 $T \leqslant T_m$，认为辐照过程结束，否则重复步骤 2～步骤 6，直到达到结束条件。

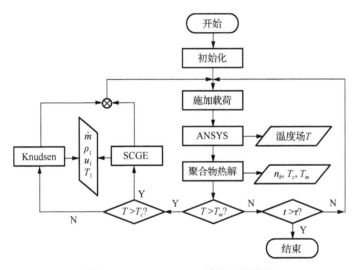

图 3.11　LAP_Ablation 模块计算流程

为了处理工质烧蚀造成的计算单元物理消失事件，采用生死单元技术[2]描述烧蚀时工质的几何轮廓变化。根据步骤 6 所得烧蚀速率，判断烧蚀区域内单元的生死状态；若单元内的质量完全被烧蚀，则将该单元的生死状态定义为"死"，在随后的计算中将该单元的热导率乘以一个小量（取为 $10^{-18}$）以消除其对周边"生"单元的影响。

2. 烧蚀产物羽流场模块

为便于表述，将烧蚀产物羽流场模块简记为 LAP_MCP。3.2 节详述了烧蚀产物羽流场的控制方程、定解条件，下面描述采用的数值求解方法。

1）空间离散

采用 AUSM$^+$-up 格式对方程进行空间离散。AUSM$^+$-up 是 AUSM（advection upstream splitting method）类格式[34]，通过在对流通量中加入压力耗散机制，同时在压力通量中加入速度耗散机制，其在各种马赫数下都有良好的收敛性和稳定性，是性能更完善的 AUSM 格式[35-40]。

对于 3.2.1 节中建立的控制方程组 (3.25)，按照 AUSM$^+$-up 格式的构造思想，其半离散格式可以写为

$$\frac{\partial U}{\partial t} + \frac{(\tilde{m}^x \boldsymbol{\psi}^x + \boldsymbol{P}^x)\big|_{i-1/2,j}^{i+1/2,j}}{\Delta x} + \frac{(\tilde{m}^r \boldsymbol{\psi}^r + \boldsymbol{P}^r)\big|_{i,j-1/2}^{i,j+1/2}}{\Delta r} = \boldsymbol{W}_{i,j} - \boldsymbol{G}_{i,j} \tag{3.90}$$

其中，$\tilde{m}^x = \rho u_x$；$\tilde{m}^r = \rho u_r$；

$$\boldsymbol{U} = \begin{bmatrix} \rho_1 \\ \rho_2 \\ \vdots \\ \rho_{13} \\ \rho \\ \rho u_x \\ \rho u_r \\ \rho E \end{bmatrix}, \quad \boldsymbol{\psi}^x = \begin{bmatrix} \xi_1 \\ \xi_2 \\ \vdots \\ \xi_{13} \\ 1 \\ u_x \\ u_r \\ H \end{bmatrix}, \quad \boldsymbol{P}^x = \begin{bmatrix} 0 \\ 0 \\ \vdots \\ 0 \\ 0 \\ p \\ 0 \\ 0 \end{bmatrix}, \quad \boldsymbol{\psi}^r = \begin{bmatrix} \xi_1 \\ \xi_2 \\ \vdots \\ \xi_{13} \\ 1 \\ u_x \\ u_r \\ H \end{bmatrix}, \quad \boldsymbol{P}^r = \begin{bmatrix} 0 \\ 0 \\ \vdots \\ 0 \\ 0 \\ 0 \\ p \\ 0 \end{bmatrix}, \quad \boldsymbol{G} = \frac{1}{r}\begin{bmatrix} \rho_1 u_r \\ \rho_2 u_r \\ \vdots \\ \rho_{13} u_r \\ \rho u_r \\ \rho u_x u_r \\ \rho u_r^2 \\ \rho u_r H \end{bmatrix} \tag{3.91}$$

其中，$\xi_i = \rho_i/\rho$ 为第 $i$ 种组元的质量分数。

计算中，由于考虑了多组分，需要计算混合物的声速 $\hat{a}$。根据声速定义式，混合物声速的计算式为

$$\hat{a}^2 = \left(\frac{\partial p}{\partial \rho}\right)_S = \left(\frac{\partial p}{\partial \rho}\right)_T + \frac{T}{\rho^2 C_V}\left(\frac{\partial p}{\partial T}\right)_\rho^2 = \left(1 + \sum_i \xi_i R_i \bigg/ \sum_i \frac{\xi_i R_i}{\gamma_i - 1}\right) \cdot \sum_i \xi_i R_i T \tag{3.92}$$

其中，$R_i$、$\gamma_i$ 分别为第 $i$ 种组元的气体常数、绝热指数；$C_V$ 为气体的比等容热容。

记组分 $i$ 的体积分数为 $\varepsilon_i$，$\varepsilon_i$ 和 $\xi_i$ 的关系为

$$\begin{cases} \varepsilon_i = \dfrac{\xi_i/M_i}{\displaystyle\sum_{j=1}^{10} \frac{\xi_j}{M_j} + \frac{2\xi_{11}}{M_{11}} + \frac{2\xi_{12}}{M_{12}} + \frac{2\xi_{13}}{M_{13}}} & (i = 1 \sim 13) \\ \varepsilon_{14} = \varepsilon_{11} + \varepsilon_{12} + \varepsilon_{13} \end{cases} \tag{3.93}$$

定义混合气体的等效绝热指数 $\hat{\gamma}$：

$$\hat{\gamma} = \left(1 + \sum_i \xi_i R_i \bigg/ \sum_i \frac{\xi_i R_i}{\gamma_i - 1}\right) \tag{3.94}$$

则

$$\hat{a}^2 = \sum_i \xi_i \hat{\gamma} R_i T = \sum_i \xi_i \tilde{a}_i^2, \quad \tilde{a}_i^2 = \hat{\gamma} R_i T \tag{3.95}$$

在确定界面通量时，按照以下方式确定混合物界面声速：

$$\hat{a}_{1/2}^x = \min(\breve{a}_L, \breve{a}_R), \quad \hat{a}_{1/2}^r = \min(\breve{a}_D, \breve{a}_U), \quad \text{其中} \begin{cases} \breve{a}^x = \hat{a}^{*2} / \max(\hat{a}^*, |u_x|) \\ \breve{a}^r = \hat{a}^{*2} / \max(\hat{a}^*, |u_r|) \end{cases} \tag{3.96}$$

其中，下标 $L$、$R$、$D$、$U$ 分别界面左、右、下、上的参数；$\widehat{a}^*$ 为混合物的临界声速：

$$\widehat{a}^* = \sqrt{\sum_i \xi_i \frac{\widehat{\gamma}}{\gamma_i} \widehat{a}_i^{*2}} = \sqrt{\sum_i \xi_i \frac{\widehat{\gamma}+1}{\gamma_i+1} \frac{2\widehat{\gamma}}{\widehat{\gamma}+1} R_i T} = \sqrt{\sum_i \xi_i \frac{\widehat{\gamma}+1}{\gamma_i+1} \widetilde{a}_i^{*2}} \tag{3.97}$$

$$\widetilde{a}_i^{*2} = \frac{2\widehat{\gamma}}{\widehat{\gamma}+1} R_i T \tag{3.98}$$

各组元的分压可以表示为

$$\begin{cases} p_i = \dfrac{\xi_i p/M_i}{\displaystyle\sum_{j=1}^{10} \dfrac{\xi_j}{M_j} + \dfrac{2\xi_{11}}{M_{11}} + \dfrac{2\xi_{12}}{M_{12}} + \dfrac{2\xi_{13}}{M_{13}}} \qquad (i=1\sim13) \\[4mm] p_{14} = p_e = p - \displaystyle\sum_{i=1}^{13} p_i = p_{11} + p_{12} + p_{13} \end{cases} \tag{3.99}$$

采用 MUSCL 方法将空间离散精度提高为二阶[36]，原始变量 $\aleph$ 为

$$\begin{cases} \aleph_L = \aleph_i + \dfrac{1}{2} \Psi(r_i)(\aleph_i - \aleph_{i-1}) \\[3mm] \aleph_R = \aleph_{i+1} - \dfrac{1}{2} \Psi\left(\dfrac{1}{r_{i+1}}\right)(\aleph_{i+2} - \aleph_{i+1}) \end{cases} \tag{3.100}$$

$$\begin{cases} \aleph_D = \aleph_j + \dfrac{1}{2} \Psi(r_j)(\aleph_j - \aleph_{j-1}) \\[3mm] \aleph_U = \aleph_{j+1} - \dfrac{1}{2} \Psi\left(\dfrac{1}{r_{j+1}}\right)(\aleph_{j+2} - \aleph_{j+1}) \end{cases} \tag{3.101}$$

其中，$\Psi(r_i)$ 为限制器，$r_i$ 表示为

$$r_i = \frac{\Delta_{i+1/2}\phi_j}{\Delta_{i-1/2}\phi_j}, \quad \aleph = (\phi_1, \phi_2, \cdots)^{\mathrm{T}} \tag{3.102}$$

其中，$\Delta_{i+1/2}(\ ) = (\ )_{i+1} - (\ )_i$，$\Delta_{i-1/2}(\ ) = (\ )_i - (\ )_{i-1}$，$\phi$ 代表可变参量，具体形式由具体问题确定。

限制器采用 min mod 限制器：

$$\Psi(r) = \begin{cases} \min(r,1) & (r>0) \\ 0 & (r \leqslant 0) \end{cases} \tag{3.103}$$

计算中的原始变量 $\aleph$ 为

$$\aleph = (\xi_1, \xi_2, \cdots, \xi_{13}, \rho, u_x, u_r, p)^{\mathrm{T}} \tag{3.104}$$

2）时间离散

按照上面的分析，控制方程的半离散形式为

$$\frac{\partial \boldsymbol{U}}{\partial t} + \frac{(\boldsymbol{E}_{i+1/2,j} - \boldsymbol{E}_{i-1/2,j})}{\Delta x} + \frac{(\boldsymbol{F}_{i,j+1/2} - \boldsymbol{F}_{i,j-1/2})}{\Delta r} = \boldsymbol{W}_{i,j} - \boldsymbol{G}_{i,j} \tag{3.105}$$

式 (3.105) 需要进一步从时间维度完成离散才能进行数值求解。

由于问题涉及多种组分，方程规模较大，从减小计算量的角度出发，采用精度为二阶的 TVD 型 Runge-Kutta 法进行时域离散。半离散格式可以改写为

$$\frac{\partial U}{\partial t} = \hat{R}(U), \quad \hat{R}(U) = W_{i,j} - G_{i,j} - \frac{E_{i+1/2,j} - E_{i-1/2,j}}{\Delta x} - \frac{F_{i,j+1/2} - F_{i,j-1/2}}{\Delta r} \tag{3.106}$$

求解的步骤为[36]

① $$U^{(0)} = U^n \tag{3.107}$$

② $$U^{(1)} = U^{(0)} + \Delta t \cdot \hat{R}(U^{(0)}) \tag{3.108}$$

③ $$U^{(2)} = \frac{1}{2}U^{(0)} + \frac{1}{2}U^{(1)} + \frac{1}{2}\Delta t \cdot \hat{R}(U^{(1)}) \tag{3.109}$$

④ $$U^{n+1} = U^{(2)} \tag{3.110}$$

其中，上标 $(0)$ 表示 Runge-Kutta 法的初始条件。

计算稳定 CFL 数为 1.0，各网格节点上时间步长满足关系：

$$\Delta t_{i,j} \leqslant \mathrm{CFL}_{\max}\left(\frac{\left|u_{i,j}^x\right| + a_{i,j}}{\Delta x} + \frac{\left|u_{i,j}^r\right| + a_{i,j}}{\Delta r}\right)^{-1} \tag{3.111}$$

其中，$u_{i,j}^x$、$u_{i,j}^r$ 和 $a_{i,j}$ 分别表示 $(i,j)$ 单元中的 $x$ 向速度、$r$ 向速度和声速。

全局时间步长为

$$\Delta t = \min_{\forall i,j}(\Delta t_{i,j}) \tag{3.112}$$

3）边界处理

烧蚀产物的飞散区域为以烧蚀面为边界的半无穷大空间，仿真时计算域选为以烧蚀面中心法线为对称轴的二维轴对称面，如图 3.12 所示。

边界条件主要包括质量流量边界、无穷远边界、固壁边界和轴对称边界。入口处的边界条件为质量流量边界，在这一区域：

$$\rho(r)u_x(r) = \dot{m}(r) \tag{3.113}$$

$$u_r = 0 \tag{3.114}$$

为了保证计算域内各网格点格式的完整，需要补充虚网格点。入口边界网格划分如图 3.13 所示，$i=1$ 表示 $O_1A$ 边界，$i=0$ 表示虚网格，虚节点上参数满足：

$$W(0,j) = W(1,j) \tag{3.115}$$

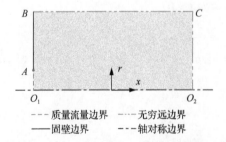

图 3.12　烧蚀产物羽流场计算域及边界条件

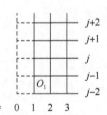

图 3.13　入口质量流量边界网格划分示意图

此外，对于固壁边界和轴对称边界，采用反射原理确定虚网格节点参数，无穷远边界则采用无反射条件处理。

4）计算流程

LAP_MCP 模块采用 Fortran 编译完成，计算流程如图 3.14 所示。

**3. 推进性能计算模块**

推进性能计算模块基于 3.3 节所述的计算方法，计算冲量耦合系数、比冲和推进效率。为了便于表述，将推进性能计算模块简记为 LAP_Propul。

**4. 通信交互模块**

LAP_Ablation 和 LAP_MCP 描述了 LAP 冲量产生所经历的主要过程，然而二者是相对独立的模块，只有高效、准确地实现数据通信才能形成一个整体，并由 LAP_Propul 完成 LAP 性能的计算。通信交互模块的功能如图 3.15 所示，主要工作包括数据传递、数据协同和数据整理，下面分别进行说明。

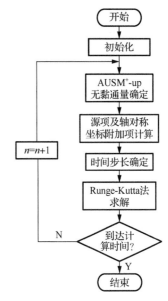

图 3.14　LAP_MCP 模块计算程序流程图

1）数据传递

接收 LAP_Ablation 的计算结果 $(n_b, \rho_1, u_1, T_1)$ 和 LAP_MCP 的计算结果 $(p_S, \zeta)$，并经过计算时间步协同后，将产物飞散初始参数 $(\bar{n}_b, \bar{\rho}_1, \bar{u}_1, \bar{T}_1)$ 传递给 LAP_MCP，将穿过羽流场到达烧蚀面的激光强度 $\bar{I} = \bar{\zeta} I_0$ 传递给 LAP_Ablation。

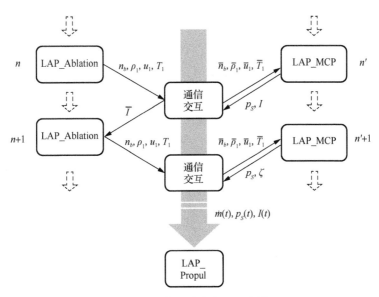

图 3.15　数据通信交互示意图

2）数据协同

由于 LAP_Ablation 和 LAP_MCP 的计算时间步长不同，需要通信交互模块进行数据协同；此外，LAP_Ablation 采用生死单元技术描述单元烧蚀，计算结果存在一定的扰动，因此采用多个时间步取平均的方法进行平滑。数据协同方法如图 3.16 所示，在确保通量的前提下，多步平均后采用一阶平滑实现协同。

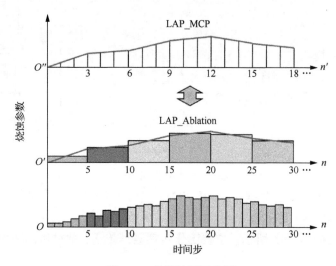

图 3.16 数据协同示意图

3）数据整理

不同时间步 LAP_Ablation 和 LAP_MCP 传递的数据是离散的，通信交互模块需要将数据整理成以时间 $t$ 为自变量的函数 $\dot{m}(t)$、$p_S(t)$ 和 $I(t)$，进而传递给 LAP_Propul，用以计算 LAP 性能。

### 3.4.3 运行流程

数值仿真系统的运行流程如图 3.17 所示，共包含八个步骤。

步骤 1：程序初始化，清空数据内存，设定初始参数。

步骤 2：运行 LAP_Ablation 模块，计算工质烧蚀过程。

步骤 3：运行通信交互模块，输出烧蚀参数。

步骤 4：程序运行流程判断，LAP_Ablation 模块运行 $N$ 步后开始调用 LAP_MCP 模块，否则返回步骤 2。

步骤 5：运行 LAP_MCP 模块，计算烧蚀产物羽流场。

步骤 6：运行通信交互模块，输出烧蚀面光强和压强。

步骤 7：程序运行流程判断，若烧蚀面压强高于环境压强 $p_r$ 或计算时间小于 $100\mu s$，则返回步骤 2。

步骤 8：用 LAP_Propul 模块计算推进性能，计算结束。

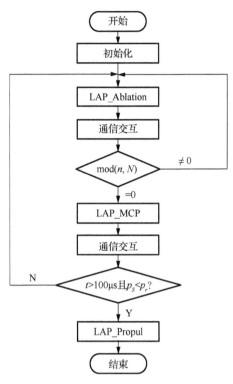

图 3.17　数值仿真系统的运行流程

### 3.4.4　算例验证

1. 聚合物烧蚀模块验证

算例 3.1：激光辐照下材料稳态烧蚀的烧蚀面后移速度和温度场计算[41,42]。选择的计算参数如表 3.4 所示。

表 3.4　稳态烧蚀的烧蚀面后移速度和温度场计算所用参数

| 参数 | $\rho/(kg/m^3)$ | $C_p/(J/(kg\cdot K))$ | $\alpha/m^{-1}$ | $k_T/(W/(m\cdot K))$ | $H_g/(J/kg)$ | $I_0/(W/m^2)$ | $T_m/K$ | $T_0/K$ |
|------|------|------|------|------|------|------|------|------|
| 数值 | 1000 | 1200 | $1.0\times10^3$ | 10 | $1.0\times10^6$ | $1.0\times10^8$ | 800 | 300 |

考虑光强为 $I_0$ 的连续激光辐照下工质的烧蚀过程，当稳态烧蚀建立之后，温度场控制方程可以简化为

$$v_s \frac{\mathrm{d}T}{\mathrm{d}z} + \frac{k_T}{\rho C_p}\frac{\mathrm{d}^2 T}{\mathrm{d}z^2} + \frac{\alpha I}{\rho C_p} = 0 \tag{3.116}$$

根据能量守恒，稳态烧蚀速度(即烧蚀面后移速度)为

$$v_s = \frac{I_0}{\rho\left[C_p(T_m - T_0) + H_g\right]} \tag{3.117}$$

进而可解得温度分布[43]为

$$T = T_0 + \frac{\alpha k_T (T_m - T_0) + \rho H_g v_s}{\alpha k_T - \rho C_p v_s} \exp\left(-\frac{\rho v_s C_p}{k_T} z\right) - \frac{I_0}{\alpha k_T - \rho C_p v_s} \exp(-\alpha z) \tag{3.118}$$

烧蚀面后移速度和温度场为

$$v_s = 0.0625 \text{ m/s} \tag{3.119}$$

$$T = 300 - \frac{6.75 \times 10^3}{6.5} \exp(-7500z) + \frac{1.0 \times 10^4}{6.5} \exp(-1000z) \tag{3.120}$$

采用 LAP_Ablation 模块模拟这一过程,烧蚀面后移速度随时间的变化及稳态温度场的分布分别如图 3.18 和图 3.19 所示,与理论结果吻合。

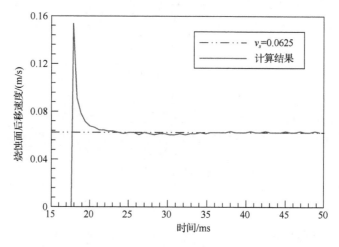

图 3.18　烧蚀面后移速度

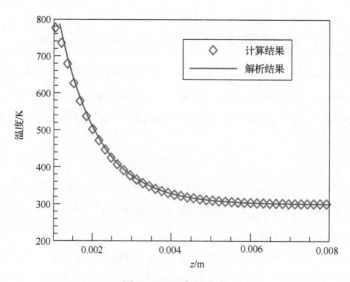

图 3.19　温度场分布

2. 烧蚀产物羽流场模块验证

烧蚀产物羽流场模块应具备捕捉产物飞散羽流中复杂物理现象的能力，其中羽流场内波系结构和产物组分分布是本书关心的问题。为此本节设计了三个算例。

算例 3.2：冲击波的产生与相互作用。利用 LAP_MCP 模块计算活塞运动和初始压力间断驱动冲击波的发展过程，计算初始条件为 1atm 的 $CH_2O$ 气体，计算结果与解析结果的比较如图 3.20 和图 3.21 所示；此外，还计算了两个相向传播的冲击波相遇的流场发展，如图 3.22 所示。可见，LAP_MCP 模块计算准确，并能有效控制间断两侧的色散。

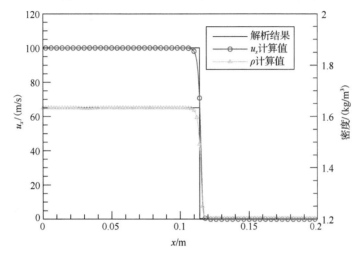

图 3.20 活塞以 $u$=100m/s 运动产生的冲击波

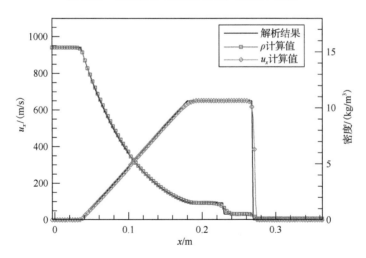

图 3.21 初始压力间断驱动流场发展(压力间断比为 128)

算例 3.3：超声速气流激波衍射问题。为了确认 LAP_MCP 模块能够准确模拟羽流场中的复杂流场结构，以二维激波衍射问题为例，模拟不同马赫数来流在后台阶区域的流场发展。计算不同马赫数、不同网格密度下的流场，计算结果如图 3.23 所示，其中 $0 < y < 0.25$m 为入口边界，超声速来流沿着 $x$ 方向，图 3.23 中的 $I$、$J$ 分别表示 $x$、$y$ 方向的网格数量。计算结果中波系结构明显，与文献[40]对超声速气流激波衍射问题的仿真结果吻合。

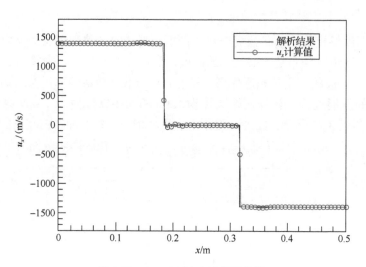

图 3.22　Ma=5.0 冲击波相互作用

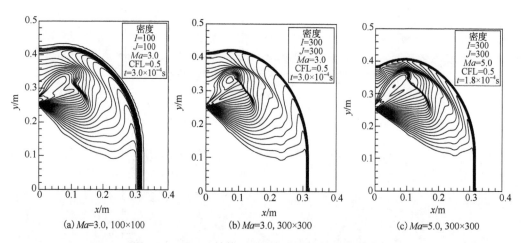

(a) Ma=3.0, 100×100　　　(b) Ma=3.0, 300×300　　　(c) Ma=5.0, 300×300

图 3.23　不同马赫数和网格密度下的激波衍射流场

　　算例 3.4：气泡在空气中移动的动态过程仿真。飞散过程中，羽流场中产物组分不断变化。为了确认多组分流场计算的准确性，以气泡的演变为例，分别采用商用软件 Fluent 和 LAP_MCP 模块进行计算，比较不同时刻两组计算结果输出的多组分流场。计算模型中，设球形气泡在空气中横向移动的初始速度为 10m/s。

　　采用商用软件 Fluent 和 LAP_MCP 模块计算的结果如图 3.24 所示，二者从气泡形状发展上看是吻合的。需要指出的是，Fluent 计算时采用 VOF 模型，模型限制只能有一相是可压的，而本节模型中并没有这一限制。这一区别导致了两种计算结果的差异，尤其是在气泡边缘上：LAP_MCP 模块的计算结果能更准确地反映两相间的相互作用。0.9ms 流场 $x$、$y$ 方向的速度分布分别如图 3.25 和图 3.26 所示，两种方法的计算结果也是吻合的。

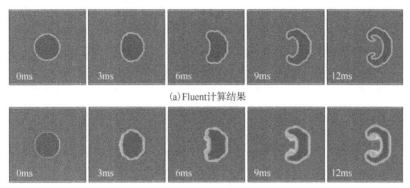

(a) Fluent 计算结果

(b) LAP_MCP 模块计算结果

图 3.24　气泡发展计算结果

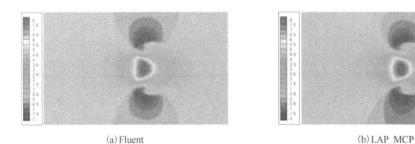

(a) Fluent　　　　　　　　　　　　　　　　　(b) LAP_MCP

图 3.25　0.9ms 流场 $x$ 方向的速度(m/s)分布

(a) Fluent　　　　　　　　　　　　　　　　　(b) LAP_MCP

图 3.26　0.9ms 流场 $y$ 方向的速度(m/s)分布

通过与经典算例的解析结果或者数值计算结果比对表明：系统整体运行稳定；各子系统的功能正常、计算结果准确；聚合物烧蚀模块能够较好地预示工质的烧蚀质量、烧蚀面的轮廓发展；烧蚀产物羽流场模块具备捕捉产物羽流场波系结构和产物组分分布的能力。

## 参 考 文 献

[1] BÄUERLE D. Laser processing and chemistry[M]. 4th ed. Berlin: Springer-Verlag, 2011.

[2] 李干. 激光辐照下纤维复合材料宏-细观效应的数值模拟研究[D]. 长沙: 国防科学技术大学, 2010.

[3] BITYURIN N, LUK'YANCHUK B S, HONG M H, et al. Models for laser ablation of polymers[J]. Chemical reviews, 2003, 103(2): 519-552.

[4] 波林, 普劳斯尼茨, 奥康奈尔. 气液物性估算手册[M]. 5 版. 赵红玲, 王凤坤, 陈圣坤, 等译. 北京: 化学工业出版社, 2006.

[5] 董新法, 方利国, 陈砺. 物性估算原理及计算机计算[M]. 北京: 化学工业出版社, 2006.

[6] LIU Z Y. Prediction of critical pressure of dilute multicomponent mixtures[J]. Aiche journal, 1998, 44(7): 1709-1712.

[7] PEKKER L, KEIDAR M, CAMBIER J L. Effect of thermal conductivity on the Knudsen layer at ablative surfaces[J]. Journal of applied physics, 2008, 103(3): 34906.

[8] PENG D Y, ROBINSON D B. A new two-constant equation of state[J]. Industrial and engineering chemistry research, 1976, 15(1): 59-64.

[9] 童钧耕, 吴孟余, 王平阳. 高等工程热力学[M]. 北京: 科学出版社, 2006.

[10] ANDRE P. Composition and thermodynamic properties of ablated vapours of PMMA, PA6-6, PETP, POM and PE[J]. Journal of physics d—applied physics, 1996, 29: 1963-1972.

[11] 傅献彩, 沈文霞, 姚天扬. 物理化学[M]. 4 版. 北京: 高等教育出版社, 1990.

[12] 高执棣. 化学热力学基础[M]. 北京: 北京大学出版社, 2006.

[13] 叶大伦, 胡建华. 实用无机物热力学数据手册[M]. 2 版. 北京: 冶金工业出版社, 2002.

[14] 梁英教, 车荫昌. 无机物热力学数据手册[M]. 沈阳: 东北大学出版社, 1993.

[15] 巴伦. 纯物质热化学数据手册(上卷)[M]. 程乃良, 牛四通, 徐桂英, 等译. 北京: 科学出版社, 2003.

[16] 汤文辉, 张若棋. 物态方程理论及计算概论[M]. 长沙: 国防科技大学出版社, 1999.

[17] 李小康. 气体工质激光推力器工作过程数值模拟和实验研究[D]. 长沙: 国防科学技术大学, 2011.

[18] AGEICHIK A A, REPINA E V, REZUNKOV Y A, et al. Detonation of CHO working substances in a laser jet engine[J]. Technical physics, 2009, 54: 402-409.

[19] DEMICHELIS C. Laser induced gas breakdown: a bibliographical review[J]. IEEE journal of quantum electronics, 1969, QE-5(4): 188-202.

[20] BEBB H B, GOLD A. Multiphoton ionization of hydrogen and rare gas atoms[J]. Physical review, 1966, 143: 1.

[21] KELDYSH L V. Ionization in the field of a strong electromagnetic wave[J]. Soviet physics JETP, 1965, 20: 1307-1314.

[22] BROWNE P F. Mechanism of gas breakdown by lasers[J]. Proceedings of the physical society, 1965, 86: 1323-1332.

[23] BARYNIN A, KHOKHLOV R V. The mechanism of the optical breakdown in a gas[J]. Soviet physics JETP, 1966, 23: 314.

[24] YOUNG M, HERCHER M. Dynamics of laser-induced breakdown in gases[J]. Journal of applied physics, 1967, 38(11): 4393-4400.

[25] TOZER B A. Theory of the ionization of gases by laser beams[J]. Physical review, 1965, 137(6A): A1665-A1667.

[26] MORGAN C G. Laser-induced breakdown of gases[J]. Reports on progress in physics, 1975, 38(5): 621-665.

[27] BARYNIN A, PROKHOROV M A. Some features of the interaction between short laser radiation pulses and matter[J]. Soviet physics JETP, 1967, 25: 1072.

[28] PHUOC T X. Laser-induced spark ignition fundamental and applications[J]. Optics and lasers in engineering, 2006, 44: 351-397.

[29] SMITH D C. Gas breakdown initiated by laser radiation interaction with aerosols and solid surfaces[J]. Journal of applied physics, 1977, 48: 2217-2225.

[30] RADZIEMSKI L J, CREMERS D A. Laser-induced plasmas and applications[M]. New York: Marcel Dekker, 1989.

[31] POLING B E, PRAUSNITZ J M, O'CONNELL J P. The properties of gases and liquids[M]. 5th ed. New York: McGraw-Hill Companies, Inc. , 2001.

[32] LIDE D R, HAYNES W M. CRC handbook of chemistry and physics[M]. 90th ed. Boca Raton: CRC Press LLC, 2010.

[33] 常铁强, 张钧, 张家泰, 等. 激光等离子体相互作用与激光聚变[M]. 长沙: 湖南科学技术出版社, 1991.

[34] LIOU M S, JR STEFFEN C J. A new flux splitting scheme[J]. Journal of computational physics, 1993, 107: 23-39.

[35] VAN LEER B. Flux-vector splitting for the Euler equations[C]. Eighth International Conference on Numerical Methods in Fluid Dynamics. Berlin, 1982.

[36] ROE P L. Approximate Riemann solvers, parameter vectors and difference schemes[J]. Journal of computational physics, 1981, 43: 357-372.

[37] 阎超. 计算流体力学方法及应用[M]. 北京: 北京航空航天大学出版社, 2006.

[38] 阎超, 于剑, 徐晶磊, 等. CFD 模拟方法的发展成就与展望[J]. 力学进展, 2011, 41(5): 562-589.

[39] LIOU M S. Ten years in the making—AUSM-family[J]. AIAA paper, 2001, 2001-2521.

[40] LIOU M S. A sequel to AUSM, Part Ⅱ: AUSM+-up for all speeds[J]. Journal of computational physics, 2006, 214: 137-170.

[41] 张朋波, 秦颖, 赵纪军, 等. 纳秒激光烧蚀铝材料的二维数值模拟[J]. 物理学报, 2010, 59(10): 7120-7128.

[42] KRÜGER J, NIINO H, YABE A. Investigation of excimer laser ablation threshold of polymers using a microphone[J]. Applied surface science, 2002, 197-198: 800-804.

[43] 孙承纬. 激光辐照效应[M]. 北京: 国防工业出版社, 2002.

# 第 二 部 分

## 第4章 大气中呼吸式脉冲激光爆震推进简化解析分析

前面给出的描述激光加热气体反应流场的控制方程组和物理化学性质模型，只有采用数值计算的方式才能求解。数值计算方法给出的流场信息丰富、结果相对精确，但不易直接给出推进性能参数随边界条件变化、各因素综合影响的规律性关系。本章在前面建立的物理性质模型的基础上，针对脉冲激光加热气体爆震推力器进行简化的解析分析。

## 4.1 直圆管式脉冲激光爆震推力器的一维解析模型

对于细长直圆盲管形推力器，初始时刻管内气体静止且均匀、与环境平衡，受到脉冲激光照射，首先在盲端壁面处点燃激光支持爆震波，爆震波逆着入射光向出口截面发展。将管内气体运动看成是一维的，此即脉冲激光加热气体爆震推力器的一维模型，如图 4.1 所示。其中推力器长度和截面积分别为 $L$ 和 $A$，激光强度和脉宽为 $I_{las}$ 和 $t_p$，环境空气密度和压强分别为 $\rho_a$ 和 $p_a$。爆震波波速为 $D$，$Dt_p > L$ 意味着爆震波移出推力器后继续注入激光，显然是一种无法充分利用能量的方式，因此本章讨论限于 $Dt_p \leqslant L$ 的情况。同时，下一个激光脉冲到来之前，推力器内的气体恢复到初始状态。

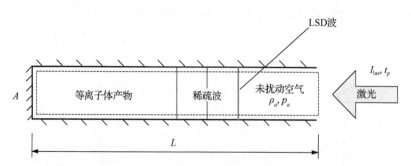

图 4.1 细长直圆盲管形脉冲激光爆震推力器一维模型示意图

推力器的瞬时推力由压强在内外壁面上积分得到，并且根据动量守恒可写为

$$F = \oint_{in} p\mathrm{d}S + \oint_{ex} p\mathrm{d}S = \left[\frac{\partial}{\partial t}\oint_{Vol}\mathrm{d}(mv) + (\dot{m}v)_e + p_eA\right] - p_aA \tag{4.1}$$

其中，$m$、$v$、$p$ 分别为气体质量、速度和压强；下标 $e$ 表示出口处的值。

对于稳态推力器，控制体内部动量的时间变化率满足：

$$\frac{\partial}{\partial t} \oint_{\text{Vol}} \text{d}(mv) = 0$$

可得经典的推力公式 $F = (\dot{m}v)_e + p_e A - p_a A$。激光爆震推力器工作循环是一个非稳态过程，直接采用压强积分的方式计算推力较为简便。由于侧壁压力对有效推力没有贡献，因此：

$$F = p_w A - p_a A \qquad (4.2)$$

其中，$p_w$ 为推力器顶端壁面压强。

推力器获得的冲量为推力的时间积分，定义一个脉冲内的冲量密度为

$$\frac{P_{\text{tot}}}{A} = \frac{1}{A} \int_0^{t_{\text{end}}} F \text{d}t = \int_0^{t_{\text{end}}} (p_w - p_a) \text{d}t \qquad (4.3)$$

其中，$P_{\text{tot}}$ 为总冲量；$t_{\text{end}}$ 为推力作用结束时刻。

波系发展如图 4.2 所示。激光从右侧入射，激光支持爆震波在推力器顶端壁面 ($x=0$) 点燃并逆着激光入射的方向发展，其后紧随一个稀疏波；$t_p$ 时刻脉冲结束，爆震波退化为冲击波，以速度 $V$ 继续右移；同时由于 LSD 波后边界条件被破坏，一个中心稀疏波向左传播，第一道和最后一道稀疏波分别于 $t_1$ 和 $t_2$ 时刻到达顶端壁面；前向冲击波在 $t_L$ 时刻到达推力器出口，外界较强的稀疏作用内传，并于 $t_3$ 时刻到达顶端壁面，该处的压强迅速下降。此后流场中持续发生波的反射、透射等作用并逐渐衰减，最终静止。

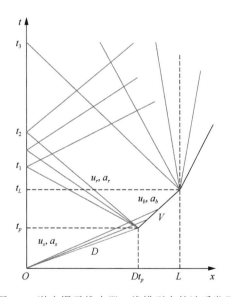

图 4.2 激光爆震推力器一维模型中的波系发展

将推力作用结束时刻 ($t_{\text{end}}$) 设定为顶端壁面压强迅速下降的时刻 $t_3$，则冲量密度为

$$\frac{P_{\text{tot}}}{A} = \int_0^{t_1} p_w \text{d}t + \int_{t_1}^{t_2} p_w \text{d}t + \int_{t_2}^{t_3} p_w \text{d}t - p_a t_3 \qquad (4.4)$$

### 4.1.1　各阶段的初终时刻和壁面压强

**1. 时间段 $0 \sim t_1$**

此阶段包括激光脉冲加热阶段和激光脉冲结束至前缘稀疏波到达顶端壁面的阶段。Raizer 和 Tybulewicz 根据 LSD 波阵面前后的质量、动量和能量守恒给出了激光支持爆震波关系[1]。记激光吸收效率为 $\eta$，则 LSD 波速表示为

$$D = \left[ 2(\gamma^2 - 1)\frac{\eta I_{\text{las}}}{\rho_a} \right]^{\frac{1}{3}} \tag{4.5}$$

其中，$\gamma$ 为波后气体比热比。此时，LSD 波后速度、声速和压强分别为[1]

$$
\begin{cases}
u_{\text{LSD}} = \dfrac{1}{\gamma + 1} D \\[2mm]
a_{\text{LSD}} = D - u_{\text{LSD}} = \dfrac{\gamma}{\gamma + 1} D \\[2mm]
p_{\text{LSD}} = \dfrac{\rho_a D^2}{\gamma + 1}
\end{cases}
\tag{4.6}
$$

紧随其后的前向稀疏波为简单波，黎曼不变量关系给出：

$$u - \frac{2}{\gamma - 1} a = u_{\text{LSD}} - \frac{2}{\gamma - 1} a_{\text{LSD}} \tag{4.7}$$

顶端壁面边界条件要求 $u = 0$，因此稀疏波通过后的区域满足：

$$
\begin{cases}
u_s = 0 \\[2mm]
a_s = \dfrac{D}{2}
\end{cases}
\tag{4.8}
$$

根据等熵关系，此阶段的壁面压强为[2]

$$p_s = p_{\text{LSD}} \left( \frac{a_s}{a_{\text{LSD}}} \right)^{\frac{2\gamma}{\gamma - 1}} = \left( \frac{\gamma + 1}{2\gamma} \right)^{\frac{2\gamma}{\gamma - 1}} \frac{1}{\gamma + 1} \left[ 2(\gamma^2 - 1)\eta \right]^{\frac{2}{3}} \rho_a^{\frac{1}{3}} I_{\text{las}}^{\frac{2}{3}} \tag{4.9}$$

**2. 时间段 $t_1 \sim t_2$**

此阶段主要为稀疏波与顶端壁面相互作用。左行中心稀疏波区域与均匀区相邻，属于简单波，不变量关系为

$$u + \frac{2}{\gamma - 1} a = u_s + \frac{2}{\gamma - 1} a_s = \frac{1}{\gamma - 1} D \tag{4.10}$$

根据其空间-时间起始点 $(Dt_p,t_p)$，左行特征线方程为

$$x = (u-a)t + [D-(u-a)]t_p \tag{4.11}$$

式(4.10)和式(4.11)给出了中心稀疏波各特征线到达顶端壁面的时刻。该族特征线到达顶端壁面后，入射波和反射波相互作用，此时顶端壁面不再是简单波区域，根据左行特征线上的相容关系有

$$u - \frac{2}{\gamma-1}a = u_w - \frac{2}{\gamma-1}a_w \tag{4.12}$$

边界条件要求 $x=0$ 处，$u_w=0$，因此：

$$
\begin{aligned}
a_w &= -\frac{\gamma-1}{2}u + a \\
&= \left[1 + \frac{4(\gamma-1)}{3-\gamma}\frac{t_p}{t-t_p}\right]\frac{3-\gamma}{2(\gamma+1)}D
\end{aligned}
\tag{4.13}
$$

由等熵关系，时间段 $[t_1,t_2]$ 上的顶端壁面压强为

$$p_{t12} = p_s\left(\frac{a_w}{a_s}\right)^{\frac{2\gamma}{\gamma-1}} = p_s\left(\frac{3-\gamma}{\gamma+1}\right)^{\frac{2\gamma}{\gamma-1}}\left[1 + \frac{4(\gamma-1)}{3-\gamma}\frac{t_p}{t-t_p}\right]^{\frac{2\gamma}{\gamma-1}} \tag{4.14}$$

下面求解时刻 $t_1,t_2$。

1) $t_1$

忽略后向中心稀疏波与前向稀疏波的相互作用，由式(4.11)可知某一特征线到达顶端壁面 $x=0$ 处的时刻为

$$t = t_p - \frac{D}{u-a}t_p \tag{4.15}$$

第一道稀疏波波前区域的解为 $u_s$ 和 $a_s$，代入式(4.15)有 $t_1 = 3t_p$，与顶端壁面交点的空间-时间坐标为 $(0,t_1)$。

2) $t_2$

记激光脉冲结束后的冲击波波速为 $V$，强激波关系给出的波后速度和压强为

$$
\begin{cases}
u_b = \dfrac{2}{\gamma_0+1}V \\[2mm]
p_b = \dfrac{2}{\gamma_0+1}\rho_a V^2
\end{cases}
\tag{4.16}
$$

其中，$\gamma_0$ 表示初始空气的比热比。

中心稀疏波前后黎曼不变量关系给出：

$$a_r = a_s - \frac{\gamma-1}{2}(u_r - u_s) \tag{4.17}$$

根据等熵关系以及接触面前后 $u_b=u_r$，$p_b=p_r$，有

$$\frac{p_b}{p_s} = \frac{p_r}{p_s} = \left(\frac{a_r}{a_s}\right)^{\frac{2\gamma}{\gamma-1}} = \left(1 - \frac{\gamma-1}{2}\frac{u_r-u_s}{a_s}\right)^{\frac{2\gamma}{\gamma-1}} = \left(1 - \frac{\gamma-1}{2}\frac{u_b}{a_s}\right)^{\frac{2\gamma}{\gamma-1}}$$
$$= \left[1 - \frac{2(\gamma-1)}{\gamma_0+1}\frac{V}{D}\right]^{\frac{2\gamma}{\gamma-1}} \tag{4.18}$$

式 (4.18) 的左端为

$$\frac{p_b}{p_s} = \frac{2}{\left(\dfrac{\gamma+1}{2\gamma}\right)^{\frac{2\gamma}{\gamma-1}}}\frac{\gamma+1}{\gamma_0+1}\left(\frac{V}{D}\right)^2 \tag{4.19}$$

比热比 $\gamma$、$\gamma_0 \in (1,2)$，因此 $\dfrac{2(\gamma-1)}{\gamma_0+1}\dfrac{V}{D} < 1$，右端可用幂函数近似展开为

$$\frac{p_b}{p_s} \approx 1 - \frac{4\gamma}{\gamma_0+1}\frac{V}{D} + \frac{4\gamma(\gamma+1)}{(\gamma_0+1)^2}\left(\frac{V}{D}\right)^2 \tag{4.20}$$

故

$$\frac{V}{D} = \frac{-\dfrac{\gamma}{\gamma_0+1} + \sqrt{\left(\dfrac{\gamma}{\gamma_0+1}\right)^2 + \dfrac{1}{2}\left[\left(\dfrac{\gamma+1}{2\gamma}\right)^{\frac{-2\gamma}{\gamma-1}}\dfrac{\gamma+1}{\gamma_0+1} - \dfrac{2\gamma(\gamma+1)}{(\gamma_0+1)^2}\right]}}{\left(\dfrac{\gamma+1}{2\gamma}\right)^{\frac{-2\gamma}{\gamma-1}}\dfrac{\gamma+1}{\gamma_0+1} - \dfrac{2\gamma(\gamma+1)}{(\gamma_0+1)^2}} \tag{4.21}$$

因此稀疏波波尾斜率为

$$\frac{\mathrm{d}x}{\mathrm{d}t} = u_r - a_r = \frac{2}{\gamma_0+1}V - \left(\frac{p_b}{p_s}\right)^{\frac{\gamma-1}{2\gamma}}a_s$$
$$= \left[\frac{2}{\gamma_0+1}\frac{V}{D} - \frac{\gamma}{\gamma+1}\left(2\frac{\gamma+1}{\gamma_0+1}\right)^{\frac{\gamma-1}{2\gamma}}\left(\frac{V}{D}\right)^{\frac{\gamma-1}{\gamma}}\right]D \overset{\text{def}}{=\!=} BD \tag{4.22}$$

由式 (4.15) 可得

$$t_2 = t_p - \frac{D}{u-a}t_p = \left(1 - \frac{1}{B}\right)t_p \tag{4.23}$$

与顶端壁面交点的空间-时间坐标为 $(0,t_2)$。将 $t_2$ 代入式 (4.14)，可得稀疏波后的壁面压强为

$$p_{t2} = p_s\left(\frac{3-\gamma}{\gamma+1}\right)^{\frac{2\gamma}{\gamma-1}}\left[1 + \frac{4(\gamma-1)}{3-\gamma}\frac{t_p}{t_2-t_p}\right]^{\frac{2\gamma}{\gamma-1}} \tag{4.24}$$

3. $t_3$

冲击波到达推力器出口后，内传中心稀疏波的起始点为 $(L, t_L)$，满足：

$$t_L = \frac{L - Dt_p}{V} + t_p = \frac{L}{V} + \left(1 - \frac{D}{V}\right)t_p$$

则左行特征线方程为

$$x = (u - a)t + L - (u - a)t_L \tag{4.25}$$

某一特征线到达顶端壁面的时间为

$$t = t_L - \frac{L}{u - a} \tag{4.26}$$

不计接触面和稀疏波相互作用引起的特征线弯曲，代入 $u_r$ 和 $a_r$，可确定稀疏波前沿到达顶端壁面的时刻为

$$t_3 = t_L - \frac{L}{BD} \tag{4.27}$$

### 4.1.2　计算结果与讨论

式(4.14)和式(4.24)给出的压强形式难以进行时间积分，考虑到当 $t > t_1$、$\gamma < \frac{5}{3}$ 时有

$$\frac{4(\gamma - 1)}{3 - \gamma} \frac{t_p}{t - t_p} < 1$$

可利用幂函数将式(4.14)和式(4.24)展开得

$$p_{t12} \approx p_s \left(\frac{3 - \gamma}{\gamma + 1}\right)^{\frac{2\gamma}{\gamma - 1}} \left[1 + \frac{8\gamma t_p}{(3 - \gamma)(t - t_p)} + \frac{16\gamma(\gamma + 1)}{(3 - \gamma)^2} \frac{t_p^2}{(t - t_p)^2}\right] \tag{4.28}$$

$$p_{t2} \approx p_s \left(\frac{3 - \gamma}{\gamma + 1}\right)^{\frac{2\gamma}{\gamma - 1}} \left[1 + \frac{8\gamma(-B)}{3 - \gamma} + \frac{16\gamma(\gamma + 1)}{(3 - \gamma)^2} B^2\right] \tag{4.29}$$

因此各阶段的冲量密度为

$$\int_0^{t_1} p_s \mathrm{d}t = p_s t_1 \tag{4.30}$$

$$\int_{t_1}^{t_2} p_{t12} \mathrm{d}t = p_s \left(\frac{3 - \gamma}{\gamma + 1}\right)^{\frac{2\gamma}{\gamma - 1}} \left[(t_2 - t_1) + \frac{8\gamma t_p}{3 - \gamma} \ln\left(\frac{t_2 - t_p}{t_1 - t_p}\right) + \frac{16\gamma(\gamma + 1)}{(3 - \gamma)^2} \frac{(t_2 - t_1)t_p^2}{(t_1 - t_p)(t_2 - t_p)}\right]$$

$$= p_s t_p \left(\frac{3 - \gamma}{\gamma + 1}\right)^{\frac{2\gamma}{\gamma - 1}} \left[\left(-\frac{1}{B} - 2\right) + \frac{8\gamma}{3 - \gamma} \ln\left(-\frac{1}{2B}\right) + \frac{8\gamma(\gamma + 1)}{(3 - \gamma)^2}(2B + 1)\right] \tag{4.31}$$

$$\int_{t_2}^{t_3} p_{t2}\mathrm{d}t = p_s t_p \left(\frac{3-\gamma}{\gamma+1}\right)^{\frac{2\gamma}{\gamma-1}}\left[1+\frac{8\gamma(-B)}{3-\gamma}+\frac{16\gamma(\gamma+1)}{(3-\gamma)^2}B^2\right]\left(\frac{D}{V}-\frac{1}{B}\right)\left(\frac{L}{Dt_p}-1\right) \tag{4.32}$$

可得到总的冲量密度为

$$
\begin{aligned}
\frac{P_{\mathrm{tot}}}{A} = p_s t_p &\left\{3+\left(\frac{3-\gamma}{\gamma+1}\right)^{\frac{2\gamma}{\gamma-1}}\left[\left(-\frac{1}{B}-2\right)+\frac{8\gamma}{3-\gamma}\ln\left(-\frac{1}{2B}\right)+\frac{8\gamma(\gamma+1)}{(3-\gamma)^2}(2B+1)\right]\right.\\
&\left.+\left(\frac{3-\gamma}{\gamma+1}\right)^{\frac{2\gamma}{\gamma-1}}\left[1+\frac{8\gamma(-B)}{3-\gamma}+\frac{16\gamma(\gamma+1)}{(3-\gamma)^2}B^2\right]\left(\frac{D}{V}-\frac{1}{B}\right)\left(\frac{L}{Dt_p}-1\right)\right\}\\
&-p_a t_p\left[\frac{L}{Dt_p}\left(\frac{D}{V}-\frac{1}{B}\right)+\left(1-\frac{D}{V}\right)\right]\\
&= p_s t_p\left(C_{\gamma 1}\frac{L}{Dt_p}+C_{\gamma 2}\right)-p_a t_p\left(C_{\gamma 3}\frac{L}{Dt_p}+C_{\gamma 4}\right)
\end{aligned}
\tag{4.33}
$$

其中，无量纲系数$C_{\gamma 1}$、$C_{\gamma 2}$、$C_{\gamma 3}$、$C_{\gamma 4}$仅与气体比热比有关，定义如下：

$$
\begin{cases}
C_{\gamma 1}=\left(\frac{3-\gamma}{\gamma+1}\right)^{\frac{2\gamma}{\gamma-1}}\left[1+\frac{8\gamma(-B)}{3-\gamma}+\frac{16\gamma(\gamma+1)}{(3-\gamma)^2}B^2\right]\left(\frac{D}{V}-\frac{1}{B}\right)\\
C_{\gamma 2}=3+\left(\frac{3-\gamma}{\gamma+1}\right)^{\frac{2\gamma}{\gamma-1}}\left[\left(-\frac{1}{B}-2\right)+\frac{8\gamma}{3-\gamma}\ln\left(-\frac{1}{2B}\right)+\frac{8\gamma(\gamma+1)}{(3-\gamma)^2}(2B+1)\right]-C_{\gamma 1}\\
C_{\gamma 3}=\frac{D}{V}-\frac{1}{B}\\
C_{\gamma 4}=1-\frac{D}{V}
\end{cases}
\tag{4.34}
$$

冲量耦合系数定义为冲量与激光脉冲的能量之比：

$$C_m=\frac{P_{\mathrm{tot}}}{AI_{\mathrm{las}}t_p}=\frac{p_s}{I_{\mathrm{las}}}\left(C_{\gamma 1}\frac{L}{Dt_p}+C_{\gamma 2}\right)-\frac{p_a}{I_{\mathrm{las}}}\left(C_{\gamma 3}\frac{L}{Dt_p}+C_{\gamma 4}\right) \tag{4.35}$$

对于大气中呼吸式脉冲激光爆震推力器，将一个激光脉冲作用周期内产生的冲量与激光作用前的推力器蓄积空气质量之比定义为国际单位制下的名义比冲(简称比冲)：

$$I_{sp}=\frac{P_{\mathrm{tot}}}{A\rho_a L}=\frac{p_s t_p}{\rho_a L}\left(C_{\gamma 1}\frac{L}{Dt_p}+C_{\gamma 2}\right)-\frac{p_a t_p}{\rho_a L}\left(C_{\gamma 3}\frac{L}{Dt_p}+C_{\gamma 4}\right) \tag{4.36}$$

脉冲激光加热空气爆震过程中，波后气体比热比典型值为 $\gamma = 1.2$，各系数值 $C_{\gamma 1}$、$C_{\gamma 2}$、$C_{\gamma 3}$、$C_{\gamma 4}$ 无量级上的差别，而 $p_s \gg p_a$，因此可忽略环境压强的影响。此时：

$$C_m = \frac{p_s}{I_{las}}\left(C_{\gamma 1}\frac{L}{Dt_p} + C_{\gamma 2}\right) = \left(\frac{\gamma+1}{2\gamma}\right)^{\frac{2\gamma}{\gamma-1}}\frac{2(\gamma^2-1)}{\gamma+1}\eta\frac{1}{D}\left(C_{\gamma 1}\frac{L}{Dt_p}+C_{\gamma 2}\right)$$

$$= C_{\gamma a}\eta^{\frac{1}{3}}\frac{L}{t_p}\left(\frac{\rho_a}{I_{las}}\right)^{\frac{2}{3}} + C_{\gamma b}\eta^{\frac{2}{3}}\left(\frac{\rho_a}{I_{las}}\right)^{\frac{1}{3}} \tag{4.37}$$

$$I_{sp} = \frac{p_s t_p}{\rho_a L}\left(C_{\gamma 1}\frac{L}{Dt_p} + C_{\gamma 2}\right) = \left(\frac{\gamma+1}{2\gamma}\right)^{\frac{2\gamma}{\gamma-1}}\frac{1}{\gamma+1}D^2\frac{t_p}{L}\left(C_{\gamma 1}\frac{L}{Dt_p}+C_{\gamma 2}\right)$$

$$= C_{\gamma a}\eta^{\frac{1}{3}}\left(\frac{I_{las}}{\rho_a}\right)^{\frac{1}{3}} + C_{\gamma b}\eta^{\frac{2}{3}}\frac{t_p}{L}\left(\frac{I_{las}}{\rho_a}\right)^{\frac{2}{3}} \tag{4.38}$$

其中，无量纲系数 $C_{\gamma a}$、$C_{\gamma b}$ 定义为

$$\begin{cases} C_{\gamma a} = \left(\frac{\gamma+1}{2\gamma}\right)^{\frac{2\gamma}{\gamma-1}}\frac{1}{\gamma+1}C_{\gamma 1}\left[2(\gamma^2-1)\right]^{\frac{1}{3}} \\ C_{\gamma b} = \left(\frac{\gamma+1}{2\gamma}\right)^{\frac{2\gamma}{\gamma-1}}\frac{1}{\gamma+1}C_{\gamma 2}\left[2(\gamma^2-1)\right]^{\frac{2}{3}} \end{cases} \tag{4.39}$$

对于冲量耦合系数，由式 (4.37) 可知：

$$\frac{\partial C_m}{\partial L} > 0 \ , \quad \frac{\partial C_m}{\partial I_{las}} < 0 \ , \quad \frac{\partial C_m}{\partial t_p} < 0 \ , \quad \frac{\partial C_m}{\partial \rho_a} > 0$$

意味着在保持吸收效率的前提下，提高冲量耦合系数可以从增大推力器长度、减小光强、减小脉宽、增大工质初始密度等方面入手。

对于比冲，由式 (4.38) 可知：

$$\frac{\partial I_{sp}}{\partial L} < 0 \ , \quad \frac{\partial I_{sp}}{\partial I_{las}} > 0 \ , \quad \frac{\partial I_{sp}}{\partial t_p} > 0 \ , \quad \frac{\partial I_{sp}}{\partial \rho_a} < 0$$

从吸收效率的角度来看：

$$\frac{\partial C_m}{\partial \eta} > 0 \ , \quad \frac{\partial I_{sp}}{\partial \eta} > 0$$

表明提高激光吸收效率可同时增大冲量耦合系数和比冲。

按照式(4.35)和式(4.36)计算具体的脉冲激光爆震推力器的性能参数。基准数据如下：推力器长度为100mm，激光强度为空气 LSD 波阈值 $1.0 \times 10^7 \mathrm{W/cm}^2$，激光脉宽为 10μs，环境空气密度为 $1.2 \mathrm{kg/m}^3$，环境压强为 101325Pa。计算得到冲量耦合系数和比冲随各影响参数的变化，如图 4.3～图 4.10 所示。

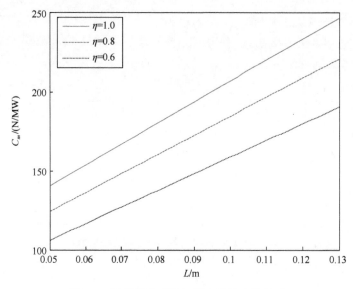

图 4.3　冲量耦合系数与推力器长度的关系

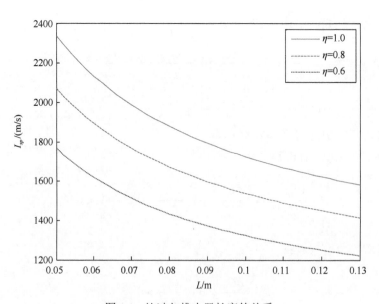

图 4.4　比冲与推力器长度的关系

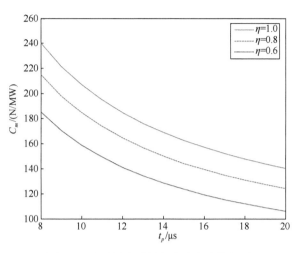

图 4.5　冲量耦合系数与脉冲宽度的关系

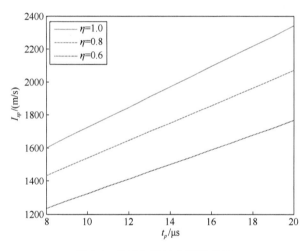

图 4.6　比冲与脉冲宽度的关系

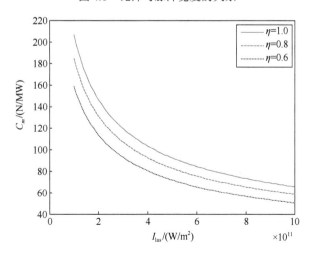

图 4.7　冲量耦合系数与激光强度的关系

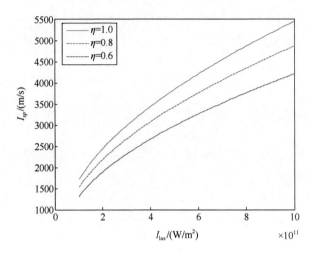

图 4.8　比冲与激光强度的关系

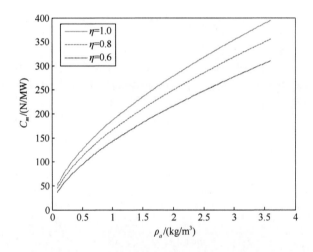

图 4.9　冲量耦合系数与环境空气密度的关系

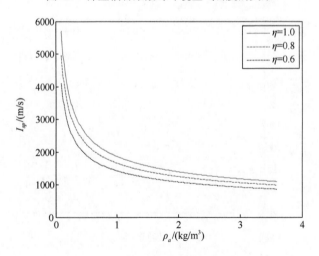

图 4.10　比冲与环境空气密度的关系

需要指出：适当降低光强有利于提高冲量耦合系数，如图 4.7 所示，但如果光强低于激光支持吸收波的维持阈值，将导致吸收效率下降，甚至吸收波熄灭，因此入射光强的取值具有下限。

上述结果是基于 $L \sim Dt_p$ 的，即二者大小可以相互比拟时获得。若推力器长度 $L$、脉宽 $t_p$、光强 $I_{las}$ 和环境空气密度 $\rho_a$ 四者的组合使无量纲特征数满足：

$$\frac{L}{Dt_p} = \left[2(\gamma^2 - 1)\right]^{-\frac{1}{3}} \eta^{-\frac{1}{3}} \left(\frac{\rho_a}{I_{las}}\right)^{\frac{1}{3}} \left(\frac{L}{t_p}\right) \gg 1$$

即推力器长度 $L$ 远大于等离子体区域尺度 $Dt_p$，脉冲结束后稀疏波传遍等离子体区域所需时间极短，波系的往返传播已不是主要过程，流场演化的主要特征是一个较小的初始高温高压区域随时间的衰减。上述运动情形可视作平面爆炸，利用 Sedov 自相似解[3]将压强和等离子体区域随时间的变化表示为

$$\begin{cases} \dfrac{p}{p_s} = \left(\dfrac{t}{t_p}\right)^{-\frac{2}{3}} \\[3mm] \dfrac{x}{Dt_p} = \left(\dfrac{t}{t_p}\right)^{\frac{2}{3}} \end{cases} \tag{4.40}$$

此时，激光脉冲加热阶段的冲量密度为

$$\int_0^{t_p} p_s \mathrm{d}t = p_s t_p \tag{4.41}$$

冲击波阶段的冲量密度为

$$\int_{t_p}^{t_{end}} p_w \mathrm{d}t = 3 p_s t_p^{\frac{2}{3}} \left(t_{end}^{\frac{1}{3}} - t_p^{\frac{1}{3}}\right) = 3 p_s t_p \left(\beta_r^{\frac{1}{2}} - 1\right), \quad \beta_r = \min\left(\frac{p_s}{p_a}, \frac{L}{Dt_p}\right) \tag{4.42}$$

其中，$t_{end} = \min(t_{pa}, t_{ar})$，$t_{pa}$ 和 $t_{ar}$ 分别是压强衰减至环境压强以及冲击波波面到达推力器出口的时刻，计算式为

$$\begin{cases} t_{pa} = \left(\dfrac{p_s}{p_a}\right)^{\frac{3}{2}} t_p \\[3mm] t_{ar} = \left(\dfrac{L}{Dt_p}\right)^{\frac{3}{2}} t_p \end{cases} \tag{4.43}$$

由此，$L/(Dt_p) \gg 1$ 情况下的总冲量密度为

$$\begin{aligned} \frac{P_{tot}}{A} &= p_s t_p + 3 p_s t_p \left(\beta_r^{\frac{1}{2}} - 1\right) - p_a t_p \beta_r^{\frac{3}{2}} \\[2mm] &= p_s t_p \left(3 \beta_r^{\frac{1}{2}} - 2\right) - p_a t_p \beta_r^{\frac{3}{2}} \end{aligned} \tag{4.44}$$

冲量耦合系数和名义比冲分别为

$$C_m = \frac{P_{\text{tot}}}{AI_{\text{las}}t_p} = \frac{p_s}{I_{\text{las}}}\left(3\beta_r^{\frac{1}{2}} - 2\right) - \frac{p_a}{I_{\text{las}}}\beta_r^{\frac{3}{2}} \tag{4.45}$$

$$I_{sp} = \frac{P_{\text{tot}}}{A\rho_a L} = \frac{p_s t_p}{\rho_a L}\left(3\beta_r^{\frac{1}{2}} - 2\right) - \frac{p_a t_p}{\rho_a L}\beta_r^{\frac{3}{2}} \tag{4.46}$$

由于 $p_s \gg p_a$，进行分析时可暂时不计环境压强的影响，冲量耦合系数为

$$C_m = \begin{cases} C_{\gamma c}\eta^{\frac{1}{2}}\left(\dfrac{L}{t_p}\right)^{\frac{1}{2}}\left(\dfrac{\rho_a}{I_{\text{las}}}\right)^{\frac{1}{2}} - C_{\gamma d}\eta^{\frac{2}{3}}\left(\dfrac{\rho_a}{I_{\text{las}}}\right)^{\frac{1}{3}} & \left(\dfrac{p_s}{p_a} \geqslant \dfrac{L}{Dt_p}\right) \\[3mm] C_{\gamma e}\eta\left(\dfrac{\rho_a}{p_a}\right)^{\frac{1}{2}} - C_{\gamma d}\eta^{\frac{2}{3}}\left(\dfrac{\rho_a}{I_{\text{las}}}\right)^{\frac{1}{3}} & \left(\dfrac{p_s}{p_a} < \dfrac{L}{Dt_p}\right) \end{cases} \tag{4.47}$$

如果 $L/(Dt_p) > p_s/p_a$，并忽略 $C_{\gamma d}\eta^{\frac{2}{3}}\left(\dfrac{\rho_a}{I_{\text{las}}}\right)^{\frac{1}{3}}$ 项，则有 $C_m = C_{\gamma e}\eta\left(\dfrac{\rho_a}{p_a}\right)^{\frac{1}{2}} = C_{\gamma e}\eta(RT_a)^{-\frac{1}{2}}$，式中，$R$、$T_a$ 为气体常数和环境气体温度，与文献[1]中不考虑推力器、针对无限大平面进行分析获得的结果是相容的。

名义比冲为

$$I_{sp} = \begin{cases} C_{\gamma c}\eta^{\frac{1}{2}}\left(\dfrac{t_p}{L}\right)^{\frac{1}{2}}\left(\dfrac{I_{\text{las}}}{\rho_a}\right)^{\frac{1}{2}} - C_{\gamma d}\eta^{\frac{2}{3}}\left(\dfrac{t_p}{L}\right)\left(\dfrac{I_{\text{las}}}{\rho_a}\right)^{\frac{2}{3}} & \left(\dfrac{p_s}{p_a} \geqslant \dfrac{L}{Dt_p}\right) \\[3mm] C_{\gamma e}\eta\left(\dfrac{t_p}{L}\right)\dfrac{I_{\text{las}}}{\sqrt{\rho_a p_a}} - C_{\gamma d}\eta^{\frac{2}{3}}\left(\dfrac{t_p}{L}\right)\left(\dfrac{I_{\text{las}}}{\rho_a}\right)^{\frac{2}{3}} & \left(\dfrac{p_s}{p_a} < \dfrac{L}{Dt_p}\right) \end{cases} \tag{4.48}$$

其中，无量纲系数 $C_{\gamma c}$、$C_{\gamma d}$、$C_{\gamma e}$ 定义为

$$\begin{cases} C_{\gamma c} = \left(\dfrac{\gamma+1}{2\gamma}\right)^{\frac{2\gamma}{\gamma-1}}\dfrac{3}{\gamma+1}\left[2(\gamma^2-1)\right]^{\frac{1}{2}} \\[3mm] C_{\gamma d} = \left(\dfrac{\gamma+1}{2\gamma}\right)^{\frac{2\gamma}{\gamma-1}}\dfrac{2}{\gamma+1}\left[2(\gamma^2-1)\right]^{\frac{2}{3}} \\[3mm] C_{\gamma e} = \left(\dfrac{\gamma+1}{2\gamma}\right)^{\frac{3\gamma}{\gamma-1}}\dfrac{3}{(\gamma+1)^{\frac{3}{2}}}\left[2(\gamma^2-1)\right] \end{cases} \tag{4.49}$$

式 (4.47) 表明：当参数 $L/(Dt_p)$ 满足 $p_s/p_a > L/(Dt_p) \gg 1$ 时：

$$\frac{\partial C_m}{\partial L} > 0, \quad \frac{\partial C_m}{\partial t_p} < 0$$

与特征线方法获得的结论一致；当参数 $L/(Dt_p)$ 继续增大，使 $L/(Dt_p) > p_s/p_a \gg 1$ 时，$C_m$ 近

似趋于 $C_{\gamma e}\eta(\rho_a/p_a)^{\frac{1}{2}} - C_{\gamma d}\eta^{\frac{2}{3}}(\rho_a/I_{\mathrm{las}})^{\frac{1}{3}}$。这意味着冲量耦合系数 $C_m$ 随 $L$ 增加和 $t_p$ 减小而增大，但逐渐与之无关；其极限值主要由吸收效率 $\eta$ 和工质参数决定。

推力器长度的最佳值应满足关系 $L/(Dt_p)=p_s/p_a$，即压强在推力器出口处衰减为环境压强，此后增加长度无益于提高冲量耦合系数，有

$$L_{\mathrm{opt}} = 2\left(\frac{\gamma+1}{2\gamma}\right)^{\frac{2\gamma}{\gamma-1}}(\gamma-1)\eta\frac{I_{\mathrm{las}}}{p_a}t_p \tag{4.50}$$

图 4.11、图 4.12 分别是特征参数 $L/(Dt_p)>10$ 的情况下、按照式(4.45)和基准参数计算得到的冲量耦合系数与推力器长度、脉宽的变化关系，计算结果证实了上述分析。

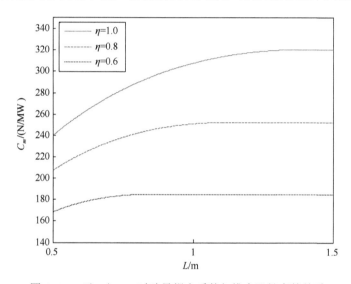

图 4.11　$L/(Dt_p) \gg 1$ 时冲量耦合系数与推力器长度的关系

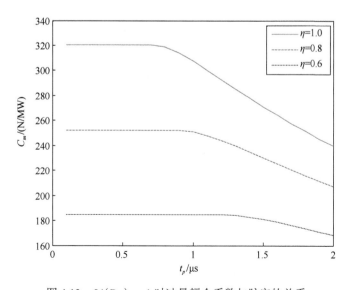

图 4.12　$L/(Dt_p) \gg 1$ 时冲量耦合系数与脉宽的关系

## 4.2 旋转抛物形脉冲激光爆震推力器性能的简化解析分析

### 4.2.1 简化解析分析模型

内壁面为旋转抛物面的脉冲激光爆震推力器如图 4.13 所示，采用焦距 $f$ 和长度 $L$ 两个参数描述其构型特征；激光束特性采用脉冲能量 $E_p$、脉宽 $t_p$ 和光束半径 $R_{las}$ 三个参数描述；环境气体参数为压强 $p_a$ 和密度 $\rho_a$。将推力器工作过程分解为激光支持吸收波阶段和冲击波演化阶段。

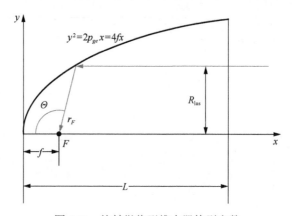

图 4.13　旋转抛物形推力器构型参数

1. 激光支持吸收波阶段

在激光支持吸收波阶段，入射光束在抛物面上反射并聚焦，在距离焦点半径为 $r_F$ 球冠处的光强为

$$I_{las} = \frac{E_p}{2\pi r_F^{\,2}(1 - \cos\Theta)t_p} \tag{4.51}$$

其中，$\Theta$ 为反射后激光束对应的半张角，由几何关系可知：

$$\tan\Theta = \frac{4fR_{las}}{4f^2 - R_{las}^{\,2}} \tag{4.52}$$

记 LSD 波与 LSC 波之间转换的光强阈值为 $I_{th,LSD}$，LSC 波维持的光强阈值为 $I_{th,LSC}$。考虑激光吸收效率的 LSD 和 LSC 的波速分别表示为

$$\frac{dr_F}{dt} = \begin{cases} D_{LSD} = \left[2(\gamma^2 - 1)\dfrac{\eta_{LSD}I_{las}}{\rho_a}\right]^{\frac{1}{3}} & (I_{las} > I_{th,LSD}) \\[4mm] D_{LSC} = (W+1)\left[\dfrac{2(\gamma-1)(\gamma_0-1)}{(\gamma_0+1)(\gamma+W)(\gamma_0-1-2W)}\dfrac{\eta_{LSC}I_{las}}{\rho_a}\right]^{\frac{1}{3}} & (I_{th,LSC} < I_{las} < I_{th,LSD}) \end{cases} \tag{4.53}$$

上述模型是 Raizer 和 Tybulewicz[1] 及 Pirri 等[4] 分别给出的。其中，$W$ 是无量纲化 LSC 速度，

根据 Pirri 等的研究结果，其典型值为 0.04，处于 CJ 爆轰下的爆轰波 $W$ 约为 $0.1^{[4]}$。若 $I_{las} < I_{th,LSC}$，则吸收波由于光强不能支持而熄灭。

在激光支持吸收波阶段，式(4.53)描述了吸收波的发展过程。设吸收波于 $t_w$ 时刻接触壁面，壁面压强统一采用激光支持吸收波正常传播情况下的值来近似，对于 LSD 波和 LSC 波分别有[1]

$$
\begin{cases}
p_{w,LSD} = \left(\dfrac{\gamma+1}{2\gamma}\right)^{\frac{2\gamma}{\gamma-1}} \dfrac{\rho_a D_{LSD}^{\,2}}{\gamma+1} \\[4mm]
p_{w,LSC} = \left(1 - \dfrac{2W}{\gamma_0-1}\right)\left(\dfrac{\gamma_0+1}{2}\rho_a\right)^{\frac{1}{3}} \left[\dfrac{(\gamma-1)(\gamma_0-1)\eta_{LSC}I_{las}}{(\gamma+W)(\gamma_0-1-2W)}\right]^{\frac{2}{3}}
\end{cases} \tag{4.54}
$$

使用 $p_{ge} = 2f$ 表示抛物面母线的半通径，壁面某点的当地外法线矢量为 $\boldsymbol{n} = \dfrac{1}{\sqrt{p_{ge}^{\,2}+y^2}}\{-p_{ge},\,y\}$，则某时刻 $t$，将接触范围内壁面上的压强积分可得到瞬时推力：

$$
\begin{aligned}
F(t) &= \int_A (p_w - p_a)\boldsymbol{n}\cdot\mathrm{d}\boldsymbol{A} \\
&= (p_w - p_a)\int_0^x 2\pi\sqrt{p_{ge}^{\,2}+2p_{ge}x}\,\frac{p_{ge}}{\sqrt{p_{ge}^{\,2}+y^2}}\,\mathrm{d}x \\
&= \pi p_{ge}(2r_F - p_{ge})(p_w - p_a)
\end{aligned} \tag{4.55}
$$

因此激光支持吸收波阶段获得的冲量为

$$
P_{law} = \int_{t_w}^{t_p} F(t)\mathrm{d}t \tag{4.56}
$$

这一阶段吸收的激光能量为

$$
E_{abs} = \int_0^{t_p} \eta\,\frac{E_p}{t_p}\,\mathrm{d}t \tag{4.57}
$$

### 2. 冲击波演化阶段

当激光脉冲结束 $(t>t_p)$ 或光强低于激光支持吸收波的阈值 $(I_{las}<I_{th,LSC})$ 时，流场进入冲击波演化阶段。这是一个非定常的二维问题，需要同时用 $(x,r,t)$ 三个坐标来描述流场。即使忽略径向流动，将问题简化为变截面管道中的准一维非定常流动，数学求解也十分困难。注意到初始状态时高温高压气体主要集中在焦点附近的一个小区域，可使用点爆炸理论来近似。

壁面约束下，气体并不完全像点爆炸一样向空间任意方向扩展。由于旋转抛物形推力器中的空间无法用一维坐标描述，计算中以锥形来等效。半锥角 $\alpha$ 定义为推力器出口半径相对焦点的角度，如图 4.14 所示，满足以下几何关系：

$$
\tan\alpha = \frac{R_L}{L-f} = \frac{2\sqrt{fL}}{L-f} \tag{4.58}
$$

锥形空间对应的立体角为 $\Omega$ ， $\Omega = 2\pi(1-\cos\alpha) = 4\pi\sin^2\dfrac{\alpha}{2}$ 。按自相似解的分析[5,6]，

对于点爆炸受空间约束的情况，只需认为初始能量 $E_0 = E_{abs}4\pi / \Omega = E_{abs} / \sin^2\dfrac{\alpha}{2}$ 即可。

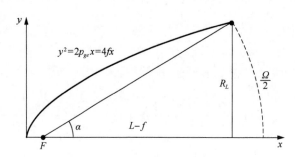

图 4.14　冲量锥形约束空间示意图

冲击波半径随时间的发展采用文献[7]中激光等离子体点爆炸的结果描述：

$$r_F(t) = a_a t\left(1 + \left(M_0 - 1\right)\left\{1 - \exp\left[-\left(\frac{r_0}{a_a t}\right)^n\right]\right\}\right) + r_0 \tag{4.59}$$

其中，指数 $n = 2 - \gamma$ ； $r_0$ 为吸收波结束时刻的波阵面半径； $\gamma$ 和 $a_a$ 分别为比热比和空气声速。初始马赫数 $M_0$ 与初始能量 $E_0$ 的关系为

$$M_0 - 1 = \xi_0\left(\frac{E_0}{r_0^{\,3} a_a^{\,2}\rho_a}\right)^{\frac{1}{5}} \tag{4.60}$$

其中， $\xi_0$ 为与爆炸过程有关的积分常数，数值近似为 1。

设冲击波演化阶段波阵面范围内的压强均匀分布，则

$$p(t) = (\gamma - 1)\frac{E_T}{V_{bw}(t)} \tag{4.61}$$

其中， $E_T = \beta_T E_{abs}$ 是所吸收能量转化为内能的部分，冲击波后气体动能与内能之比为 $2(\gamma-1)/(\gamma+1)$ [8]，因此 $\beta_T = (\gamma+1)/(3\gamma-1)$ 。冲击波波阵面范围内的体积为旋转抛物体和球冠体积之和，表示为

$$V_{bw}(t) = V_{pa} + V_{sp} = \pi p_{ge} r_F^{\,2} - \frac{\pi}{12} p_{ge}^{\,3} \tag{4.62}$$

积分波阵面范围内壁面上的压强并考虑到推力器的轴对称性，可得 $x$ 分量的前向推力为

$$F_x^{\,+} = \int_0^x \frac{p_{ge}}{\sqrt{p_{ge}^{\,2} + y^2}} p(t)\mathrm{d}A = 2\pi p_{ge} p(t) x(t)$$

$$= 2(\gamma - 1)E_T\left(r_F - \frac{p_{ge}}{2}\right)\left(r_F^{\,2} - \frac{p_{ge}^{\,2}}{12}\right)^{-1} \tag{4.63}$$

同时外部环境压强给出的后向推力为

$$F_x^- = \int_0^x \frac{p_{ge}}{\sqrt{p_{ge}^2 + y^2}} p_a \mathrm{d}A = 2\pi p_{ge} p_a x(t)$$

$$= 2\pi p_{ge} p_a \left( r_F - \frac{p_{ge}}{2} \right) \tag{4.64}$$

二者之差即为推力器此时获得的净推力：

$$F(t) = F_x^+ - F_x^- \tag{4.65}$$

从初始时刻到结束时刻对推力积分，可得冲击波演化阶段的冲量为

$$P_{\mathrm{bla}} = \int_{t_{\mathrm{beg}}}^{t_{\mathrm{end}}} F(t) \mathrm{d}t \tag{4.66}$$

冲击波演化阶段的结束时刻 $t_{\mathrm{end}} = \min(t_{pa}, t_{ar})$，其中，$t_{pa}$ 为压强衰减至环境压强的时刻，$t_{ar}$ 为冲击波波面到达推力器出口的时刻。$t_{ar}$ 之后由于流动空间陡然扩大，明显的稀疏影响传入流场，使得压强迅速减小，推力计算可到此时刻截止。冲击波波面到达推力器出口时的半径为

$$r_{ar} = L + 0.5 p_{ge} \tag{4.67}$$

将式(4.67)代入式(4.59)，可解得对应的时刻 $t_{ar}$。

推力器获得的全部冲量为两个阶段获得的冲量之和：

$$P_{\mathrm{tot}} = k_{\mathrm{mod}}(P_{\mathrm{law}} + P_{\mathrm{bla}}) \tag{4.68}$$

冲击波在壁面反射且抛物面母线斜率（$\sqrt{p_{ge}/2x}$）沿轴向不断减小，导致压力在壁面附近有所升高，使流场偏离压强均匀分布的假设。此外，环境气体填充带来的压强后续振荡过程对冲量也具有影响。故式(4.68)中引入了真实流场不均匀性和压强后续振荡过程的修正因子 $k_{\mathrm{mod}}$。至此可获得冲量耦合系数为

$$C_m = \frac{P_{\mathrm{tot}}}{E_p} \tag{4.69}$$

## 4.2.2　计算结果与讨论

按照上面推导的解析模型，计算了不同激光脉冲能量及环境压强下旋转抛物形推力器的推力和冲量耦合性能，并与文献[9]中的实验结果进行了比较。

实验条件为：激光光斑直径 80mm，脉宽 12μs，旋转抛物形推力器出口直径 100mm，焦距 10mm，在推力器焦点处采用了金属针辅助击穿。由于尖端放电和金属极易释放电子的特性，计算中激光吸收效率取 1，这可视作推力器工作在理想吸收状态；修正因子 $k_{\mathrm{mod}}$ 则统一取 1.8。图 4.15 为激光脉冲能量为 250J 时，冲量耦合系数与环境压强的关系；图 4.16 为压力条件为 1bar（1bar=$10^5$Pa）时，冲量耦合系数同脉冲能量的关系。计算结果与实验数据吻合得较好，正确反映了冲量耦合系数随环境压强和脉冲能量的变化趋势，验证了计算模型的合理性。

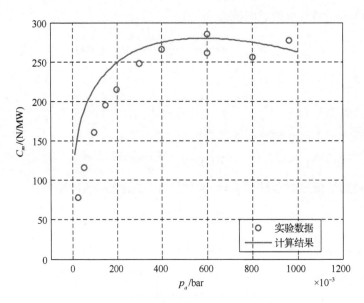

图 4.15　冲量耦合系数与环境压强的关系

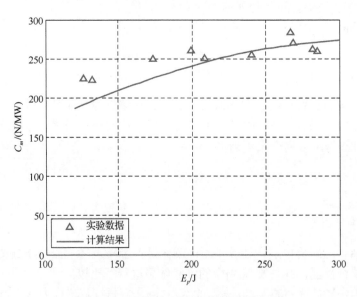

图 4.16　冲量耦合系数与脉冲能量的关系

图 4.17 是保持出口直径和激光参数不变时，冲量耦合系数同旋转抛物形推力器焦距的关系。由于焦距 $f$ 决定了推力器的形状特征，随焦距增大，旋转抛物形顶点曲率半径增加、长细比减小，使推力器壁面对冲击波的约束减弱、压力作用时间更短，如图 4.18 所示，冲量耦合系数因此减小。

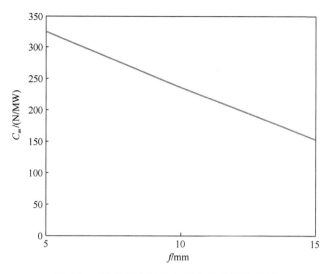

图 4.17　冲量耦合系数与推力器焦距的关系

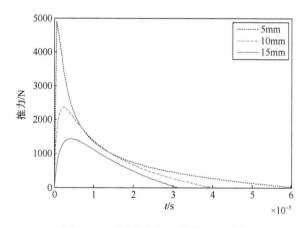

图 4.18　不同焦距推力器的推力曲线

对于同样壁厚 $d$ 和材料密度 $\rho_m$ 的薄壁结构推力器，推重比可表示为

$$r_G = \frac{E_p C_m}{t_p mg} = \frac{E_p}{t_p g \rho_m d} \frac{C_m}{A} \tag{4.70}$$

即激光参数保持不变时，推重比正比于冲量耦合系数同表面积之比 $C_m/A$。图 4.19 给出了 $C_m/A$ 随焦距 $f$ 的变化，其中以其最大值进行了无量纲化处理。由图 4.19 可知，尽管小焦距增加了推力器长度、有利于提高冲量耦合系数，但同时将增大推力器重量，因此推重比随焦距变化并不单调，具有一个峰值。在后续章节的激光推力器设计与实验中，此结论将作为设计的参考依据之一。

需要指出的是，脉冲爆震推力器简化解析分析的重点在于考察各因素的影响趋势，详细吸收和压强振荡过程将由第 5 章的数值研究部分给出。

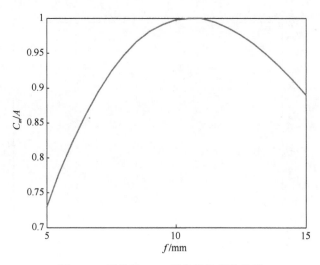

图 4.19　无量纲 $C_m/A$ 随焦距的变化关系

## 参 考 文 献

[1] RAIZER Y P, TYBULEWICZ A. Laser-induced discharge phenomena[M]. New York: Plenum Publishing Corporation, 1977.

[2] 孙承纬. 激光辐照效应[M]. 北京: 国防工业出版社, 2002.

[3] 谢多夫. 力学中的相似方法与量纲理论[M]. 北京: 科学出版社, 1982.

[4] PIRRI A N, ROOT R G, WU P K S. Plasma energy transfer to metal surfaces irradiated by pulsed lasers[J]. AIAA journal, 1978, 16(12): 1296-1304.

[5] SIMONS G A, PIRRI A N. The fluid mechanics of pulsed laser propulsion[J]. AIAA journal, 1977, 15(6): 835-842.

[6] 童秉纲, 孔祥言, 邓国华. 气体动力学[M]. 北京: 高等教育出版社, 1990.

[7] 卞保民, 杨玲, 陈笑, 等. 激光等离子体及点爆炸空气冲击波波前运动方程的研究[J]. 物理学报, 2002, 51(4): 809-813.

[8] 李维新. 一维不定常流与冲击波[M]. 北京: 国防工业出版社, 2003.

[9] SCHALL W O, ECKEL H A, MAYERHOFER W, et al. Comparative lightcraft impulse measurements[C]. International Symposium on High-Power Laser Ablation. Taos, 2002: 908-917.

# 第5章  脉冲激光加热气体爆震推进
# 数值模拟与实验验证

## 5.1  数值计算方法

脉冲激光加热气体爆震时的流场与一般流动现象相比，主要区别在于其中多了因激光吸收而产生的能量源项，并且由于激光强度沿传播方向逐渐衰减，该源项在流场中具有沿光线的分布。因此对脉冲激光加热气体爆震推进进行数值模拟，首先要确定如何计算激光吸收源项的空间分布。

### 5.1.1  激光吸收计算的光线追迹法

由于所研究推力器的尺度远大于激光波长，光场传播的波动性不显著，计算激光吸收时不考虑干涉和衍射等现象，采用基于几何光学假设的光线追迹法进行激光吸收计算。将整个入射激光光束分解为若干条光线，每条光线在气体流场中传播时的强度变化都遵循如下定律：

$$\frac{\mathrm{d}I_{\mathrm{las}}}{\mathrm{d}s} = -\kappa_l I_{\mathrm{las}} \tag{5.1}$$

其中，$\kappa_l$ 为介质的吸收系数；$\mathrm{d}s$ 为光线在介质中穿越的距离。将流场划分网格后，光强经过某一网格的变化的计算方法如图 5.1 所示。

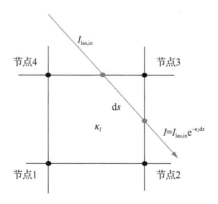

图 5.1  计算网格中的光线追迹示意图

在整个计算域中计算的具体流程如图 5.2 所示，分为以下四步循环进行：

(1) 求光线在本网格单元的入射强度 $I_{\mathrm{las,in}}$ 和入射位置；

(2) 循环网格单元的各面，求解光线的出射面；

(3) 光线强度衰减为 $I_{\mathrm{las,in}}\mathrm{e}^{-\kappa_l ds}$；

(4) 返回步骤 (1)。

若第 $i$ 条光线在单元入口处的激光功率为 $P_{\mathrm{las,in}}$，则本单元网格从该光线中吸收的能量为 $P_{\mathrm{las,in}}(1-\mathrm{e}^{-\kappa_l ds})$。单元获得的总激光能量源项为各条光线的贡献之和：

$$Q_{\mathrm{abs}} = \frac{\sum\limits_{i}\left[P_{\mathrm{las,in}}(1-\mathrm{e}^{-\kappa_l ds})\right]_i}{V_{\mathrm{cell}}} \tag{5.2}$$

其中，$V_{\mathrm{cell}}$ 为该网格单元的体积。

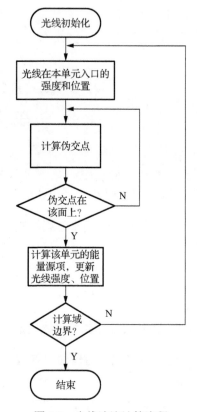

图 5.2　光线追迹计算流程

### 5.1.2　流场控制方程组离散方法与定解条件

**1. 流场控制方程组离散方法与计算流程**

流场控制方程组如 2.1.2 节所述，其半离散形式为

$$\frac{\partial \boldsymbol{U}}{\partial t}V_i + \sum_{j}\boldsymbol{F}_{c,j}^{n+1}s_{ij} = \boldsymbol{S}_i^{n+1}V_i + \sum_{j}\boldsymbol{F}_{v,j}^{n}s_{ij} \tag{5.3}$$

其中，上标 $n$ 表示第 $n$ 时间步；$s_{ij}$ 表示控制体各表面面积；$V_i$ 表示控制体体积；源项 $\boldsymbol{S}=\boldsymbol{W}-\boldsymbol{G}+\boldsymbol{G}_v$，包括了物理化学过程源项 $\boldsymbol{W}$ 和采用柱坐标系带来的源项 $\boldsymbol{G}$、$\boldsymbol{G}_v$。其中，对黏性通量项 $\boldsymbol{F}_v$ 采用显式处理，对无黏通量项 $\boldsymbol{F}_c$ 和源项 $\boldsymbol{S}$ 采用隐式处理。

如何得到界面上的通量值形成了各种空间格式，如何进行时间步进则形成了时间格式。吸气式脉冲激光爆震推力器中的流动是典型的非定常过程，故数值求解方程组的时间离散方法非常重要。

本章采用双时间步 (dual-time) 隐式时间离散方法，可兼顾时间精度和计算效率。其思想是在真实时刻点上引入虚拟时间迭代，通过内迭代过程来提高在 LU 处理过程中损失的时间精度。对式 (5.3) 的时间导数采用隐式三点后差离散，可得

$$\frac{3\boldsymbol{U}^{n+1}-4\boldsymbol{U}^{n}+\boldsymbol{U}^{n-1}}{2\Delta t}V_i + \sum_{j}(\boldsymbol{F}_{c,j}^{n+1}-\boldsymbol{F}_{v,j}^{n})s_{ij} - \boldsymbol{S}_i^{n+1}V_i = 0 \tag{5.4}$$

其中，$\Delta t$ 为真实时间步长。引入内迭代求解方法，即增加虚拟时间导数项，并对其采用一阶前差处理，可得

$$\frac{\boldsymbol{U}^{p+1}-\boldsymbol{U}^{p}}{\Delta \tau}V_i + \frac{3\boldsymbol{U}^{p+1}-4\boldsymbol{U}^{n}+\boldsymbol{U}^{n-1}}{2\Delta t}V_i + \sum_j (\boldsymbol{F}_{c,j}^{p+1}-\boldsymbol{F}_{v,j}^{p})s_{ij} - \boldsymbol{S}_i^{p+1}V_i = 0 \tag{5.5}$$

其中，$\Delta \tau$ 为虚拟时间步长；$p$ 是虚拟时间迭代步数。定义 $\Delta \boldsymbol{U} = \boldsymbol{U}^{p+1}-\boldsymbol{U}^{p}$，当内迭代收敛时，$\Delta \boldsymbol{U} \to 0$，虚拟时间导数项为零，即得到此真实时刻原方程的解[1]。

脉冲激光加热气体爆震现象涉及剧烈的物理化学过程，在虚拟时间的内迭代中采用隐式时间步进方法可保证较高的稳定性，因此计算中采用 LU-SGS 方法[2,3]。线性化后界面处无黏通量表示为

$$\boldsymbol{F}_{c,j}^{p+1} = \boldsymbol{F}_{c,j}^{p} + \frac{\partial \boldsymbol{F}_{c,j}^{p}}{\partial \boldsymbol{U}_i}\Delta \boldsymbol{U}_i + \frac{\partial \boldsymbol{F}_{c,j}^{p}}{\partial \boldsymbol{U}_j}\Delta \boldsymbol{U}_j \tag{5.6}$$

其中

$$\frac{\partial \boldsymbol{F}_{c,j}^{p}}{\partial \boldsymbol{U}_i} = \frac{1}{2}\left[\frac{\partial \boldsymbol{F}_c(\boldsymbol{U}_i)}{\partial \boldsymbol{U}_i} + |\lambda_{ij}|\boldsymbol{I}\right]$$

$$\frac{\partial \boldsymbol{F}_{c,j}^{p}}{\partial \boldsymbol{U}_j} = \frac{1}{2}\left[\frac{\partial \boldsymbol{F}_c(\boldsymbol{U}_j)}{\partial \boldsymbol{U}_j} - |\lambda_{ij}|\boldsymbol{I}\right] \tag{5.7}$$

其中，$\boldsymbol{I}$ 表示单位矩阵；$|\lambda_{ij}|=|\boldsymbol{u}\cdot\boldsymbol{n}|+a$，$\boldsymbol{n}$ 是该表面的单位法向矢量，$\boldsymbol{u}$ 和 $a$ 分别表示速度矢量和声速。将式(5.6)和式(5.7)代入式(5.5)，可得

$$\boldsymbol{D}\cdot\Delta \boldsymbol{U}_i + \frac{1}{2}\sum_j\left(\frac{\partial \boldsymbol{F}_{c,j}}{\partial \boldsymbol{U}_j} - |\lambda_{ij}|\boldsymbol{I}\right)s_{ij}\Delta \boldsymbol{U}_j = \mathbf{RHS}_i \tag{5.8}$$

其中，符号 **RHS** 表示全部右端项。系数项：

$$\boldsymbol{D} = \left(\frac{V_i}{\Delta \tau} + \frac{3V_i}{2\Delta t}\right)\boldsymbol{I} + \frac{1}{2}\sum_j |\lambda_{ij}|s_{ij}\boldsymbol{I} - \frac{\partial \boldsymbol{S}}{\partial \boldsymbol{U}}V_i \tag{5.9}$$

右端项：

$$\mathbf{RHS}_i = \sum_j (\boldsymbol{F}_{v,j}^{p}-\boldsymbol{F}_{c,j}^{p})s_{ij} - V_i\frac{3\boldsymbol{U}^{p}-4\boldsymbol{U}^{n}+\boldsymbol{U}^{n-1}}{2\Delta t} + \boldsymbol{S}^{p}V_i \tag{5.10}$$

至此内迭代的求解可以分为 L、U 两步扫描进行。

L(lower)扫描：

$$\Delta \boldsymbol{U}_i^{*} = \boldsymbol{D}^{-1}\left[\mathbf{RHS}_i - \frac{1}{2}\sum_{j\in L}\left(\frac{\partial \boldsymbol{F}_{c,j}}{\partial \boldsymbol{U}_j} - |\lambda_{ij}|\boldsymbol{I}\right)s_{ij}\Delta \boldsymbol{U}_j^{*}\right] \tag{5.11}$$

其中，$\Delta \boldsymbol{U}^{*}$ 为 L 扫描的中间结果。

U(upper)扫描：

$$\Delta \boldsymbol{U}_i = \Delta \boldsymbol{U}_i^* - \boldsymbol{D}^{-1}\left[\frac{1}{2}\sum_{j\in U}\left(\frac{\partial \boldsymbol{F}_{c,j}}{\partial \boldsymbol{U}_j} - \left|\lambda_{ij}\right|\boldsymbol{I}\right)s_{ij}\Delta \boldsymbol{U}_j\right] \tag{5.12}$$

右端项 **RHS** 中，采用 AUSMPW+格式处理无黏通量 $\boldsymbol{F}_c$。AUSM 类格式的基本思想是将流场扰动分为对流波动(与特征速度 $u$ 有关)和压力波动(与特征速度 $u\pm a$ 有关)，相应的通量分裂为对流通量项和压力通量项。本章采用 AUSMPW+格式，具有执行效率高、在间断和边界层内都能得到高精度解的特点。

以一维情况为例，对流通量项和压力通量项分别定义为[1]

$$\boldsymbol{\phi}^c = \begin{bmatrix} \rho \\ \rho u \\ \rho H \end{bmatrix} \qquad \boldsymbol{P} = \begin{bmatrix} 0 \\ p \\ 0 \end{bmatrix} \tag{5.13}$$

则无黏通量可表示为界面左右侧对流通量 $\boldsymbol{\phi}_L^c$、$\boldsymbol{\phi}_R^c$ 和压力通量 $\boldsymbol{P}_L$、$\boldsymbol{P}_R$ 的组合：

$$\boldsymbol{F}_c = (\bar{M}_L^+ \boldsymbol{\phi}_L^c + \bar{M}_R^- \boldsymbol{\phi}_R^c)a_{\frac{1}{2}} + (P_L^+ \boldsymbol{P}_L + P_R^- \boldsymbol{P}_R) \tag{5.14}$$

其中，$a_{\frac{1}{2}}$ 是界面处声速。

式(5.14)中，界面左右侧的通量 $\boldsymbol{\phi}_{L/R}^c$ 和 $\boldsymbol{P}_{L/R}$ 是由界面左右侧的原始变量构造的。对于一阶空间精度格式，界面处原始变量 $\phi$ 可分别取相邻网格的值；对于更高精度格式，则需要进行重构和插值。非均匀网格中依靠梯度方法，均匀网格中则可使用 MUSCL 插值：

$$\phi_L = \phi_i + \left\{\frac{\mu}{4}\left[(1+\mu\bar{\omega})\Delta_{i+\frac{1}{2}}\phi + (1-\mu\bar{\omega})\Delta_{i-\frac{1}{2}}\phi\right]\right\}_i$$
$$\phi_R = \phi_{i+1} - \left\{\frac{\mu}{4}\left[(1+\mu\bar{\omega})\Delta_{i-\frac{1}{2}}\phi + (1-\mu\bar{\omega})\Delta_{i+\frac{1}{2}}\phi\right]\right\}_{i+1} \tag{5.15}$$

其中，$\bar{\omega}$ 为插值系数，其不同取值对应着不同精度的插值格式(如取-1 为完全迎风格式，取 1 为三点中心差分格式，取 1/3 为三阶迎风偏置格式)；算子 $\Delta_{i+\frac{1}{2}}() = ()_{i+1} - ()_i$；$\mu$ 为通量限制器。

界面处对流通量和压力通量的计算过程如图 5.3 所示。式(5.14)中的系数 $\bar{M}_L^+$、$\bar{M}_R^-$ 由分裂马赫数 $M_{L/R}^\pm$ 和分裂压力 $P_{L/R}^\pm$ 得到。计算过程如图 5.4 所示。

图 5.3　界面处对流通量和压力通量的计算过程

图 5.4　系数 $\bar{M}_{L/R}^{\pm}$ 的计算过程

分裂马赫数和分裂压力分别表示为[4]

$$M_{L/R}^{\pm} = \begin{cases} \pm\dfrac{1}{4}(M \pm 1)^2 & (|M| \leqslant 1) \\ \dfrac{1}{2}(M \pm |M|) & (|M| > 1) \end{cases} \tag{5.16}$$

$$P_{L/R}^{\pm} = \begin{cases} \dfrac{1}{4}(M \pm 1)^2(2 \mp M) & (|M| \leqslant 1) \\ \dfrac{1}{2}[1 \pm \text{sign}(M)] & (|M| > 1) \end{cases} \tag{5.17}$$

$\bar{M}_L^+$ 和 $\bar{M}_R^-$ 定义如下：

$$\bar{M}_L^+ = \begin{cases} M_L^+ + M_R^- \cdot \left[(1-w) \cdot (1+f_R) - f_L\right] & (0 \leqslant M_{\frac{1}{2}} < 1) \\ M_L^+ \cdot w \cdot (1+f_L) & (-1 \leqslant M_{\frac{1}{2}} < 0) \end{cases} \tag{5.18}$$

$$\bar{M}_R^- = \begin{cases} M_R^- \cdot w \cdot (1+f_R) & (0 \leqslant M_{\frac{1}{2}} < 1) \\ M_R^- + M_L^+ \cdot \left[(1-w) \cdot (1+f_L) - f_R\right] & (-1 \leqslant M_{\frac{1}{2}} < 0) \end{cases} \tag{5.19}$$

其中，　$M_{\frac{1}{2}} = M_L^+ + M_R^-$；　$w = 1 - \min\left(\dfrac{p_L}{p_R}, \dfrac{p_R}{p_L}\right)^3$；　函数 $f_{L/R}$ 为

$$f_{L/R} = \begin{cases} \dfrac{p_{L/R}}{p_s} - 1 & (|M_{L/R}| < 1) \\ 0 & (|M_{L/R}| \geqslant 1) \end{cases} \tag{5.20}$$

式中，　$p_s = P_L^+ p_L + P_R^- p_R$。

总的计算过程如图 5.5 所示。

采用一维 Riemann 问题校验计算格式和程序。激波管问题的初始条件如下：初始间断面位于 $x=0.5$m 处，低压区域压强和密度分别为 $1.01 \times 10^5$Pa、$1.2$kg/m$^3$，高低压区域压强和密度之比分别为 $100:1$、$1:1$。以下给出了 $0.1$ms 时刻数值结果同解析解的比较。

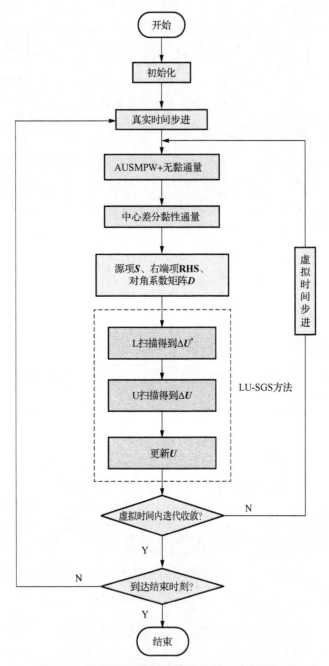

图 5.5　脉冲激光爆震推力器非定常流场计算流程

从图 5.6～图 5.9 可见，数值结果与解析解高度一致。

2. 定解条件

采用热力学非平衡模型描述激光支持吸收波阶段的流动。像真实物理过程中一样，启动数值模拟需要一个有足够自由电子数密度的初始等离子体区。处理方法是赋予一个较小点火区域 10000K 的热力学平衡温度，按照化学平衡给出组元条件，此后按照前面所述的三温度热力学非平衡模型进行计算。

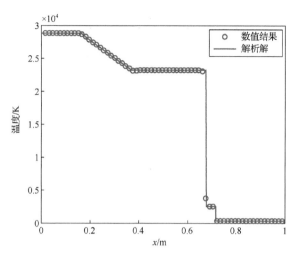

图 5.6　激波管问题中的温度分布

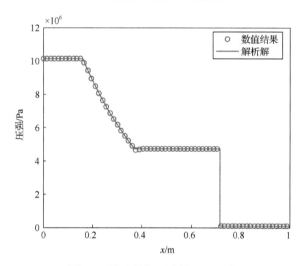

图 5.7　激波管问题中的压强分布

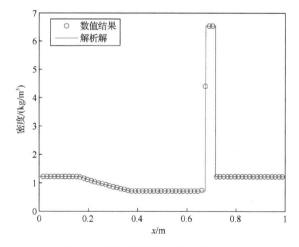

图 5.8　激波管问题中的密度分布

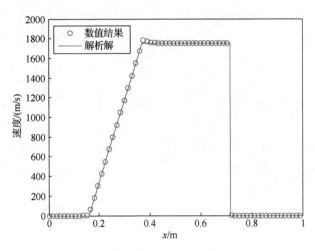

图 5.9　激波管问题中的速度分布

采用平衡流模型描述激光脉冲结束之后的冲击波演化阶段流场。在以焦点为中心、半径为 $r_{ini}$ 的区域中，依据计算得到的能量转化效率 $\eta$，根据能量守恒和高温平衡空气的热力学性质给该区域赋予对应的温度和压强，计算域其他部分取环境温度和压强。其中转化效率 $\eta = \eta_{eff}\eta_M$，$\eta_{eff}$ 为激光有效吸收效率，$\eta_M$ 则代表计算模型从热力学非平衡转换到热力学平衡时带来的损失。

由于等离子体快速膨胀阶段主要为 LSD 过程，故初始半径 $r_{ini}$ 由 LSD 维持阈值条件决定，满足关系 $I_{th,LSD} = E_p / (t_p S_{ini})$。初始表面面积表示为

若　　　　　　　　　　　　　　$d = 0$，$S_{ini} = 4\pi r_{ini}^2$

否则

$$S_{ini} = \begin{cases} 4\pi^2 r_{ini} d & (r_{ini} \leqslant d) \\ 4\pi r_{ini}\left(\pi d + \sqrt{r_{ini}^2 - d^2} - d\arccos\dfrac{d}{r_{ini}}\right) & (r_{ini} > d) \end{cases} \tag{5.21}$$

其中，$d$ 为离轴距离。此区域中气体比能及气体状态方程分别为

$$\begin{cases} e = \eta E_p / (\rho_0 V_{ini}) = e(p,T) \\ p = z(p,T)\rho RT \end{cases} \tag{5.22}$$

其中，$V_{ini}$ 为初始气体体积；$z$ 为压缩因子。由于激波面内平均密度 $\rho$ 为环境密度 $\rho_0$，获得转化效率 $\eta$ 后求解式 (5.22) 即可确定初始区域中的压强 $p$ 和温度 $T$。

在边界条件方面，计算域边界取压强出口边界，压强为标准大气压 $p$=101325Pa，总温为 300K，速度为 0。对于推力器计算，速度在壁面边界上取无滑移条件；压强边界距入口边界的距离取为十倍推力器长度；由于仅计算单脉冲过程，激光和等离子体辐射造成的推力器壁温度升高并不显著，因此取等温壁面 $T$=300K。

## 5.2　流场计算及推进性能分析

### 5.2.1　光强对吸收波特征及效率的影响

如 4.1 节所述，激光正入射辐照细长直圆盲管中的气体，光束截面与推力器相当甚至更大，管内气体的运动可视为一维的。计算模型如图 5.10 所示，计算域长度为 10mm，均匀布置 500 个网格；左侧边界为壁面条件，点火区的长度为 0.5mm，其他部分则为 300K 的环境空气，激光从右侧边界入射。

由第 2 章的讨论可知，激光偏振方向不与电子数密度梯度方向一致，吸收机制中不包含共振吸收，但等离子体电子数密度达到临界值时将产生反射现象。由于 LSD 维持阈值约为 $10^7\mathrm{W/cm^2}$，因此本章的计算包括 $1.0\times10^7\mathrm{W/cm^2}$、$3.0\times10^7\mathrm{W/cm^2}$、$5.0\times10^7\mathrm{W/cm^2}$、$7.0\times10^7\mathrm{W/cm^2}$ 四种光强条件。

图 5.11～图 5.14 分别是不同光强下流场发展到 1.5μs 时的三温度分布情况，其中 $T$、$T_v$ 和 $T_e$ 分别表示平动-转动温度、振动温度和电子温度。从波系结构可见，光强为 $1.0\times10^7\mathrm{W/cm^2}$ 时，激光吸收波较弱，呈现出 LSC 波的特点：激波面和激光强吸收面之间相互分离。平动温度先后出现两次提升，第一次较小幅度的升高缘于前导激波面扫过并压缩环境气体，第二次则是由于激光逆轫致吸收、电子温度升高后向平动内能模式弛豫，如图 5.11 所示。

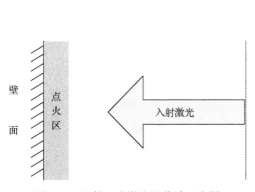

图 5.10　计算一维激光吸收波示意图

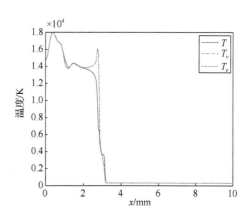

图 5.11　$1.0\times10^7\mathrm{W/cm^2}$ 光强下三温度分布图

光强超过 LSD 维持阈值以后，激光吸收面追上前导激波并与其融合，成为典型的 LSD 波结构，平动温度仅有一次明显的升高，如图 5.12～图 5.14 所示。此外，各光强下振动温度和电子温度分布均较接近，这是由振动能模式和电子能模式之间能量弛豫较快造成的[5]，说明不详细考察能量弛豫过程时可采用较简单的振动-平动两温度模型。

图 5.15 是 1.5μs 时四种光强下激光有效吸收效率的典型空间分布。由图 5.15 可见，在 LSD 维持阈值光强（$1.0\times10^7\mathrm{W/cm^2}$）附近时，吸收峰分布范围较宽，并明显向左侧等离子体内部延伸；光强逐渐增大后，吸收峰与强激波波阵面位置重合，其分布范围较窄，具有相对陡峭的上升沿和下降沿。

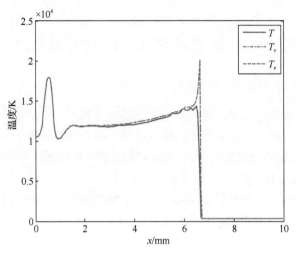

图 5.12　$3.0×10^7 \mathrm{W/cm^2}$ 光强下三温度分布图

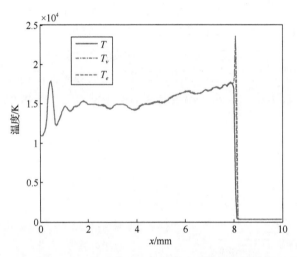

图 5.13　$5.0×10^7 \mathrm{W/cm^2}$ 光强下三温度分布图

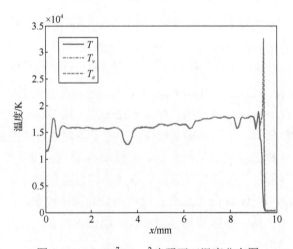

图 5.14　$7.0×10^7 \mathrm{W/cm^2}$ 光强下三温度分布图

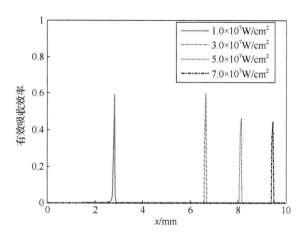

图 5.15　1.5μs 时不同光强下激光有效吸收效率分布图

从图 5.15 中可见,光强不同时有效吸收效率的峰值大小也有所不同。实际上,激光吸收波发展过程中,电子数密度和流场中的总吸收效率都是时间的函数,并由于激光能量吸收和流动过程相互影响将表现出一定的振荡性。

图 5.16 给出了流场中最大电子数密度随时间的变化情况,图中同时用虚线标出了 $CO_2$ 激光对应的临界电子数密度$(9.8×10^{24}m^{-3})$。光强较低(如 $1.0×10^7W/cm^2$)时,激光吸收波强度较弱,计算时间内最大电子数密度一直低于临界电子数密度,激光可以向等离子体内部传播并沿途衰减,导致有效吸收效率分布在较宽的空间范围。光强为 $3.0×10^7W/cm^2$ 时最大电子数密度已经接近临界值,光强为 $5.0×10^7W/cm^2$ 和 $7.0×10^7W/cm^2$ 时,最大电子数密度明显高于临界值,激光将因反射而无法继续向吸收波后传播。

由于以上原因,尽管更高光强下吸收波获得的激光能量增大,流场总吸收效率反而有所下降。不同光强下有效吸收效率随时间的变化情况如图 5.17 所示,表 5.1 则给出了激光吸收波充分发展后的特性参数。数据表明,激光强度提高至 LSD 维持阈值的 7 倍将使吸收光强增加 4.2 倍;爆震波传播速度提高 2.3 倍,有效吸收效率则下降约 26%。

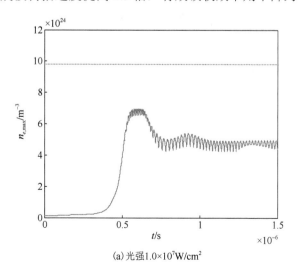

(a) 光强$1.0×10^7W/cm^2$

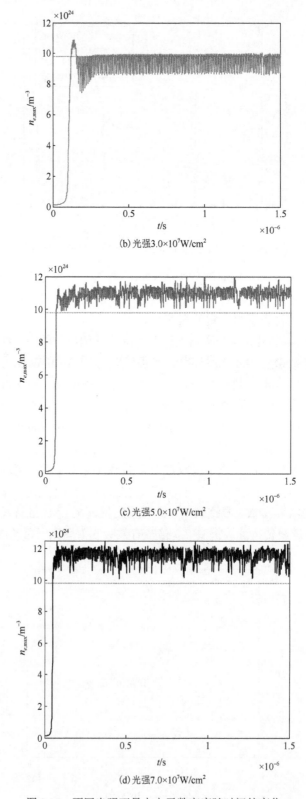

(b) 光强$3.0×10^7$W/cm²

(c) 光强$5.0×10^7$W/cm²

(d) 光强$7.0×10^7$W/cm²

图5.16　不同光强下最大电子数密度随时间的变化

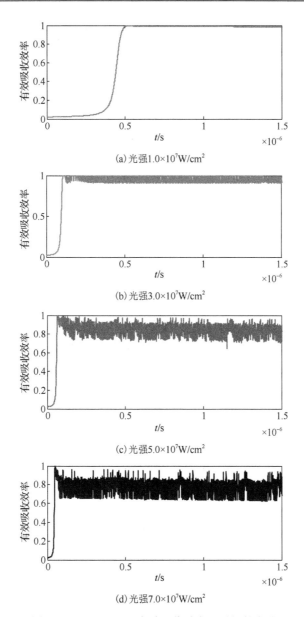

图 5.17　不同光强下有效吸收效率随时间的变化

表 5.1　不同光强下激光吸收波的时间平均特性

| 入射光强/(10⁷W/cm²) | 有效吸收效率/% | 吸收光强/(10⁷W/cm²) | 波速/(10³m/s) |
|---|---|---|---|
| 1.0 | 98.7 | 0.99 | 1.80 |
| 3.0 | 95.5 | 2.86 | 4.15 |
| 5.0 | 80.7 | 4.04 | 5.11 |
| 7.0 | 72.9 | 5.11 | 5.99 |

　　通过对计算值的曲线拟合，图 5.18 给出了吸收光强和有效吸收效率随入射光强的变化关系。从图中可见，由于高光强下等离子体临界面的反射作用，等离子体实际可获得的能

量有逐渐饱和的趋势。在此情况下，继续增大入射光强将使有效吸收的能量所占的比例降低，从而冲量耦合系数下降。

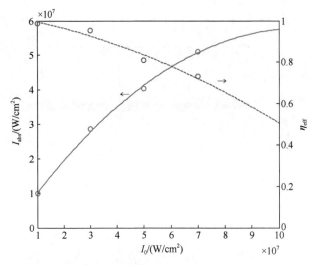

图 5.18　吸收光强和有效吸收效率随入射光强的变化关系

　　这一结论解释了 Mori 等实验[6]中的现象。图 5.19 给出了不同脉宽下获得的冲量耦合系数 $C_m$ 随脉冲能量 $E_p$ 的变化关系。由于光斑大小、光束模式等因激光器而异，采用不同激光器获得的数据将引入除脉宽以外的其他影响因素，因此这里使用的数据为美国白沙导弹靶场的 PLVTS 激光器在 18μs 和 5μs 两种脉宽下的值[6]。

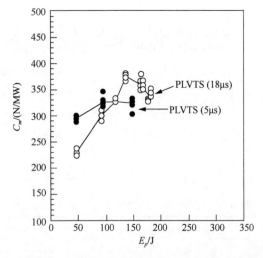

图 5.19　PLVTS 激光器不同脉宽下冲量耦合系数随脉冲能量的变化关系

　　实验表明，当脉冲能量较高时(>110J)，短脉宽的冲量耦合系数低于长脉宽。这是由于相同脉冲能量下短脉宽对应着高光强，由上述分析可知，短脉宽的较高脉冲能量更容易使气体达到吸收饱和状态，导致对应冲量耦合系数较低。

　　上述结论也解释了 Schall 等实验中冲量耦合系数与光束质量相悖的现象[7]。其结果表明，脉冲能量高于某一定值(实验条件下为 250J)后，光束质量较好的非稳谐振腔对应的冲量耦合系数呈下降趋势，光束质量较差的稳定谐振腔在实验范围内仍继续上升，如图 5.20 所示[7]。由上述分析可知，较好质量光束由于具有更好的聚焦性能，在同样脉冲能量下光强更高、吸收更早达到饱和。此后增加的能量无法被吸收，也无益于产生推力，冲量耦合系数因此表现出下降趋势。

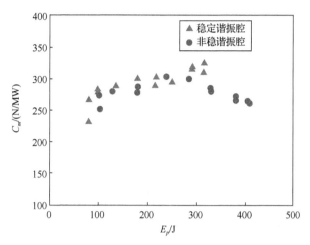

图 5.20　Schall 等实验中不同光束质量下冲量耦合系数随脉冲能量的变化关系

### 5.2.2　脉冲能量对流场结构及推进性能的影响

以激光吸收波计算结果为基础，本节进一步对空气环境中单个激光脉冲辐照推力器的流场及冲量特性进行数值研究。

激光脉冲结束后主要为冲击波演化过程，并不涉及能量注入及其在各内能模式之间的弛豫，这一阶段的计算采用考虑高温真实性质的平衡空气模型。

能量转化效率 $\eta = \eta_{\mathrm{eff}}\eta_M$。模型从热力学非平衡转换到热力学平衡时，压力做功能力有一定损失，由平衡空气热力学性质计算可知，其效率 $\eta_M = 93.2\%$。激光有效吸收率 $\eta_{\mathrm{eff}}$ 由吸收波计算的拟合结果给出。由于旋转抛物形推力器中的入射激光被聚焦，使用一维平面模型结果时应估计其平均光强。设平均有效吸收效率为 $\overline{\eta}_{\mathrm{eff}}$，将 Raizer 和 Tybulewicz 经典的 LSD 波速公式[8]应用到点聚焦球面 LSD 波，则其半径发展速度为

$$\dot{r} = \left[ 2(\gamma^2 - 1)\frac{\overline{\eta}_{\mathrm{eff}} I_{\mathrm{las}}}{\rho_0} \right]^{1/3} = \left[ 2(\gamma^2 - 1)\frac{\overline{\eta}_{\mathrm{eff}} P_{\mathrm{las}}}{\rho_0 \, 4\pi} \right]^{1/3} r^{-2/3} \overset{\mathrm{def}}{=\!=\!=} Cr^{-2/3} \tag{5.23}$$

其中，$\rho_0$ 和 $\gamma$ 分别为气体密度和比热比。

则球面 LSD 波发展过程中的光强为

$$I_{\mathrm{las}} = \frac{P_{\mathrm{las}}}{4\pi} \left( \frac{5}{3} Ct + r_0^{5/3} \right)^{-6/5} \tag{5.24}$$

其中，$r_0$ 为初始时刻的波阵面半径。

初始时刻，光强满足击穿阈值条件 $I_{\mathrm{bd}} = 10^9 \mathrm{W/cm}^2$；光强降至 LSD 波维持阈值 $I_{\mathrm{th,LSD}} = 10^7 \mathrm{W/cm}^2$ 时，LSD 波熄灭，该时刻记为 $t = t_f$。这一过程中的平均光强表示为

$$I_{av} = \frac{1}{t_f}\int_0^{t_f} I_{las} dt = \frac{1}{t_f}\left[-\frac{5\dfrac{P_{las}}{4\pi}}{\dfrac{5}{3}C\left(\dfrac{5}{3}Ct + r_0^{\frac{5}{3}}\right)^{1/5}}\right]_0^{t_f}$$

$$= 5(I_{bd}^{1/6} - I_{th,LSD}^{1/6})\left(\frac{1}{I_{th,LSD}^{5/6}} - \frac{1}{I_{bd}^{5/6}}\right)^{-1}$$

(5.25)

计算可知 $I_{av}=5.9\times10^7 \mathrm{W/cm^2}$，故取对应有效吸收效率 78.6% 为典型值，则 $\eta = \eta_{eff}\eta_M = 73.3\%$。由于存在初始点火损失，在下面的数值模拟中，转化效率统一取 60%。

物性方面，考虑到高温状态下空气分子的振动模式激发、$O_2$ 和 $N_2$ 离解和电离等原因，比热容变化幅度甚至达到一个数量级，如图 5.21 所示。为更好接近实际情况，本节考虑高温真实性质的平衡空气模型，计算随压强和温度变化的比热容 $c_p(p,T)$。数值计算中涉及三种不同的抛物型面推力器，其参数如表 5.2 所示，其中离轴构型 A 和 B 的顶端设计为平顶结构。

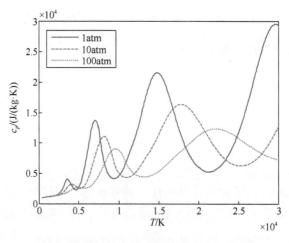

图 5.21　空气比热容随压强和温度的变化

表 5.2　数值模拟吸气式爆震推力器参数

| 构型 | 型面方程 | 焦距/mm | 出口直径/mm | 长度/mm | 聚焦方式 |
|---|---|---|---|---|---|
| A | $(y-5)^2 = 30x$ | 7.5 | 150.0 | 163.3 | 环 |
| B | $(y-5)^2 = 48x$ | 12.0 | 150.0 | 102.1 | 环 |
| C | $(y-0)^2 = 48x$ | 12.0 | 150.0 | 117.2 | 点 |

针对构型 A 推力器，分别计算了脉冲能量为 320J、360J、400J、440J、480J 的冲量。其中 320J、400J、480J 情况下 300μs（0.3ms）时间尺度的受力如图 5.22 所示，其曲线形状与文献的典型结果相似。图中推力主峰部分有三个折转点。三个折转点时刻推力器典型的压力分布如图 5.23 所示。其中，推力极值点（即第一个折转点）是由冲击波撞击到推力器顶端壁面后在此处反射，反射波后方的高压造成的。第二个折转点标志着由流动进一步发展、

稀疏波内传造成的低压区开始离开推力器顶端移向侧壁。第三个折转点则是冲击波前缘到达推力器出口，部分高压区将不再对推力有贡献的缘故。

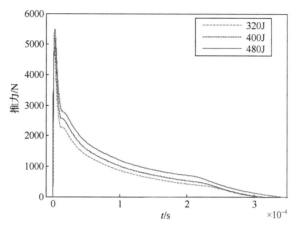

图 5.22　构型 A 在 300μs 时间尺度的受力历程

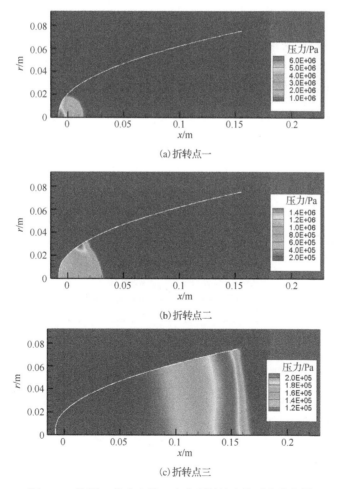

(a) 折转点一

(b) 折转点二

(c) 折转点三

图 5.23　构型 A 推力主峰三个典型折转点的压力分布图

进一步计算表明，在 300μs 时间尺度上的正推力主峰之后，流场与推力器的冲量交换并未就此结束，其推力变化类似于一个阻尼振荡过程，需要往复多次才能趋于停止，如图 5.24 所示，振荡平息的典型时间在 10ms 量级。

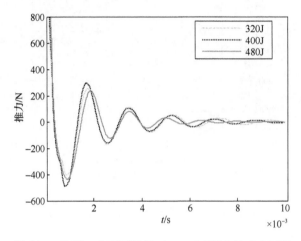

图 5.24　构型 A 在不同能量下 10ms 时间内的受力历程

如果不计其后推力多次振荡的过程，仅关注推力主峰将过高估计获得的冲量，如表 5.3 所示。320J 时二者的区别约为 3 倍，随脉冲能量升高这一差别有一定减小，脉冲能量为 480J 时约为 1.6 倍。表 5.3 中所列冲量耦合系数按照 10ms 冲量计算。另外，由于脉冲能量不同而导致的冲量耦合系数不同，320J 脉冲能量对应的冲量耦合系数和冲量分别为 480J 的 70.4% 和 46.9%。这一结果表明，推力器工作过程中激光能量需要保持稳定，激光能量过低将对其性能造成较大影响。

表 5.3　构型 A 在不同脉冲能量下主峰冲量与 10ms 冲量的比较

| 脉冲能量/J | 主峰冲量/(N·s) | 10ms 冲量/(N·s) | 冲量耦合系数/(N/MW) |
| --- | --- | --- | --- |
| 320 | 0.2467 | 0.0610 | 190.6 |
| 360 | 0.2714 | 0.0770 | 213.9 |
| 400 | 0.2866 | 0.0838 | 209.5 |
| 440 | 0.3040 | 0.1045 | 237.5 |
| 480 | 0.3437 | 0.1300 | 270.8 |

### 5.2.3　抛物型面对推力器性能的影响

计算比较了表 5.2 中三种不同抛物型面的推力器性能。

图 5.25 为 400J 脉冲能量下，三种构型推力器推力主峰的时间曲线，图 5.26 为三种构型推力器 10ms 内的推力曲线。由图 5.25 可以看到，主峰峰值主要由推力器顶部构型决定。因此相同离轴距离造成相似平顶结构(构型 A 和构型 B)推力的峰值接近，并且均明显高于构型 C。主峰维持的时间跨度则主要由推力器长度决定，因此主峰结束时刻由短到长依次为 B、C、A。

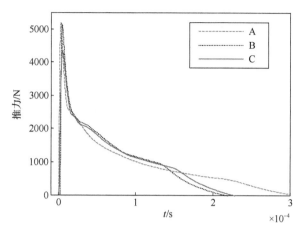

图 5.25　三种构型推力器的推力主峰

由图 5.26 可以看到，推力器中推力振荡平息的时间同样由推力器长度决定。对于长度最大的构型 A，推力振荡至约 10ms 才能停止；而对于长度最短的构型 B，约 4ms 时推力器中的推力已经基本恢复。

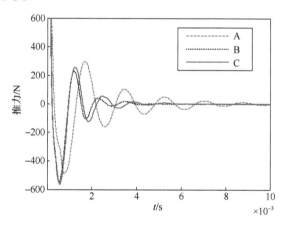

图 5.26　三种构型推力器 10ms 内的推力曲线

三种构型推力器在单脉冲作用下得到的冲量如表 5.4 所示。可以看到，由于较高峰值和较长作用时间，具有离轴结构和较长推力室的构型 A 在相同脉冲能量下的冲量耦合系数最大，是一种较佳的构型。

表 5.4　三种构型推力器主峰冲量同 10ms 冲量的比较

| 构型 | 主峰冲量/(N·s) | 10ms 冲量/(N·s) | 冲量耦合系数/(N/MW) |
| --- | --- | --- | --- |
| A | 0.2866 | 0.0838 | 209.5 |
| B | 0.2608 | 0.0809 | 202.2 |
| C | 0.2654 | 0.0758 | 189.5 |

5.3 节和 5.4 节实验部分利用冲击摆测试了构型 A 的性能，为进行比较，同时对构型 C 进行了测试，实验证实了上述结果。因此 5.5 节多脉冲竖直推进实验中采用了这一构型，并取得了较好效果。

## 5.3　单脉冲爆震推进实验系统

气体在单脉冲激光作用下的反冲作用时间很短，可视为对推力器施加了一个瞬时冲量。冲击摆将待测冲量转化为角度，是一种测试空气爆震推力器性能的常用装置。为获得冲量和冲量耦合系数随脉冲能量的变化关系，建立了包括 $CO_2$ 激光器、分束镜、能量计和冲击摆测量装置的实验系统，如图 5.27 和图 5.28 所示。

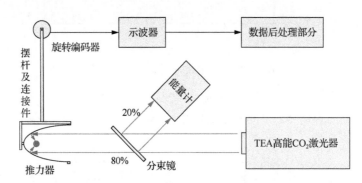

图 5.27　空气爆震推力器实验系统示意图

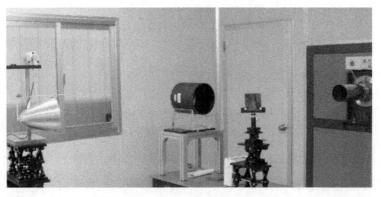

图 5.28　空气爆震推力器实验场景图

### 5.3.1　脉冲冲量测量原理

冲击摆测量装置由推力器、摆杆及连接件、旋转编码器、示波器和数据后处理部分组成。其测量原理如下。

1. 冲量与角度的关系

根据动量矩定理，有

$$J\omega_0 = PL \tag{5.26}$$

其中，$P$ 为待测冲量；$L$ 为作用力臂；$J$ 为所有转动部分的转动惯量；$\omega_0$ 为初始角速度。

不计阻力，能量守恒定律给出

$$mgl_c(1-\cos\theta_{\max})=\frac{1}{2}J\omega_0^2 \tag{5.27}$$

其中，$m$、$J$、$l_c$ 分别为转动部件的总质量、转动惯量和质心位置；$\theta_{\max}$ 为最大摆角。

因此待测冲量为

$$P=\frac{J\omega_0}{L}=\frac{J}{L}\sqrt{\frac{4mgl_c\sin^2\dfrac{\theta_{\max}}{2}}{J}}=\frac{2}{L}\sqrt{mgl_cJ}\sin\frac{\theta_{\max}}{2} \tag{5.28}$$

各项参数中，$\theta_{\max}$ 由旋转编码器的输出脉冲计数得到，力臂 $L$ 可以直接测得，需要确定的是 $m$、$J$ 和 $l_c$。

根据复摆理论，固有参数 $m$、$J$、$l_c$ 和小角度摆动周期 $T$ 有如下关系：

$$J=\frac{mgl_cT^2}{4\pi^2} \tag{5.29}$$

其中，$T$ 可以通过旋转编码器输出的角度-时间波形数据得到。

故待测冲量写为

$$P=\frac{gT}{\pi L}ml_c\sin\frac{\theta_{\max}}{2} \tag{5.30}$$

其等价形式为

$$P=\frac{4\pi}{LT}J\sin\frac{\theta_{\max}}{2} \tag{5.31}$$

**2. 系数的确定**

如式(5.30)所示，待测冲量和最大摆角的对应关系 $P(\theta_{\max})$ 中包含需要确定的系数 $\dfrac{gT}{\pi L}ml_c$ 或 $\dfrac{4\pi}{LT}J$。目前主要有如下两种测定方法。

(1)整体外部标定。发射一个已知冲量的物体，使其撞击靶板，测量此时的最大摆角，按照式(5.30)确定其系数，如文献[9]。

(2)分别确定 $T$、$J$ 等参数。将系统分解为推力器、摆杆及连接件、旋转编码器内部转动部件三部分。推力器、摆杆及连接件的质量和质心位置可直接测量，困难在于获得旋转编码器内部转动部件的特性。解决方案：加工数个外形规则、质量特性可以计算的摆杆，根据复摆周期公式、质心公式及转动惯量加和关系，对每个摆杆组成的系统联立方程组可求解系统的转动惯量等质量特性[10]。

实际上，由系统质心的定义，有

$$ml_c=(m_t+m_r)l_{tr}+m_xl_x \tag{5.32}$$

其中，$m_t$、$m_r$ 和 $m_x$ 分别为推力器质量、摆杆及连接件质量、旋转编码器内部转动部件质量；$l_c$ 为系统质心；$l_{tr}$ 为推力器和摆杆及连接件的整体质心位置；$l_x$ 为旋转编码器内部转动部件的质心位置。旋转编码器内部转动部件基本呈轴对称结构，视 $l_x = 0$。通过计算具体结构参数，舍去 $m_x l_x$ 项所引起的相对误差在 0.04%以内，故有

$$ml_c = (m_t + m_r)l_{tr} \tag{5.33}$$

问题可归结为仅需确定 $(m_t + m_r)l_{tr}$。

待测冲量的微分为

$$dP = \frac{gT}{\pi L}ml_c\left[\sin\frac{\theta_{max}}{2}\left(\frac{dT}{T} + \frac{-dL}{L} + \frac{d(ml_c)}{ml_c}\right) + \frac{d\theta_{max}}{2}\cos\frac{\theta_{max}}{2}\right] \tag{5.34}$$

根据误差传递理论[11]，待测冲量绝对误差的上限为

$$\Delta P = P\left[\left|\frac{\partial P}{\partial T}\frac{\Delta T}{P}\right| + \left|\frac{\partial P}{\partial L}\frac{\Delta L}{P}\right| + \left|\frac{\partial P}{\partial(ml_c)}\frac{\Delta(ml_c)}{P}\right| + \left|\frac{\partial P}{\partial\theta_{max}}\frac{\Delta\theta_{max}}{P}\right|\right]$$

$$= \frac{gT}{\pi L}ml_c\sin\frac{\theta_{max}}{2}\left[\frac{\Delta T}{T} + \frac{\Delta L}{L} + \frac{\Delta(ml_c)}{ml_c} + \frac{1}{\tan\frac{\theta_{max}}{2}}\frac{\Delta\theta_{max}}{2}\right] \tag{5.35}$$

### 3. 测量质心位置

推力器和摆杆及连接件组成的整体外形不规则，因此需通过实际测量确定其质心位置 $l_{tr}$。可采用静力学方法，原理如图 5.29 所示。

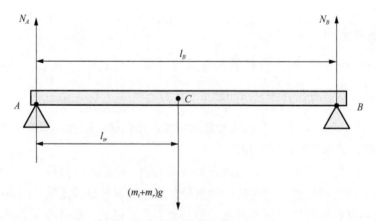

图 5.29　确定质心位置示意图

根据静力学原理，对 $A$ 点的总力矩为 0，有

$$(m_t + m_r)gl_{tr} = N_B l_B \tag{5.36}$$

故待测冲量的表达式最终写为

$$P = \frac{T}{\pi L}(N_B l_B) \sin \frac{\theta_{max}}{2} \tag{5.37}$$

若测量时选择 $l_B$，使 $l_B = L$，则冲量为

$$P = \frac{T}{\pi} N_B \sin \frac{\theta_{max}}{2} \tag{5.38}$$

根据误差传递理论，待测冲量误差的上限为

$$\Delta P = P\left(\left|\frac{\partial P}{\partial T}\frac{\Delta T}{P}\right| + \left|\frac{\partial P}{\partial L}\frac{\Delta L}{P}\right| + \left|\frac{\partial P}{\partial N_B}\frac{\Delta N_B}{P}\right| + \left|\frac{\partial P}{\partial l_B}\frac{\Delta l_B}{P}\right| + \left|\frac{\partial P}{\partial \theta_{max}}\frac{\Delta \theta_{max}}{P}\right|\right)$$

$$= \frac{T}{\pi L}(N_B l_B)\sin\frac{\theta_{max}}{2}\left(\frac{\Delta T}{T} + \frac{\Delta L}{L} + \frac{\Delta N_B}{N_B} + \frac{\Delta l_B}{l_B} + \frac{1}{\tan\frac{\theta_{max}}{2}}\frac{\Delta\theta_{max}}{2}\right) \tag{5.39}$$

### 5.3.2　实验设备

#### 1. 推力器

实验研究的推力器共有两种构型，以进行对比和分析。其中，构型 A 内部型面为离轴旋转抛物面，为环聚焦方式，旋转轴与抛物线轴之间的部分为平顶结构。构型 C 为点聚焦方式，两者具体参数如表 5.2 所示。推力器采用 T6061 铝合金精密加工，内部用于会聚入射激光的旋转抛物表面加工到镜面精度。

#### 2. TEA 激光器

实验采用的激光器为横向激励大气压(TEA)高能 $CO_2$ 激光器，谐振腔结构为平平腔，波长为 $10.6\mu m$，内部工作气体封闭循环，以脉冲形式工作，脉冲能量为 $400\sim600J$。脉冲波形为陡峭的上升沿和一个较长的拖尾段，按 90%能量计算得到的脉冲宽度为 $3\mu s$，其典型波形如图 5.30 所示。近场光斑为实心方形，光强分布基本均匀，长×宽尺寸约为 $75mm\times95mm$，图 5.31 为使用热敏试纸测得的光斑形状。

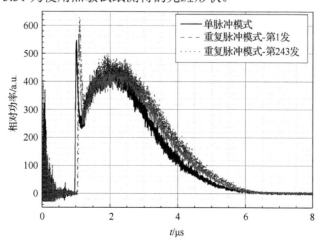

图 5.30　TEA 激光器典型脉冲波形

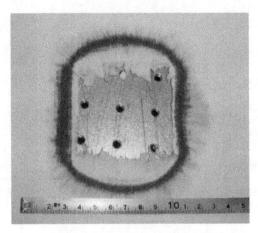

图 5.31　TEA 激光器光斑形状

**3. 测量装置**

激光脉冲能量的测量采用美国 Scientech 380802 量热式能量计，接收口径为 200mm，误差为 5.0%，能量与输出电压标定系数为 0.65J/mV。实验中使用 OMRON E6B2-CWZ6C 旋转编码器记录并输出冲击摆转动信号，角度分辨率为 2000pulse/round。

# 5.4　推力器单脉冲冲量特性测量

示波器记录的旋转编码器电平信号可通过编程实现解码，给出角度-时间变化关系。通过对波形进行正弦拟合，可得到其小角度摆动周期 $T$，周期测试时角度摆动的结果如图 5.32 所示。其振幅在 1.5s 内没有明显衰减，证实了对于 0.25s 的冲量测量典型时间，阻力影响可以忽略不计。测试脉冲冲量时推力器的角度运动如图 5.33 所示，由此可获得该激光脉冲作用下的最大摆角 $\theta_{\max}$。

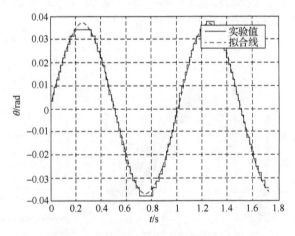

图 5.32　周期测试时角度随时间的变化

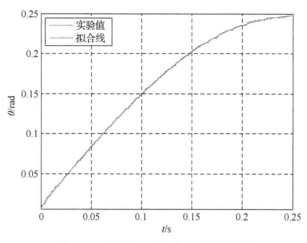

图 5.33　冲量测试时角度随时间的变化

表 5.5 列出了对应于两种构型推力器的角度摆度周期 $T$ 和参数 $N_B$。为减小随机误差，表中的值为 5 次测量的平均值。

表 5.5　两种构型推力器计算冲量的标定参数

| 构型代号 | $T/s$ | $N_B/N$ |
|---|---|---|
| A | 9.86 | 1.31 |
| C | 9.91 | 1.77 |

根据同步测量分束后的脉冲能量值以及冲击摆测量结果，结合式(5.38)可得到推力器的冲量和冲量耦合系数随激光脉冲能量的变化关系。所得冲量的相对误差在 3% 以内，冲量耦合系数的相对误差在 8% 以内。图 5.34、图 5.35 分别是构型 A 的冲量和冲量耦合系数随脉冲能量的变化关系，图中曲线由实验数据通过多项式拟合得到。

由图 5.34 和图 5.35 中可以看到，在研究范围内随脉冲能量增加，该构型获得的脉冲冲量和冲量耦合系数均具有增大趋势。图中同时用菱形符号标识了按照 5.2 节数值计算获得的冲量和冲量耦合系数，可以看到仿真获得的计算值与实验值的一致性很好，冲量计算的平均误差为 4.2%。

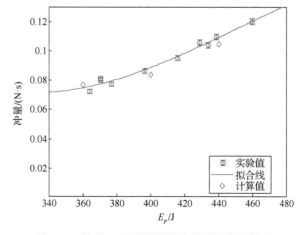

图 5.34　构型 A 的冲量随脉冲能量的变化关系

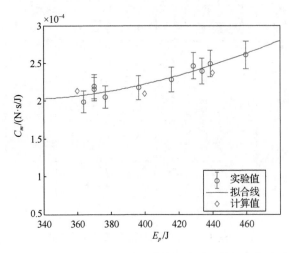

图 5.35　构型 A 的冲量耦合系数随脉冲能量的变化关系

　　图 5.36、图 5.37 分别为构型 C 的冲量和冲量耦合系数随脉冲能量的变化关系,并标出了相应的仿真计算结果,冲量计算的平均误差为 9.4%。注意到在研究范围内随脉冲能量增加,计算值与实验值的逼近程度更高。这说明更准确的激光吸收效率与脉冲能量水平相关,脉冲能量过低将使激光吸收效率减小。

　　较低能量范围内,随脉冲能量增加,构型 C 获得的冲量近似线性增加。440J 以上高脉冲能量条件下,冲量和冲量耦合系数逐渐出现饱和趋势。这一点可以根据 5.2 节激光吸收波的计算结果给予解释。作为点聚焦形式的型面,构型 C 对入射激光的会聚能力较强。随激光能量增大,高光强引起等离子体电子数密度超过临界值,导致入射激光产生反射现象,阻碍激光能量的进一步吸收和转化,激光吸收效率达到饱和后,宏观上就体现为冲量和冲量耦合系数的饱和。在研究范围内,采用环聚焦形式、对激光会聚能力相对较弱的构型 A 则没有出现类似饱和趋势,同样支持上述分析。

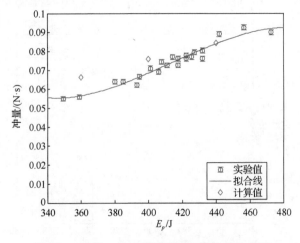

图 5.36　构型 C 的冲量随脉冲能量的变化关系

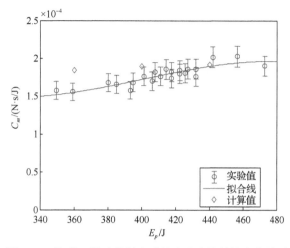

图 5.37　构型 C 的冲量耦合系数随脉冲能量的变化关系

　　需要注意，构型 A 是平顶结构，且推力室长度为构型 C 的 1.39 倍。5.2 节爆震推力器的数值模拟给出，同样脉冲能量下构型 A 将具有较长作用时间和更大峰值，使构型 A 的宏观冲量效果优于 C。实验结果验证了 5.2 节的计算分析。

## 5.5　近地表大气中脉冲激光爆震推力器多脉冲竖直推进实验

　　为考察推力器在重复脉冲条件下的工作性能，并验证激光推进发射概念中激光器、光束整形系统以及飞行器三个基本组成系统，本节针对两种爆震模式的推力器原理模型进行多脉冲竖直推进实验。由于关注重点为激光推进发射的原理，实验中采用竖直轨线进行姿态控制，如图 5.38 所示。

图 5.38　多脉冲竖直推进实验推力器和飞行轨线

### 5.5.1　推力器上升动力学模型

在低重复频率激光的作用下，推力器沿轨线竖直上升的动力学模型为

$$\begin{cases} \mathrm{d}v = \dfrac{P}{m} = \dfrac{C_m \eta_{\mathrm{tra}} E_p}{m}, \quad t = nT(n = 0,1,\cdots) \\ \dfrac{\mathrm{d}v}{\mathrm{d}t} = \dfrac{1}{m}(-mg - D_{\mathrm{air}} - F_{\mathrm{fri}}) \\ \dfrac{\mathrm{d}h}{\mathrm{d}t} = v \\ \dfrac{\mathrm{d}m}{\mathrm{d}t} = 0 \end{cases} \tag{5.40}$$

其中，$h$ 为飞行高度；$v$ 为当前速度；$m$ 为推力器质量；$T$ 为脉冲激光器工作周期；$\eta_{\mathrm{tra}}$ 为激光传输有效接收效率；$F_{\mathrm{fri}}$ 为轨线的摩擦力，推力器采用四点支撑滚动连接件时，测得的平均摩擦力为 0.12N；$D_{\mathrm{air}}$ 为气动阻力：

$$D_{\mathrm{air}} = \frac{1}{2}\rho v^2 S_M C_d \tag{5.41}$$

式中，$S_M$ 为迎风面积；$\rho$ 表示空气密度；阻力系数 $C_d$ 通过数值计算确定，所得流场如图 5.39 所示，阻力系数值为 0.40，与标准半球壳的低速阻力系数 0.38 接近[12]。

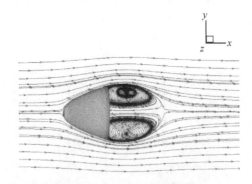

图 5.39　推力器阻力系数计算

激光脉冲作用时施加的瞬时冲量 $P = C_m E_p$，冲量耦合系数 $C_m = \eta_{\mathrm{rp}} C_{m,s}$。其中单脉冲冲量耦合系数 $C_{m,s}$ 为脉冲能量的函数，取 5.2 节该构型推力器的计算结果。重复频率效率 $\eta_{\mathrm{rp}}$ 表示多脉冲加载时，推力器薄壁结构因热效应和冲击震颤综合作用而产生的性能下降，实验给出 $\eta_{\mathrm{rp}} = 0.7$。

### 5.5.2　实验设计与系统构成

多脉冲竖直推进实验系统包括激光器、光束整形系统、用于光路调整的两面平面折转镜、推力器以及用于运动测量的高速相机，其结构如图 5.40 所示。

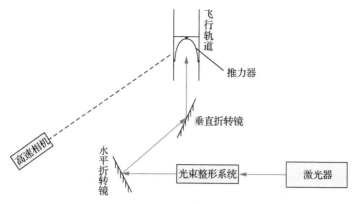

图 5.40　多脉冲竖直推进实验系统示意图

1. 推力器

按照分析和数值模拟结果，多脉冲竖直推进实验采用的脉冲爆震推力器为冲量耦合系数最优的构型 A，具体参数如表 5.2 所示。

作为比较，同时针对烧蚀固体的爆震推力器进行了多脉冲竖直推进实验。作为爆震推进的另一类代表，烧蚀固体的爆震推力器利用凝聚态推进剂沉积激光能量，理论上具有吸收效率和冲量耦合系数更高的优点。推力器由抛物形聚光段和圆柱形推力室构成，如图 5.41 所示，采用聚甲醛(POM)作为推进剂。推力室直径为 52mm，抛物形聚光段焦距 $f = 3$mm，出口直径为 100mm，初始总质量为 110.4g。入射激光由聚光段会聚，到达推力室顶端处的推进剂表面，引发推进剂烧蚀和爆震，从而产生推力。正常工作情况下，激光脉冲引发爆震后，烧蚀产物将随膨胀过程排出推力器，环境空气对推力室进行填充，继续进行下一个脉冲的爆震。

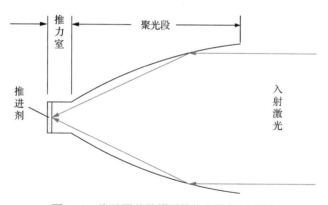

图 5.41　烧蚀固体的爆震推力器结构示意图

2. 激光器和光束整形系统

实验采用 10kW 级 TEA 脉冲 $CO_2$ 激光器，重复频率为 20Hz，工作气体开放式流动。激光器采用平平腔，输出实心光斑；通过测量不同距离处的光斑尺寸，得到光束发散角为 $3 \times 10^{-3}$rad。

为抑制传输过程中的光束发散，实验中采用由 -750mm 焦距平凹透镜和 1500mm 焦距平凸透镜组成的透射式扩束-聚焦整形系统，如图 5.42 所示。表 5.6 给出了对应飞行轨道不同高度处，实际测量 150mm 接收口径中的有效接收效率，$\eta_{tra}$ 包括光学系统损失、光束扩展和大气衰减的综合作用。结果表明，光束整形系统达到了良好的效果。

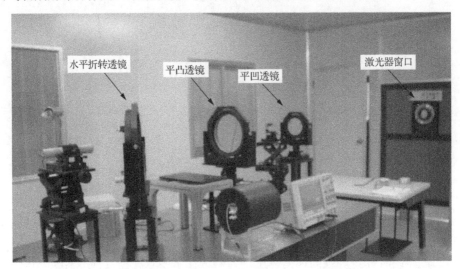

图 5.42　光束整形系统

表 5.6　不同高度处 150mm 接收口径内的有效接收效率

| $h/m$ | 0 | 20 | 40 | 54 |
|---|---|---|---|---|
| $\eta_{tra} / \%$ | 76.2 | 76.2 | 71.5 | 61.9 |

3．测量系统

采用高速相机跟踪测量推力器轨迹，帧频为 500Hz。通过对时间序列图像进行处理，并根据三角关系求出推力器每一时刻的高度。测量误差主要来源于相机光轴仰角的节点图像定位不准，其定位误差导致相机光轴仰角误差为 0.0005～0.002rad。以 0.002rad 计算，相机距离飞行轨道 38.5m 时误差在 7.7cm 以内。

实验中采用波兰 Vigo 公司的 PVM-10.6 光伏探测器监测光束的旁轴信号，对信号波形进行积分处理并获得脉冲能量，其精度为±5%。

### 5.5.3　实验结果与分析

推力器在连续多脉冲激光作用下竖直上升的序列图像如图 5.43 所示。脉冲激光将空气击穿形成等离子体，发出强烈闪光，在气体爆震反冲作用下推力器沿飞行轨线加速爬升，1.6s 内可达到 7.7m 的高度。

激光器出口处的脉冲能量如图 5.44 所示，可以看到，该实验过程中的能量值较为稳定，其标准差与均值之比在 8% 以内，推力器在连续多脉冲下可以持续产生爆震推进作用。

图 5.45 给出了推力器高度随时间的变化曲线，其中同时标出了实验值和动力学模型给出的计算值。可以看到，1.2s 之前二者吻合较好，1.2s 之后实验值低于计算值。这是由于使用的推力器模型为薄壁结构，未施加热控制，经强激光多脉冲重复作用后，冲击波和热效应引起的表面变形等问题开始显著降低推力器性能。

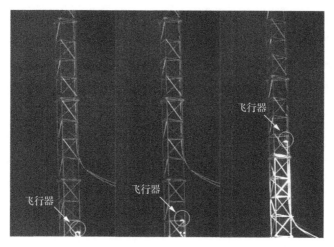

图 5.43　空气爆震推力器多脉冲竖直推进实验场景

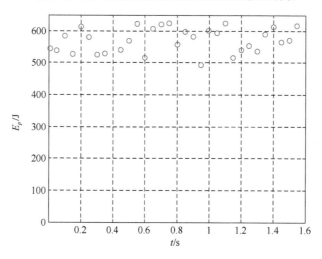

图 5.44　激光器出口处的脉冲能量

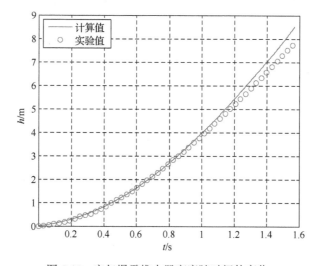

图 5.45　空气爆震推力器高度随时间的变化

　　图 5.46 为计算得到的推力器速度随时间的变化关系。由于使用的 20Hz 脉冲激光器重复频率较低，因此速度增长也呈明显的脉冲式特点。实验表明，在近地表大气中，空气爆震推力器能够克服重力和大气阻力实现竖直上升，初始阶段的平均加速度达到 $6.2\text{m/s}^2$。

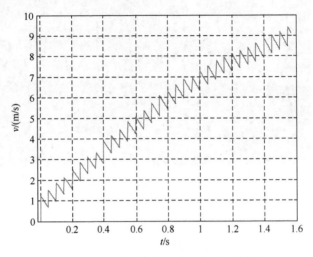

图 5.46　空气爆震推力器速度随时间的变化

## 参 考 文 献

[1]　阎超. 计算流体力学方法及应用[M]. 北京: 北京航空航天大学出版社, 2006.

[2]　LUO H, BAUM J D, LOHNER R. A fast, matrix-free implicit method for compressible flows on unstructured grids[J]. Journal of computational physics, 1998, 146（2）: 664-690.

[3]　CHEN R F, WANG Z J. Fast, block lower-upper symmetric Gauss-Seidel scheme for arbitrary grids[J]. AIAA journal, 2000, 38（12）: 2238-2245.

[4]　柳军. 热化学非平衡流及其辐射现象的实验和数值计算研究[D]. 长沙: 国防科学技术大学, 2004.

[5]　欧阳水吾, 谢中强. 高温非平衡空气绕流[M]. 北京: 国防工业出版社, 2001.

[6]　MORI K, SASOH A, MYRABO L N. Experimental investigation of airbreathing laser propulsion engines: $CO_2$ TEA vs. EDL[C]. Proceedings of the Third International Symposium on Beamed Energy Propulsion, Troy, 2005: 155-165.

[7]　SCHALL W O, ECKEL H A, MAYERHOFER W, et al. Comparative lightcraft impulse measurements[C]. International Symposium on High-Power Laser Ablation. Taos, 2002: 908-917.

[8]　RAIZER Y P, TYBULEWICZ A. Laser-induced discharge phenomena[M]. New York: Plenum Publishing Corporation, 1977.

[9]　李静. 激光推进测试仪器和"烧蚀模式"实验研究[D]. 合肥: 中国科学技术大学, 2005.

[10]　文明, 洪延姬, 王军, 等. 冲击摆冲量测量的原理及精度分析[J]. 装备指挥技术学院学报, 2005, 16（6）: 110-113.

[11]　杨惠连, 张涛. 误差理论与数据处理[M]. 天津: 天津大学出版社, 1992.

[12]　HOERNER S F. Fluid-dynamic drag[M]. Bricktown: Hoerner Fluid Dynamics, 1965.

# 第 三 部 分

## 第6章 连续激光加热稳态膨胀推力器
## 流量分析与点火实验

### 6.1 推力器稳定流量分析

连续激光加热稳态膨胀推力器通过在拉瓦尔喷管喉部上游维持稳定的等离子体来吸收激光能量和加热推进剂。实验发现，入射激光功率、室压、推进剂流量等因素组合不当会导致等离子体熄灭，在数百瓦到10kW级功率激光推力器实验中已经验证了这种现象[1-5]。由于数值模拟难以反映各参数变化时的规律性，采用简化解析方法找出推力器等离子体稳定的流量范围是有意义的。

#### 6.1.1 分析模型

如2.1节所述，描述连续激光加热稳态膨胀推力器二维流场的能量方程为

$$\frac{\partial(\rho uH)}{\partial x} + \frac{\partial(\rho vH)}{\partial r} + \frac{1}{r}\rho vH = \frac{\partial}{\partial x}(u\tau_{xx} + v\tau_{xr} + q_x) + \frac{\partial}{\partial r}(u\tau_{xr} + v\tau_{rr} + q_r)$$

$$+ \frac{1}{r}(u\tau_{xr} + v\tau_{rr} + q_r) + (Q_{abs} + Q_{rad}) \tag{6.1}$$

考虑到直接对以上偏微分方程进行求解的数学困难，以及推力器吸收室中等离子体区域能量方程的具体特点，本节分析时将其简化如下：

(1)对于数千瓦功率的激光推力器，吸收室中气体动能相对激光吸收和辐射引起的焓变是小量，因此描述能量变化时只保留热焓。

(2)黏性应力功和扩散作用的贡献在高功率激光加热过程中可以忽略。

(3)推力器吸收室中，直接穿越等离子体高温区域的推进剂流量为总质量流量的百分之几，等离子体区域近似于一个空心体，如图6.1所示。用于加热该部分气体的能量仅占总能量的很小部分，方程左端的直接能量对流项可忽略。

经以上简化并考虑到2.2节所述的辐射效应，等离子体区域的能量平衡关系为

$$0 = Q_{con} + Q_{abs} - Q_{rad,m} \tag{6.2}$$

其中，$Q_{rad,m}$ 为单位体积辐射损失。

传导项表示为

$$Q_{con} = \frac{\partial}{\partial x}\left[(k + k_{rad})\frac{\partial T}{\partial x}\right] + \frac{\partial}{\partial r}\left[(k + k_{rad})\frac{\partial T}{\partial r}\right] + \frac{1}{r}\left[(k + k_{rad})\frac{\partial T}{\partial r}\right] \tag{6.3}$$

式中，$k$ 为热传导系数；$k_{rad}$ 为辐射热传导系数。由于传导项由温度场分布决定，温度场又关联于外围流动分布，仍然难以直接求解。

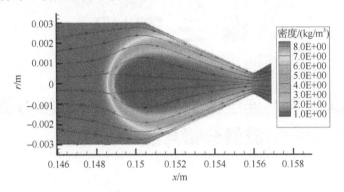

图 6.1　连续激光加热稳态膨胀推力器吸收室中流线与密度分布的典型结果

为此，类比经典的气体外掠平板热边界层问题，目前问题中虽没有固体壁面，但外掠绕流的图景相似[6,7]：高温等离子体区域相当于被绕流物体，低温推进剂对其绕流，其间导热层内的温度梯度很大，可视作热边界层。边界层换热理论给出平均努塞尔数的解析结果为

$$Nu = 0.664 Re^{1/2} Pr^{1/3} \tag{6.4}$$

其中，普朗特数 $Pr = \mu c_p / k$ 是物性参数组合量，$\mu$ 为黏性系数，$c_p$ 为比热容；雷诺数 $Re = \rho u D / \mu$，与质量通量 $\rho u$ 有关；努塞尔数 $Nu = h_s D / k$，$h_s$ 为表面传热系数，特征长度为当地光束直径，即 $D = 2R$。

以整个等离子体核心高温区域为控制体，热流密度在控制体表面 $S$ 上积分可得总换热损失：

$$E_{con} = h_s \Delta T S = \frac{k}{D}(0.664 Re^{1/2} Pr^{1/3}) \Delta T (4\pi R^2) \tag{6.5}$$

其中，$\Delta T$ 为换热温差；$R$ 为光束半径。

对于激光能量吸收项，根据光强衰减定律，等离子体区域吸收的总能量为

$$E_{abs} = (I_0 - I_0 e^{-\kappa_l R})\pi R^2 = P_{las}(1 - e^{-\kappa_l R}) \tag{6.6}$$

其中，$P_{las}$ 是入射激光功率；$I_0$ 为初始激光强度；逆轫致吸收系数 $\kappa_l$ 是电子数密度和温度的函数，引入第 2 章中的化学平衡模型后，则可直接表示为热力学状态变量压力和温度的函数。

辐射造成的能量损失速率为

$$E_{rad} = Q_{rad,tn} V = Q_{rad,tn}\left(\frac{4}{3}\pi R^3\right) \tag{6.7}$$

其中，$V$ 为等离子体辐射体积。

稳定平衡状态下，等离子体能量变化率为零：

$$f_E(p_0, T, \dot{m}) = E_{abs} - (E_{con} + E_{rad}) = 0 \tag{6.8}$$

称为连续激光加热稳态膨胀推力器中等离子体维持的能量平衡约束。

换热损失项 $E_{con}$ 中，雷诺数 $Re$ 是质量流量与截面积之比（即 $\rho u = \dot{m}/A$）的函数，因此

一些学者在研究等截面管道中的等离子体稳定问题时，将质量通量作为独立参数。由于推力器的内部构型为变截面管道，为统一和方便讨论，本章采用质量流量 $\dot{m}$ 作为入口参数进行描述。

另外，推力器喉部达到壅塞状态时，质量流量由吸收室中的总压与总温决定：

$$\dot{m} = \sqrt{\frac{\gamma M}{\overline{R}} \left(\frac{2}{\gamma-1}\right)^{\frac{\gamma+1}{2(\gamma-1)}}} \frac{p_0}{\sqrt{T_0}} A_t \tag{6.9}$$

其中，$M$ 是推进剂气体分子量；$\overline{R}$ 是通用气体常数；$A_t$ 是喉部面积；等效比热比按照高温气体动力学定义为比焓与比内能之比，$\gamma = h/e$；$T_0$ 是吸收室中绕流低温推进剂和核心高温区域推进剂的平均总温，由平均总焓给出：

$$h_0(T_0) = h_i + \frac{E_{abs} - E_{rad}}{\dot{m}} \tag{6.10}$$

式中，$h_i$ 为推进剂的初始焓值。式(6.9)、式(6.10)给出如下关系：

$$f_M(p_0, T, \dot{m}) = 0 \tag{6.11}$$

称为连续激光加热稳态膨胀推力器稳定工作时的质量约束。由于热力学关系 $h_0(T_0)$ 强烈非线性，式(6.11)需通过迭代求解。

给定推力器内部流道特征(截面半径 $r_x$、喉部半径 $r_t$)、入射激光束特征(激光功率 $P_{las}$、光束半径 $R$)以及推力器室压 $p_0$ 后，联立求解方程(6.8)和方程(6.11)。若解 $(T, \dot{m})$ 存在，则该条件下推力器中的等离子体符合能量和质量约束。在推力器中的不同位置，由内部流道和光束聚集几何决定的 $r_x(x)$、$R(x)$ 随之变化，造成方程组的解在一定范围内波动，从宏观外部看即质量流量 $\dot{m}$ 在一定区间内均可使等离子体稳定。

非壅塞情况下不存在喉部质量流量约束，保持室压不变时流量可独立调节，维持等离子体只需满足能量约束。后面的计算表明，由于曲线 $f_E(T, \dot{m}) = 0$ 有极大值，非壅塞情况下的流量也不是任意取值，而是具有上限的。

### 6.1.2 计算结果与讨论

#### 1. 喷管非壅塞流动情况

以上述方法计算了文献[8]和文献[9]所给条件下焦点附近稳定维持等离子体的推进剂质量流量同核心温度的关系，其中流道是直径为 48mm 的等截面圆管。图 6.2 是 3.53atm 压强下，激光功率分别为 3.5kW、5.0kW、7.0kW 时以 $H_2$ 为推进剂的稳定质量流量曲线；图 6.3 是在 7.0kW 激光功率下，压强分别为 1.0atm、1.5atm、2.5atm 时以 Ar 为推进剂的稳定质量流量曲线。对于非壅塞的情况，由于没有喉部质量流量的约束，给定室压和激光功率后可调节 $\dot{m}$ 使等离子体在不同温度下稳定，但不能超过能量约束允许的上限值 $(\dot{m}_E)_{max}$。

计算得到 3.53atm、3.5kW 下 $H_2$ 推进剂的稳定质量流量上限为 5.3g/s；1.0atm、7.0kW 下 Ar 推进剂的稳定质量流量上限为 31.2g/s，分别与文献[8]和文献[9]中 6.5g/s 和 55g/s 的实验结果量级一致。同时，实验范围内的数据表明，3.53atm、7.0kW 下 $H_2$ 推进剂的稳定质量流量上限将高于 8.7g/s，2.5atm、7.0kW 下 Ar 推进剂的稳定质量流量上限高于 90g/s，计算均与之相符。

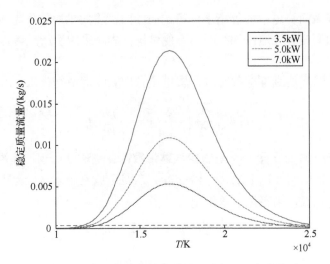

图 6.2　$H_2$ 推进剂稳定质量流量同功率、温度的关系

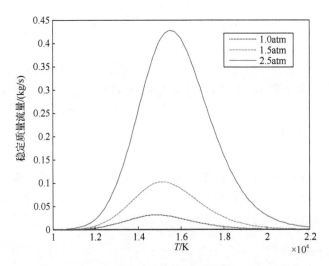

图 6.3　Ar 推进剂稳定质量流量同压强、温度的关系

图 6.2 和图 6.3 表明：对于同一压强和激光功率，稳定维持等离子体区域的推进剂流量随核心温度变化具有峰值，这是由于等压条件下推进剂对激光的逆轫致吸收系数随温度变化具有峰值。此外，如图 6.2 所示，随入射激光功率上升，吸收能量增加，稳定质量流量的极大值上升，与 Mertogul 等[8]的实验结果一致；如图 6.3 所示，随压强上升，电子数密度增加，逆轫致吸收系数增大，稳定质量流量的极大值同样上升，与 Zerkle 等[9]的实验趋势相符。

需指出的是，当流量过小从而雷诺数过小时，边界层换热理论将失效，图 6.2 和图 6.3 中靠下用水平虚线标出了 $Re=1000$ 的位置。

2. 喷管壅塞流动情况

按照上述模型，对达到喉部壅塞状态的 $H_2$ 推进剂连续激光推力器进行了相应计算。计算中推力器喉部半径取 1.0mm，推力器室压为 3.5atm，激光功率为 10kW。图 6.4 给出了推力器的一种典型工作状态。由图 6.4 可见，以 $(T, \dot{m})$ 为自由变量联立方程 (6.8) 和方程 (6.11) 将得到两个解，其质量流量均为 0.1g/s 量级；但温度差异较大，分别对应低温和高温区域。实际上，只有处于高温区的解能够稳定存在，这一点可以通过对图 6.4 和图 6.5 进行分析得到解释。

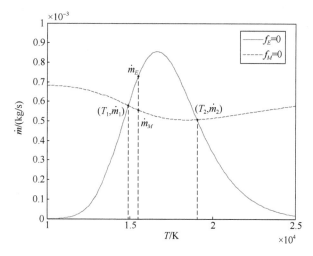

图 6.4　$H_2$ 推进剂推力器的典型工作状态

对上述低温区的解 $T_1$ 而言，若出现某一扰动使得温度 $T > T_1$，则质量方程约束下的实际质量流量 $\dot{m}_M$ 小于能量平衡所需的值 $\dot{m}_E$，即激光吸收区域不能得到充分换热，将导致等离子体热量积累、温度向更高方向发展；若出现某一扰动使温度 $T < T_1$，则实际质量流量 $\dot{m}_M$ 大于能量平衡所需的值 $\dot{m}_E$，将使得等离子体加剧冷却、温度向更低方向发展。

图 6.5 给出了能量变化率 $f_E(T, \dot{m})$ 随温度和质量流量的变化关系。

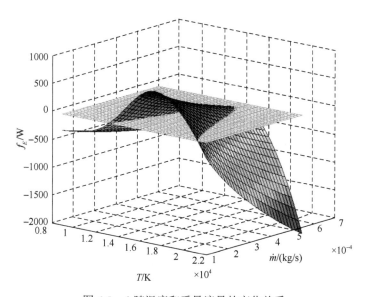

图 6.5　$f_E$ 随温度和质量流量的变化关系

为清楚起见，图 6.5 中同时标出了平面 $z = 0$，两者交线即为图 6.4 中的曲线 $f_E = 0$。从中可更明显地看到,对于低温区域的解,当出现扰动 $T > T_1$, $\dot{m} < \dot{m}_E$ 时,能量变化率 $f_E > 0$; 当 $T < T_1$, $\dot{m} > \dot{m}_E$ 时,能量变化率 $f_E < 0$。因此任意温度扰动都将不断加大偏离初始解 $T_1$ 的程度,该解不能稳定存在。对于高温区域的解 $T_2$,情况相反,任何偏离该温度的扰动在能量和质量流量约束的联合作用下都要求其回到 $T_2$,因此该解是推力器中的稳定结果。Raizer 和 Tybulewicz 通过对一维管流分析同样认为等离子体将稳定于高温区域[10]。此后的计算中,均取这一稳定值。

对于一个给定内部构型和光束聚焦几何的连续激光推力器,方程(6.8)和方程(6.11)中的相关参数(截面半径 $r_x$、光束半径 $R$ 等)是位置 $x$ 的函数。随位置不同,联立方程后可获得不同的稳定解,这一系列解将共同构成质量流量的稳定区间。

根据这一思想,对类似 Black 等[1]的收缩型推力器进行了计算,推力器喉部半径为 1mm, 内部流道构型和光束聚焦几何如图 6.6 所示。光束聚焦参数为 $f/8.5$,焦点位于 $x = 62mm$ 处, 由于衍射作用,光束直径不会无限制缩小,因此束腰范围中的光束直径取衍射极限。

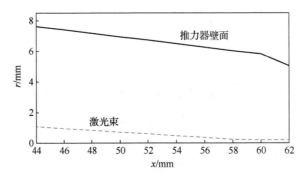

图 6.6　计算中的收缩型推力器内部流道和聚焦光束

计算选取了不同的入射激光功率和推力器室压作为比较,图 6.7 给出了保持入射激光功率 $P_{las} = 10kW$ 时,推力器室压 $p_0$ 分别为 3.0atm、4.0atm、5.0atm 的稳定质量流量。图 6.8 则给出了保持推力器室压 $p_0 = 4.0atm$ 时,入射激光功率分别为 8.0kW、10.0kW、12.0kW 对应的稳定质量流量随位置的分布。

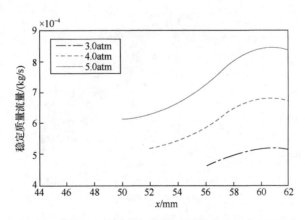

图 6.7　不同推力器室压下稳定质量流量随位置的分布

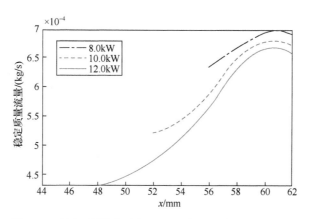

图 6.8　不同入射激光功率下稳定质量流量随位置的分布

以上计算结果表明，保持入射激光功率不变、提高推力器室压时，稳定质量流量的区间范围将随之扩展，其上下限均有所升高，如图 6.7 所示；保持推力器室压不变，提高入射激光功率同样可使稳定区间范围得到扩大，如图 6.8 所示。因此，提高推力器室压和入射激光功率将有助于提高连续激光加热稳态膨胀推力器的工作稳定性。Black 等[1]在 10kW 连续激光推力器实验中，为解决 $H_2$ 推进剂点火后等离子体失稳的问题，采取的一项主要措施就是提高推进器室压和入射激光功率。实验取得了效果，一定程度上证实了上述结论。

# 6.2　实　验　系　统

从文献实验[2,4]可知，连续激光加热稳态膨胀推力器从点火到进入稳态工作需要数秒时间。工作时间为 1s 的激光器尚不能使推力曲线完全达到水平状态，但对激光吸收室内压强及推力曲线的发展趋势进行分析，仍可部分验证推力器的理论结果。下面介绍此类实验系统。

## 6.2.1　系统构成和测量原理

实验系统包括气路和光路两部分。气路部分包括气体推进剂供应气源、减压器、电磁阀、流量计和声速喷嘴等，如图 6.9 所示。推进剂气体首先通过减压器达到预定的压强，在控制台给出触发指令打开电磁阀后，在声速喷嘴的限流作用下充入推力室，最后被激光加热喷出。

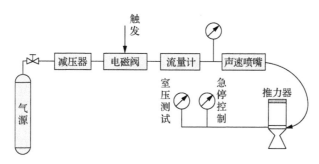

图 6.9　连续激光推进实验气路系统示意图

　　光路部分包括气动 $CO_2$ 激光器、聚焦平凸透镜、推力器的部件，以及光路对准需要的 He-Ne 激光器，如图 6.10 所示。由于 $CO_2$ 激光的 $10.6\mu m$ 波长处于远红外波段，对准光路时使用 He-Ne 激光器的可见红光作为辅助。其中，He-Ne 激光器 1 提供初始基准，确定气动 $CO_2$ 激光器及整个实验光路的主光轴。调节 He-Ne 激光器 2 与 He-Ne 激光器 1 保持同轴，再据此调节 ZnSe 聚焦平凸透镜的光轴和推力器的轴线，最终使所有光学元件的光轴与主光轴重合。推进实验开始之前，撤去辅助对准的 He-Ne 激光器 1、2。

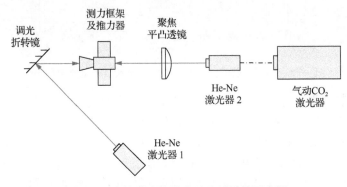

图 6.10　连续激光推进实验光路系统示意图

　　连续激光推力测量原理如图 6.11 所示，采用单轴悬挂方式，依靠力臂放大的原理可以精确测量较小的推力。其中 $S_1$、$S_2$ 为弹簧预紧力，$G$ 为推力器自身重力，$F$ 为推力器产生的推力，$N$ 为测力计施加的反作用力。

　　无推力作用时力矩平衡给出：

$$S_1 l_S = S_2 l_S + G l_G \tag{6.12}$$

　　有稳态推力作用时力矩平衡给出：

$$S_1 l_S + F l_F = N l_N + S_2 l_S + G l_G \tag{6.13}$$

　　由于测力计的弹性模量远大于弹簧，推力作用过程中弹簧几乎不产生形变，式(6.12)仍成立，因此推力为

$$F = \frac{l_N}{l_F} N \tag{6.14}$$

　　按照误差传递理论[11]，测量推力相对误差的上限为

$$\frac{\Delta F}{F} = \frac{1}{F}\left(\left|\frac{\partial F}{\partial l_N}\Delta l_N\right| + \left|\frac{\partial F}{\partial l_F}\Delta l_F\right| + \left|\frac{\partial F}{\partial N}\Delta N\right|\right) = \frac{\Delta l_N}{l_N} + \frac{\Delta l_F}{l_F} + \frac{\Delta N}{N} \tag{6.15}$$

　　采用的精密测力计精度为 0.001N，测力计反作用力的典型值为 0.5N，$l_N = 261.0mm$，$l_F = 497.5mm$，故推力测量相对精度为 $10^{-3}$ 级。

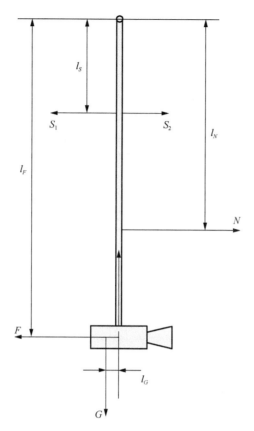

图 6.11　连续激光推力器测量原理示意图

## 6.2.2　实验装置

### 1. 连续激光加热稳态膨胀推力器

实验中使用的连续激光推力器如图 6.12 所示。推进剂由推力器中部注入，经内外套筒之间的环形缝隙流向激光入射窗口安装面，吹扫过激光入射窗口后折向喷管内部通道。这种流路结构设计的目的是使推进剂被激光等离子体加热之前通过对流换热冷却推力器内壁和激光入射窗口。

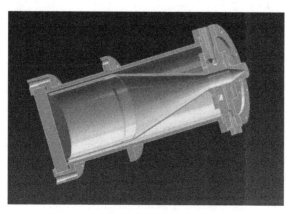

图 6.12　实验用连续激光推力器剖面视图

锥形结构，直径为 66～15mm，因此可在同一质量流量情况下提供一个较宽的质量通量范围，利于等离子体稳定。入射激光功率约为 10kW，光束聚焦参数为 $f/8.3$。

采用前面的分析模型，得到此推力器采用 Ar 推进剂时所需的稳定质量流量约为 1g/s 量级。进一步根据本章的数值计算模型，验证了采用 Ar 作为推进剂时推力器在不同质量流量下（3.0g/s 和 4.2g/s）的工作情况。表 6.1 为稳定质量流量范围内推力器的特征参数。

表6.1　实验用连续激光推力器在不同质量流量下的特征参数

| 特征参数 | $\dot{m}$ /(g/s) | |
|---|---|---|
| | 3.0 | 4.2 |
| $F$ / N | 1.63 | 2.24 |
| $I_{sp}$ / s | 55.5 | 54.4 |
| $T_{max}$ / $10^4$K | 1.90 | 1.94 |
| $p_{max}$ / $10^5$Pa | 4.94 | 6.34 |
| $n_{e,max}$ / $10^{23}$m$^{-3}$ | 4.13 | 4.87 |

图 6.13 是计算获得的推力器吸收室中的流线和温度分布。由计算可知，在 3.0～4.2g/s 这一质量流量范围内，连续激光加热稳态膨胀推力器能够稳定工作，并且在较高质量流量时等离子体稳定位置更靠近焦点，体积也更小。考虑到实际实验过程中质量流量存在扰动，因此实际质量流量取 3.9g/s。

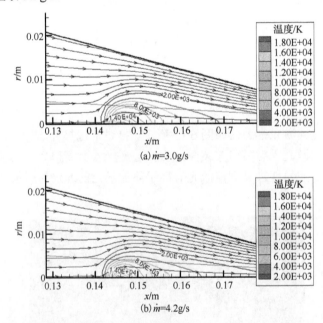

(a) $\dot{m}$=3.0g/s

(b) $\dot{m}$=4.2g/s

图6.13　实验用连续激光加热稳态膨胀推力器在不同质量流量下的流线与温度分布图

### 2. 气动 $CO_2$ 激光器

实验采用的连续气动 $CO_2$ 激光器为平凹折叠稳定腔结构，输出多模激光，连续出光时间为 1s，功率为 10kW 级。光斑为实心正圆形，直径为 60mm。

### 3. 推力测量台架

推力测量台架由安装在光学平台上的三自由度底座和测力框架组成。光学平台提供了具有一定高度、可隔离振动的稳定水平面。底座可实现升降、平移、偏转三个自由度的调节，测力框架安装在底座上，可通过测力框架牵引弹簧实现俯仰自由度的调平。

图 6.14 为实验测力框架设计图，由外框架、下托架、上托架、悬臂四部分组成。连续激光推力器安装在悬臂末端；上托架对称安装两个牵引弹簧，以调节推力器的俯仰并为测力计施加一定预紧力；测力计安装在下托架上，与固连在悬臂上的传力杆紧密接触。实验中的测力元件采用 Motive ZPS-DPU-5N 型测力计，量程为 5.0N，精度为 0.001N，采样频率为 10Hz，采样信号可实时输入计算机。测力计可采用砝码进行校准。

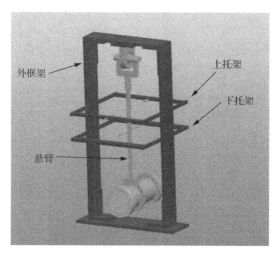

图 6.14　测力框架设计图

## 6.2.3　光路对准

连续激光束的峰值功率较低，不能直接击穿气态推进剂，因此需要特别的点火方式。实验中采用聚焦平凸透镜将入射激光会聚到垂直于光轴的金属钨棒上，高光强下在金属表面激发出初始自由电子，进而引发电子崩式的级联电离以实现点火，光路如图 6.15 所示。其中光轴和腰斑位置对准是顺利点火的前提条件。

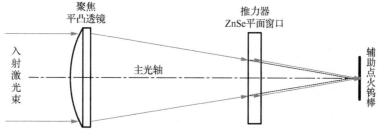

图 6.15　连续激光推力器光路示意图

以 He-Ne 激光器可见红光为辅助，确立 $CO_2$ 激光器光轴基准，容易实现聚焦平凸透镜、推力器与主光轴的对准,实验关键在于确定会聚光束腰斑的空间位置。根据高斯光束假设,由焦距 $f$=500mm,平凹折叠稳定腔共焦参数 $l_{CF}$=1746mm,物距 $l$=1600mm,可知像距 $l'$ 为

$$l' = f + \frac{(l-f)f^2}{(l-f)^2 + l_{CF}^2} = 564.6\text{mm} \tag{6.16}$$

会聚光束通过厚度为 14mm 的 ZnSe 平面窗口时,由于折射(ZnSe 对 10.6μm 波长的折射率 $n$=2.4),会聚点将产生约 8mm 的前移,因此腰斑位置估计为 572.6mm。

为验证以上计算,采用实验方法测量了腰斑位置。根据会聚光束腰斑附近空间光强为最大值的特点,通过沿主光轴对齐不锈钢金属棒,由烧蚀情况确定腰斑位置,测量范围为 475~785mm。图 6.16 和图 6.17 分别为实验装置和实验过程。

图 6.16　对准光路实验装置　　　　　　　　图 6.17　对准光路实验场景

经过实验测量,得到腰斑距离聚焦平凸透镜 565mm,与计算估计结果吻合较好,此后的实验以此腰斑位置为基础。

## 6.3　点火实验结果与分析

采用上述实验系统对连续激光加热稳态膨胀推力器进行了点火实验。实验中减压器下游压强为 1.6MPa,对应 Ar 推进剂的质量流量为 3.9g/s,采用金属钨棒作为辅助点火方式。实验过程如图 6.18~图 6.20 所示,实验过程中出现了明显的耀眼白光,由于 Ar 惰性气体的特点,金属钨不会发生氧化燃烧反应,因此可以确认推进剂气体击穿产生了等离子体。

(a)前视图　　　　　　　　　　　(b)后视图

图 6.18　点火实验开始

(a) 前视图　　　　　　　　　　　　(b) 后视图

图 6.19　点火实验过程中

(a) 前视图　　　　　　　　　　　　(b) 后视图

图 6.20　点火实验结束

实验结束后推力器部件和激光入射窗口的结构和表面状况均保持完好。图 6.21 为推力器室压随时间变化的原始数据和滤波后的结果，图 6.22 是测得的推力随时间的变化曲线，从推力器室压和推力的曲线可以观测到两次明显的上升。第一次上升为供气开始，工作气体填充完毕后推力器室压和推力不再变化，曲线出现一个平台；第二次为激光点火，击穿气体并开始加热造成推力上升，上升阶段历时约 1.6s。获得的推力峰值为 1.075N，冷气推力为 0.980N，净推力为 0.095N。

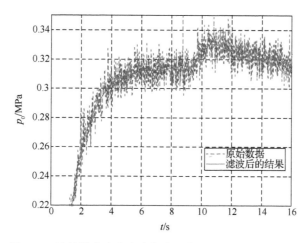

图 6.21　连续激光点火实验推力器室压随时间的变化曲线

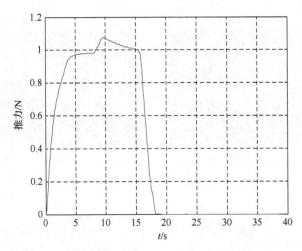

图 6.22　连续激光点火实验推力随时间的变化曲线

　　推力曲线在未达到稳态时已开始下降,原因在于目前激光器 1s 的出光时间过短,对于完全点燃并维持等离子体尚且不足。从推力器室压和推力曲线来看,在激光入射的 1s 内二者均持续上升,没有出现熄灭(blowout)现象,甚至在时长 1s 的激光作用期结束之后,约 0.6s 由于后效热效应,推力器室压和推力仍在上升,从侧面反映了当前激光功率下设计的工作状态(室压为 4~6atm,Ar 推进剂的质量流量为 3.9g/s)是合理的。

# 参 考 文 献

[1] BLACK J, KRIER H, ZERKLE D, et al. Characterization of laser-sustained plasma behavior during 10kW laser thruster tests[C]. 23rd Plasmadynamics and Lasers Conference. Nashville, 1992.

[2] TOYODA K, KOMURASAKI K, ARAKAWA Y. Thrust performance of a CW laser thruster in vacuum[J]. Vacuum, 2002, 65(3-4): 383-388.

[3] TOYODA K, KOMURASAKI K, ARAKAWA Y. Continuous-wave laser thruster experiment[J]. Vacuum, 2000, 59(1): 63-72.

[4] BLACK J, KRIER H. Laser propulsion 10kW thruster test program results[C]. 28th Joint Propulsion Conference and Exhibit. Nashville, 1992.

[5] UEHARA S, INOUE T, KOMURASAKI K, et al. An experimental study on energy conversion process of an in-space CW laser thruster[C]. Third International Symposium on Beamed Energy Propulsion. Troy, 2005: 254-264.

[6] MOLVIK G A, CHOI D, MERKLE C L. A two-dimensional analysis of laser heat addition in a constant absorptivity gas[J]. AIAA journal, 1985, 23(7): 1053-1060.

[7] 王海兴, 陈熙. 激光推进的初步数值模拟研究[J]. 工程热物理学报, 2004, 25(Suppl.): 83-86, 122.

[8] MERTOGUL A, ZERKLE D, KRIER H, et al. Continuous wave laser sustained hydrogen plasma for thermal rocket propulsion[C]. 21st International Electric Propulsion Conference. Orlando, 1990.

[9] ZERKLE D, SCHWARTZ S, MERTOGUL A, et al. Laser-sustained argon plasmas for thermal rocket propulsion[C]. AIAA Thermophysics, Plasmadynamics, and Lasers Conference. San Antonio, 1988.

[10] RAIZER Y P, TYBULEWICZ A. Laser-induced discharge phenomena[M]. New York: Plenum Publishing Corporation, 1977.

[11] 杨惠连, 张涛. 误差理论与数据处理[M]. 天津: 天津大学出版社, 1992.

# 第7章 连续激光加热稳态膨胀推力器数值模拟

## 7.1 计 算 方 法

连续激光加热稳态膨胀推力器依靠吸收室内稳定的等离子体吸收激光能量,内部的流动是一个定常过程,控制方程组如 2.1.2 节所述,可采用 SIMPLEC(semi-implicit method for pressure-linked equations consistent)求解。SIMPLEC 起源于不可压缩流模拟,经多年发展也可计算可压缩流。

采用结构化网格对计算域进行离散处理,对壁面以及激光吸收强烈、化学反应剧烈的局部区域采用加密网格。控制方程解算的每一迭代步中,均采用光线追迹法和有限速率化学反应模型计算能量源项和组元质量源项,计算流程如图 7.1 所示。

有限速率化学反应动力学方面,Ar 在连续激光推力器吸收室内的主要反应为 Ar 原子由于级联电离而释放电子:

$$Ar + e^- \Longleftrightarrow Ar^+ + e^- + e^- \qquad (7.1)$$

对 $H_2$ 推进剂则采用 $H_2$、H、$H^+$、$e^-$ 四组元模型,先发生离解反应,产生的 H 原子进一步电离:

$$H_2 + M \Longleftrightarrow H + H + M \qquad (7.2)$$

$$H + e^- \Longleftrightarrow H^+ + e^- + e^- \qquad (7.3)$$

其中,M 为 $H_2$、H、$H^+$ 或 $e^-$。

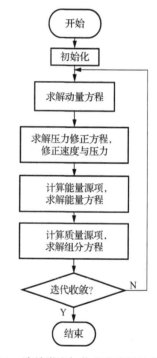

图 7.1 连续激光加热定常流场计算流程

能量方程中的辐射效应如前所述,分解为光学厚和光学薄两部分。由于不同物质的光谱辐射特性不同,故采用辐射热传导近似时,光学厚与光学薄的波长分界点也不相同。根据文献[1]和文献[2]的研究结果,图 7.2 给出了 Ar 和 $H_2$ 的分界图示。图 7.2 中同时标出了可见光范围和 $CO_2$ 激光的波长。

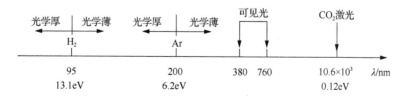

图 7.2 Ar 和 $H_2$ 光学厚与光学薄的划分

边界条件方面：速度在壁面上的边界取无滑移壁面；假定壁面温度可以通过外部冷却措施控制，取定温壁面 $T$=300.0K；视具体情况，入口取压强边界条件或给定的质量流量条件，总温为 300.0K；出口取压强边界条件，达到超声速时直接采用内部点的外推值。

初始条件方面：理论上定常流场对于初值没有特殊要求，但合适的初值可更快地获得收敛结果。因此首先以稳态冷流场的结果作为热稳态速度场的计算初始值，之后在焦点处的球形区域内赋 15000K 的高温以模拟点火，各组元密度则通过前面的理论求取化学平衡状态下的值。

## 7.2　验 证 算 例

为验证计算方法的有效性，对文献[3]和文献[4]中的两种典型推力器进行了数值仿真。

算例 7.1：文献[3]给出了一种具有子吸收室的连续激光加热 Ar 推进剂推力器，喉部直径为 1mm，入射激光功率为 700W。光束聚焦参数为 $f$/8.3，焦点距离入射窗口 156mm。气体入口边界条件按文献[3]中的描述，给定质量流量 $\dot{m}=0.593\text{g/s}$，总温为 300.0K；入口处温度相对电离特征温度而言很低，因此入口处各组元质量分数分别取 $c_{Ar}=1.0$，$c_{Ar^+}=0.0$，$c_{e^-}=0.0$。由于实验在大气环境中进行，故出口处取压强边界条件，对亚声速出流设定压强值为 1.0atm；实际计算中由于喷管出口达到了超声速，各变量的边界值均采用内点值外推的方式确定。

在上述条件下，计算得到推力器稳定工作时产生的推力为 0.393N，与文献[3]中的实验值 0.392N 相差约 0.3%。同时，计算所得室压维持在 $5.5\times10^5\text{Pa}$，比 5atm 的实验数据高约 8.6%，吻合程度较好。网格分布及温度和流线分布分别如图 7.3 和图 7.4 所示。

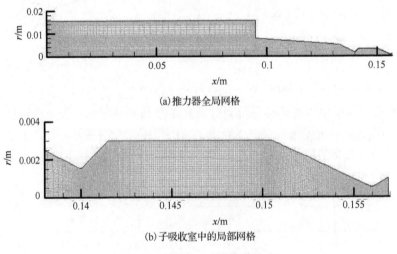

(a) 推力器全局网格

(b) 子吸收室中的局部网格

图 7.3　算例 7.1 中的网格分布

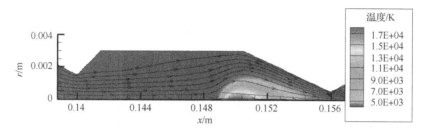

图 7.4　算例 7.1 中的温度和流线分布

算例 7.2：文献[4]给出了一种连续激光加热 $H_2$ 推进剂推力器，喉部直径为 3.0mm，入射激光功率为 8200W，光束聚焦参数为 $f/8.5$。焦点位置取距离入口 62mm 处。按照文献[4]中的描述，气流入口处取压强边界条件，总压为 3.3atm，总温为 300.0K，入口处各组元质量分数取 $c_{H_2}=1.0$，$c_H=0.0$，$c_{H^+}=0.0$，$c_{e^-}=0.0$。出口处为压强边界条件，对亚声速出流设定压强值为文献[4]中实验真空舱的背压 0.04atm；计算中由于达到了超声速，出口边界值由内点值外推得到。

按上述条件，计算得到该工况下推力器的比冲为 308s，处于文献[4]实验给出的 300～335s 数据点的范围内。比较而言，计算值偏小，主要是由于实验中使用了再生冷却措施，部分回收了辐射损失的能量。网格分布及温度和流线分布分别如图 7.5 和图 7.6 所示。

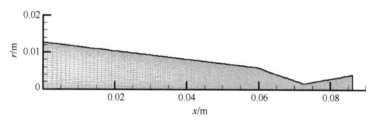

图 7.5　算例 7.2 中的网格分布

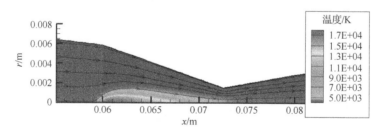

图 7.6　算例 7.2 中的温度和流线分布

由图 7.6 可见，激光维持等离子体相对焦点具有向前的位移，工质流过此高温区域时产生绕流，其特有的流场分布符合激光等离子体基本理论和实验结果。

## 7.3　计算结果与讨论

### 7.3.1　入射激光功率的影响

入射激光功率是连续激光推力器首要关注的影响因素，本节针对 Ar 推进剂推力器在 3kW、5kW、7kW 三种典型入射激光功率下的流场进行了计算。图 7.7 是计算用推力器的外形轮廓和光束的外边线。

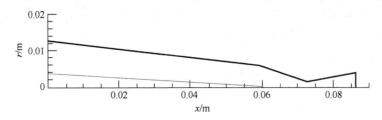

图 7.7　计算用推力器的外形轮廓和光束的外边线

图 7.8 是 Ar 推进剂推力器在三种入射激光功率下的温度分布图。可见，随入射激光功率增大，等离子体最大温度升高、位置前移、体积膨胀，导致更强烈的辐射损失。表 7.1 给出了相关特征参数，其中 $h_0$ 为单位质量项的总焓；$\eta_{\text{eff}}$ 为等离子体吸收激光功率与辐射损失功率之差同入射激光功率 $P_{\text{las}}$ 的比值，其随入射激光功率增大而减小的趋势与 Zerkle 等[5]的实验结果吻合。

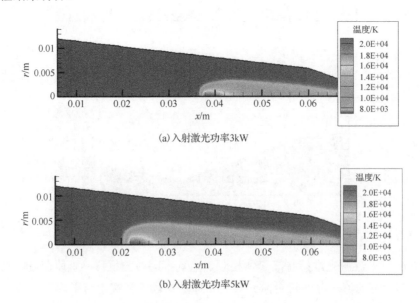

(a) 入射激光功率3kW

(b) 入射激光功率5kW

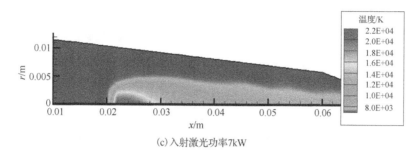

(c) 入射激光功率7kW

图 7.8　不同入射激光功率下 Ar 推进剂推力器中的温度分布

表 7.1　Ar 推进剂推力器在不同入射激光功率下的特征参数

| $P_{las}$ / kW | $\eta_{eff}$ / % | $\dot{m}$ / $(10^{-3}\,kg\,/\,s)$ | $h_0$ / $(10^5\,J\,/\,kg)$ | $I_{sp}$ / s |
|---|---|---|---|---|
| 3.0 | 33.6 | 4.95 | 2.17 | 68.3 |
| 5.0 | 22.1 | 4.75 | 2.32 | 72.2 |
| 7.0 | 14.9 | 4.40 | 2.59 | 77.3 |

由表 7.1 中的数据可见，自身物性导致辐射损失较大，实际单位质量 Ar 推进剂获得的能量并没有随入射激光功率提高而明显增大，推力器的比冲没有明显增大。可以合理推测上述趋势将延伸到更高功率工况。

### 7.3.2　激光波长的影响

为考察不同激光波长的影响，比较了 $CO_2$ 激光($10.6\mu m$)、DF 激光($3.8\mu m$)以及 YAG 激光($1.06\mu m$)加热推力器中的流动情况。图 7.9 是不同激光波长推力器中的温度分布图。其中 $1.06\mu m$ 波长激光由于吸收系数过小，在同样计算条件下已经不能维持等离子体，$3.8\mu m$ 波长激光维持的等离子体稳定位置已经相对靠后，体积也远小于 $CO_2$ 激光推力器的情况。

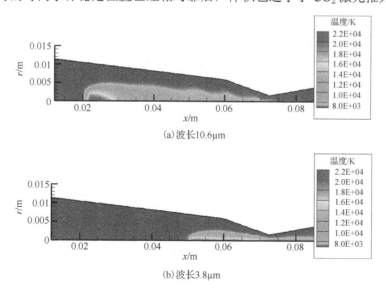

(a)波长10.6μm

(b)波长3.8μm

图 7.9　不同激光波长的 Ar 推进剂推力器中的温度分布

对于气体推进剂，短波长对应的当地吸收系数低于长波长，并不意味着此时推力器的性能必然降低。工质获得的有效能量是吸收和辐射损失之差，由于等离子体体积和温度分布的显著差异，3.8μm 波长激光推力器的性能反而得到了一定程度的提高，如表 7.2 所示。

表 7.2　Ar 推进剂推力器在不同波长激光下的特征参数

| $\lambda / \mu m$ | $\eta_{eff} / \%$ | $\dot{m} / (10^{-3} kg/s)$ | $h_0 / (10^5 J/kg)$ | $I_{sp} / s$ |
|---|---|---|---|---|
| 10.6 | 14.9 | 4.40 | 2.59 | 77.3 |
| 3.8 | 37.9 | 3.96 | 6.62 | 86.3 |

### 7.3.3　推进剂和推力器尺寸的影响

为考察推进剂物性对连续激光推力器性能的影响，本节比较计算了 $H_2$ 推进剂推力器在入射激光功率为 8.2kW 时的工作状态参数。同时，考虑到较小的等离子体体积使得大部分推进剂由于绕流而不能得到充分加热，通过缩小推力器内部空间、增大直接流经等离子体区域的推进剂比例可以提高推力器性能，故比较了按 1/2、1/3 尺寸比例缩小的推力器性能。

图 7.10 是以不同尺寸 $H_2$ 推进剂推力器中的温度分布图。由图可知，与 Ar 比较，换用 $H_2$ 推进剂时等离子体体积明显减小，并且最高温度有所降低，相应辐射损失降低，能量利用率提高。

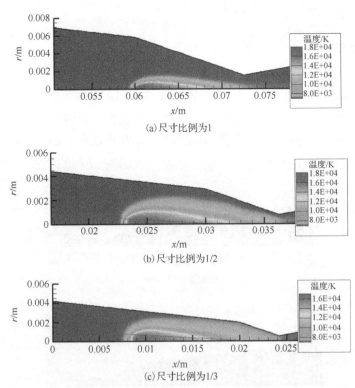

(a) 尺寸比例为1

(b) 尺寸比例为1/2

(c) 尺寸比例为1/3

图 7.10　不同尺寸 $H_2$ 推进剂推力器中的温度分布

由于质量流量较小，1/3 尺寸比例的推力器中对流冷却强度较低，吸收室内部等离子体体积和辐射损失较大。但较小的质量流量在能量利用率接近时可以显著提高单位质量工质总焓。按照能量观点，缩小相对尺寸对提高比冲性能是有利的。由表 7.3 可见，原尺寸推力器(尺寸比例为 1.0)出口处的平均总焓仅为 $5.92 \times 10^6 \text{J/kg}$，尺寸缩小到 1/3 的推力器出口处的平均总焓达到 $9.60 \times 10^7 \text{J/kg}$，对应平均总温 2290K。

表 7.3　$H_2$ 推进剂推力器在不同尺寸比例下的特征参数

| 尺寸比例 | $\eta_{eff}$ /% | $\dot{m}$ /(kg/s) | $h_0$ /(J/kg) | $C_m$/(N/MW) | $I_{sp}$ /s | $\eta_e$ |
|---|---|---|---|---|---|---|
| 1.0 | 82.4 | $1.12 \times 10^{-3}$ | $5.92 \times 10^6$ | 389.8 | 291.2 | 55.6 |
| 1/2 | 76.2 | $1.62 \times 10^{-4}$ | $3.56 \times 10^7$ | 100.9 | 521.1 | 25.8 |
| 1/3 | 70.8 | $4.68 \times 10^{-5}$ | $9.60 \times 10^7$ | 42.1 | 753.0 | 15.3 |

从表 7.3 同时可知，不同相对尺寸的连续激光加热稳态膨胀推力器分别处于大推力和高比冲模式，从而应用于不同场合。例如，推力适中、比冲高于化学火箭发动机的连续激光推力器可以应用于近地轨道发射任务，而小推力、高比冲的连续激光推力器则可用于在轨航天器的姿态控制、轨道保持等。

下面将推力器中的流动简化为准一维的，以定性分析计算结果。吸收室中主要的能量损失为辐射损失，工质的总焓取决于有效吸收的能量和质量流量的比值，则

$$h_0 = \frac{(\eta_{abs} - \eta_{rad})P_{las}}{\dot{m}} = \frac{\eta_{eff}P_{las}}{\dot{m}} \tag{7.4}$$

其中，$\eta_{abs}$、$\eta_{rad}$ 分别表示激光能量吸收率和辐射造成的能量损失率。

质量流量由喷管喉部达到声速时的值所限定，表示为

$$\dot{m} = \sqrt{\frac{\gamma M}{\bar{R}}} \left(\frac{2}{\gamma-1}\right)^{\frac{\gamma+1}{2(\gamma-1)}} \frac{p_0}{\sqrt{T_0}} A_t = K \frac{p_0}{\sqrt{T_0}} A_t \tag{7.5}$$

其中，$M$ 是推进剂气体分子量；$T_0$ 是总温；$\gamma$ 和 $\bar{R}$ 分别是比热比和通用气体常数。

二者联立，并注意到 $h_0 = c_p T_0$，其中 $c_p$ 是比定压热容，由此可得

$$\sqrt{T_0} = \frac{\eta_{eff}P_{las}}{KA_t c_p p_0} \tag{7.6}$$

则理想工作状态时的比冲为

$$I_{sp} = \frac{v_e}{g} = \frac{2}{g\gamma\left(\frac{2}{\gamma-1}\right)^{\frac{\gamma}{\gamma-1}}} \cdot \frac{\eta_{eff}P_{las}}{A_t p_0} \tag{7.7}$$

其中，$v_e$ 为排气速度；$g$ 为标准重力加速度。

式(7.7)表明，与化学火箭不同，连续激光推力器的比冲不仅与注入的能量有关，还明显受喉部面积和室压的影响。当给定喉部面积 $A_t$ 和室压 $p_0$，考察入射激光功率 $P_{las}$ 的影响时，比冲性能主要由 $\eta_{eff}P_{las}$ 决定：$P_{las}$ 增大的同时，损失 $\eta_{rad}$ 因等离子体体积膨胀而加剧，有效能量利用率 $\eta_{eff}$ 随 $P_{las}$ 增大而减小，乘积 $\eta_{eff}P_{las}$ 没有明显提高，比冲没有得到改善。当 $P_{las}$ 和 $p_0$ 给定，考察内部流道相对尺寸的影响时，性能主要由效率-面积比决定，该比值为

$$\frac{\eta_{eff}}{A_t} = \frac{4\eta_{eff}}{\pi d_t^2}$$

其中，$d_t$ 为喷管喉部直径。在有效能量利用率 $\eta_{eff}$ 接近的情况下，缩小喉部的相对尺寸将显著增大比冲。

从加热均匀性的角度看，原尺寸推力器内部流道相对较大，大部分绕流推进剂远离高温等离子体区域，加热极不均匀；相对尺寸缩小到 1/3、喉部直径为 1.0mm 的推力器中，壁面约束较强，且等离子体稳定位置靠前，因此绕流推进剂受热更强且较均匀，流经喉部前热量已均匀地分配到整个截面上。图 7.11 是三种推力器喉部温度沿半径方向的分布，其中横坐标是归一化的半径，$r_t$ 是喉部半径，可见较小尺度推力器喉部的温度分布均匀性确实较优。

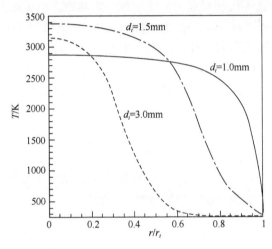

图 7.11  喉部温度沿半径方向的分布

连续激光加热稳态膨胀推力器推进剂的热焓来自入射激光，对激光的吸收效率和推进剂受热均匀程度是影响推力器性能的关键。10kW 级入射激光功率下 1.0mm 喉部直径的 $H_2$ 推进剂推力器对激光的吸收效率高，加热均匀，比焓较高，计算获得的比冲可达 750s 左右。

# 参 考 文 献

[1]  JENG S M, KEEFER D, WELLE R, et al. Laser-sustained plasmas in forced convective argon flow, part II: comparison of numerical model with experiment[J]. AIAA journal, 1987, 25(9): 1224-1230.

[2]  JENG S M, KEEFER D. A theoretical evaluation of laser-sustained plasma thruster performance[C]. 23rd Joint Propulsion Conference. San Diego, 1987.

[3]  TOYODA K, KOMURASAKI K, ARAKAWA Y. Thrust performance of a CW laser thruster in vacuum[J]. Vacuum, 2002, 65(3-4): 383-388.

[4]  BLACK J, KRIER H, GLUMB R J. Laser propulsion 10kW thruster test program results[C]. 28th Joint Propulsion Conference and Exhibit. Nashville, 1992.

[5]  ZERKLE D, SCHWARTZ S, MERTOGUL A, et al. Laser-sustained argon plasmas for thermal rocket propulsion[C]. AIAA Thermophysics, Plasmadynamics, and Lasers Conference. San Antonio, 1988.

# 第四部分

## 第8章 脉冲激光烧蚀固体聚合物
## 推进性能理论分析

根据固体推进剂烧蚀产物与入射激光相互作用的剧烈程度，冲量产生机制可以分为两种类型：当激光强度足以激发产物高度电离时，等离子体的发展决定了冲量生成；当产物电离度不高时，固体烧蚀过程控制冲量产生。

本章针对固体烧蚀过程控制的冲量产生过程，先给出考虑激光能量面密度、脉冲宽度、推进剂热物性等诸因素影响的烧蚀质量解析计算模型，再根据能量守恒确定气体产物的特征排气速度，进一步计算推进性能参数，并据此分析激光与推进剂物性参数对推进性能的影响。

## 8.1 固体聚合物烧蚀质量解析计算模型

### 8.1.1 烧蚀过程分层响应模型

固体聚合物在激光辐照下，沉积激光能量的薄层内的温度、成分等都呈现分布特征。发生烧蚀时，气化产物从受辐照表面向外飞散。此处给出一种分层响应模型描述分布特征，并以离散的微质量层整体瞬间散失代替连续的气化过程。将固体聚合物内的激光能量沉积薄层细分为烧蚀层、温升层、微扰层和未扰层四部分，一维近似图像如图 8.1 所示。烧蚀层表示即将烧蚀的固体；温升层表示烧蚀层下方因激光能量沉积而温度显著升高的区域；微扰层表示因热、力扰动而出现轻微状态变化的区域；未扰层表示仍保持固体聚合物初始状态的区域。

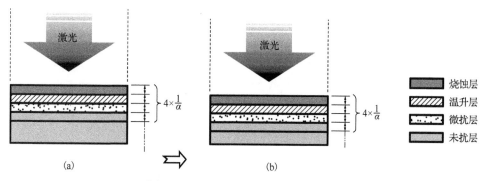

图 8.1 烧蚀过程分层响应模型示意图

为了更精确地逼近实际的连续气化过程，将每一层的特征厚度都取为 $1/\alpha$，这样沉积在烧蚀层、温升层、微扰层和未扰层的能量比例依次为 63.2%、23.3%、8.6% 和 3.1%，剩余 1.8% 沉积在未扰层之外，在本模型中作简化处理。既能保证激光能量主体沉积在烧蚀层，也符合温升层、微扰层和未扰层的定义。

固体聚合物分层响应烧蚀过程可以描述如下。

### 1. 初始烧蚀

光强为 $I_0$、脉宽为 $\tau_0$ 的脉冲激光辐照固体聚合物表面，当辐照总能量面密度达到引发表面烧蚀的能量面密度阈值 $\Phi_{cr}$（其表达式将在 8.1.2 节详述）时，特征厚度为 $1/\alpha$ 的最外层固体整体瞬间气化。这一阶段耗费的时间为

$$\tau_1 = \Phi_{cr}/I_0 \tag{8.1}$$

同一时间段内，温升层内的温度不断升高，直到烧蚀层气化。

### 2. 持续烧蚀

固体聚合物初始烧蚀层气化后，露出的温升层转变为烧蚀层。由于新的烧蚀层内已经沉积了部分能量，其气化所需要的时间将与初始烧蚀层不同。已沉积的能量面密度为 $\Phi_{cr}/e$，所以第二烧蚀层气化所需的时间为

$$\tau_2 = \left(\Phi_{cr} - \frac{\Phi_{cr}}{e}\right)\bigg/I_0 = \left(1 - \frac{1}{e}\right)\tau_0 \tag{8.2}$$

其中，$\tau_0 = \tau_1$ 定义为烧蚀参考时间。类似地，第三烧蚀层气化所需的时间为

$$\tau_3 = \left(1 - \frac{1}{e} + \frac{1}{e^2}\right)\tau_0 \tag{8.3}$$

第 $n$ 烧蚀层气化所需的时间为

$$\tau_n = \left[1 - \frac{1}{e} + \frac{1}{e^2} + \cdots + \frac{(-1)^{n-1}}{e^{n-1}}\right]\tau_0 \tag{8.4}$$

$n$ 层气化所需的总时间 $\Theta_n$ 为

$$\begin{aligned}\Theta_n = \sum_{i=1}^{n}\tau_i &= \left[n - (n-1)\frac{1}{e} + (n-2)\frac{1}{e^2} + \cdots + \frac{(-1)^{n-1}}{e^{n-1}}\right]\tau_0 \\ &= \left[\frac{en}{e+1} + \frac{e + \dfrac{(-1)^{n-1}}{e^{n-1}}}{(e+1)^2}\right]\tau_0\end{aligned} \tag{8.5}$$

所以，烧蚀质量面密度估计为

$$\mu_m = \frac{\rho}{\alpha}\left(n + \frac{\tau - \Theta_n}{\tau_{n+1}}\right) \qquad (\Theta_n < \tau < \Theta_{n+1}) \tag{8.6}$$

其中，$\rho$ 为材料密度。

烧蚀速度为

$$U_a = \frac{n}{\alpha \Theta_n} \tag{8.7}$$

当 $n \gg 1$ 时：

$$\begin{cases} \Theta_n = \sum_{i=1}^{n} \tau_i \approx n\dfrac{\mathrm{e}}{1+\mathrm{e}}\tau_0 \\ U_a = \dfrac{1+\mathrm{e}}{\alpha \mathrm{e} \tau_0} \\ \mu_m = \dfrac{\mathrm{e}+1}{\mathrm{e}}\dfrac{\rho}{\alpha}\dfrac{\tau}{\tau_0} \end{cases} \tag{8.8}$$

### 8.1.2　单层烧蚀判据

烧蚀过程分层响应模型引入的关键特征量是能量面密度阈值 $\Phi_{cr}$，需要建立它与其他常用特征量的关联关系。

在激光烧蚀推进研究领域已经引入烧蚀阈值 $\Phi_{th}$ 这一特征量，定义为烧蚀能被显著观测到时对应的激光能量面密度[1]。实验中通常通过测量烧蚀深度、烧蚀质量和烧蚀轮廓等参数来确定烧蚀阈值[2]。容易推测，它是确定 $\Phi_{cr}$ 的依据。在一阶近似下，假设在稍大于烧蚀阈值的激光辐照下，烧蚀深度 $h$ 与激光能量面密度差（$\Phi - \Phi_{th}$）成正比（图 8.2），由此可知：

$$\Phi_{th} + \Phi_2 = 2\Phi_{cr} \tag{8.9}$$

其中，$\Phi_2$ 为烧蚀厚度 $2/\alpha$ 对应的激光能量面密度，用分层响应模型参数表示为

$$\Phi_2 = (\tau_1 + \tau_2)I_0 = \left(2 - \frac{1}{\mathrm{e}}\right)\Phi_{cr} \tag{8.10}$$

所以

$$\Phi_{cr} = \mathrm{e}\Phi_{th} \tag{8.11}$$

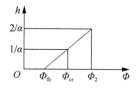

图 8.2　不同烧蚀特征量之间的关系示意图

### 8.1.3　考虑热传导效应的烧蚀阈值修正

上述分析表明，求解工质烧蚀质量的关键在于获得准确的烧蚀阈值 $\Phi_{th}$。然而，文献[3]和文献[4]指出：烧蚀阈值是激光脉宽的函数，这导致实际使用中的许多不便和误差。

从烧蚀的物理化学过程来看，脉宽的影响主要体现在激光沉积能量的热传导导致的能量分布范围差异。激光辐照期间，工质内部温度 $T$ 的分布满足：

$$\rho c_p \frac{\partial T}{\partial t} = k_T \frac{\partial^2 T}{\partial z^2} + \alpha I + \dot{S} \tag{8.12}$$

其中，$\dot{S}$ 表示相变、化学反应等过程引入的热源项；$k_T$ 为热导率；$c_p$ 为等压热容；$I$ 为激光强度。

由于热传导，激光能量在工质内的沉积深度被展宽。为了表示这一现象，引入有效吸收系数 $\alpha_{\text{eff}}$，用于表征工质中由温度梯度引起的传导热流和激光辐照透射能流的合并效果。合并热流为

$$I_0 \exp(-\alpha_{\text{eff}} z) = -k_T \frac{\partial T}{\partial z} + I_0 \exp(-\alpha z) \tag{8.13}$$

其中，$I_0$ 为烧蚀面的激光强度。将式(8.13)代入式(8.12)得到

$$\rho c_p \frac{\partial T}{\partial t} = \alpha_{\text{eff}} I_0 \exp(-\alpha_{\text{eff}} z) + \dot{S} \tag{8.14}$$

所以

$$T = \frac{1}{\rho c_p} \left[ \alpha_{\text{eff}} I_0 \exp(-\alpha_{\text{eff}} z) t + \int_0^t \dot{S} \mathrm{d}t \right] \tag{8.15}$$

忽略反应源项，将式(8.15)代入式(8.13)得

$$\exp\left[(-\alpha + \alpha_{\text{eff}}) \Delta z\right] = 1 - \frac{k_T}{\rho c_p} \alpha_{\text{eff}}^2 \tau \tag{8.16}$$

认为不同脉宽激光辐照下的烧蚀温度相同，则烧蚀阈值可表示为

$$\Phi_{\text{th}} = \frac{\alpha_{\text{eff}_0}}{\alpha_{\text{eff}}} \Phi_{\text{th\_0}} \exp\left( \frac{\alpha_{\text{eff}} - \alpha_{\text{eff}_0}}{\alpha} \right) \tag{8.17}$$

其中，$\Phi_{\text{th\_0}} = I_0 \tau_0$；$\alpha_{\text{eff}_0}$ 表示光强和脉宽分别为 $I_0$ 和 $\tau_0$ 的激光辐照下对应的有效吸收系数。

由此，获得了考虑热传导效应修正的烧蚀阈值解析计算式，将式(8.17)代入式(8.8)和式(8.11)即可获得推进剂烧蚀质量。为了验证模型的正确性，以实验数据较完整的聚酰亚胺(polyimide, PI)为例，PI 的参数如表 8.1 所示。

表 8.1 聚酰亚胺(PI)参数

| 参数 | 数值 | 参考文献 |
| --- | --- | --- |
| $\rho / (\text{kg/m}^3)$ | $1.2 \times 10^3$ | [5] |
| $c_p / (\text{J/(kg·K)})$ | $2.0 \times 10^3$ | [5] |
| $k_T / (\text{W/(m·K)})$ | $2.07 \times 10^{-1}$ | [5][*] |
| $\alpha / \text{m}^{-1}$ | $1.0 \times 10^7$ | [6][**] |

注：*根据扩散系数计算得到；**激光波长为 308nm。

以实验数据 $\tau_0 = 2.08 \times 10^{-7}\text{s}$，$\Phi_{\text{th\_0}} = 7.80 \times 10^{-2}\text{J/cm}^2$ 为基准参数，取 $\Delta z = 1/\alpha$，计算得到的结果如图 8.3 所示，可见在跨越四个数量级范围内，考虑热传导效应修正的烧蚀阈值计算值都与实验数据吻合。

图 8.4 是不同 $\alpha$ 值对应的烧蚀阈值与脉宽的关系：吸收系数越大，烧蚀阈值对脉宽的依赖越强烈；当 $\alpha < 10^6$ 时，脉宽对烧蚀阈值的影响可以忽略不计。基于分层响应模型得到的烧蚀速度与实验数据[5]的对比如图 8.5 所示，可见本章建立的固体聚合物烧蚀质量解析计算模型能够较好地描述激光烧蚀过程。

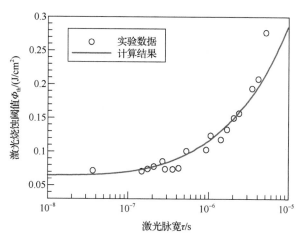

图 8.3　考虑热传导效应影响的不同脉宽下 PI 的烧蚀阈值

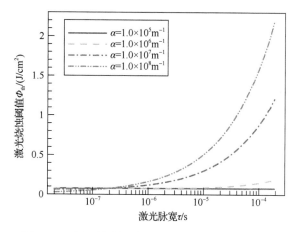

图 8.4　不同 $\alpha$ 值所对应的烧蚀阈值与脉宽的关系

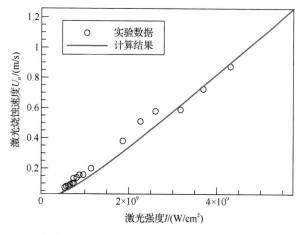

图 8.5　分层响应模型计算的 PI 烧蚀速度与实验数据的对比

## 8.2   烧蚀产物能量转换及特征速度计算模型

烧蚀层沉积的激光能量除去由于热传导传入温升层的部分外，最后全部转化为烧蚀产物的内能(不考虑辐射)。从气化开始时刻 $\tau_1$ 到脉冲结束时刻 $\tau$，单位面积内质量为 $\mu_m$ 的固体推进剂转化为气体产物，产物的状态参数满足：

$$\mu_m \cdot \left( \frac{RT}{\gamma-1} - \frac{RT_v}{\gamma-1} \right) = I_0\tau - \Psi_{n+1} - \mu_m \cdot \left[ c_p(T_v - T_0) + H_m + H_v + H_d + \alpha_i H_i \right] \tag{8.18}$$

其中，$R$ 为气体常数；$\gamma$ 为气体绝热指数；$\Psi_{n+1} = \dfrac{I_0\tau_n}{e}$ 为第 $n+1$ 个温升层吸收的能量；$T_v$、$H_m$、$H_v$、$H_d$、$H_i$ 分别为汽化温度、熔化潜热、汽化潜热、热解能和电离能；以"汽化热(或比烧蚀能)"统称的量指材料从固态变为气态所需的热量[7]，是如下诸量之和：$c_p(T_v - T_0) + H_m + H_v + H_d$，记为 $H_g$；$\alpha_i$ 为电离度，由烧蚀产物温度 $T$ 和 Saha 方程确定：

$$\frac{\alpha_i^2}{1-\alpha_i^2} = \frac{2g_i}{g_a P}\left( \frac{2\pi m_e}{h^2} \right)^{3/2} (kbT)^{5/2} \exp\left( -\frac{H_i}{kbT} \right) \tag{8.19}$$

其中，$g_i$ 和 $g_a$ 为离子和原子的简并度；$P$ 为产物压强；$m_e$ 为电子质量。当认为产物气体的原子核外只有一个可以被激发的电子时，根据 Saha 方程可以求得

$$\alpha_i = \sqrt{\frac{T^{5/2}\exp\left( -\dfrac{H_i}{kbT} \right)}{T^{5/2}\exp\left( -\dfrac{H_i}{kbT} \right) + 30.0P}} \tag{8.20}$$

假设烧蚀产物为理想气体，则产物的内能即粒子动能的总和，粒子间的碰撞不会引起动量的变化，并且粒子与壁面的碰撞不会引起产物动能的变化，因此产物所产生的冲量可以通过某一时刻产物的速度分布获得。烧蚀过程中，与产物接触的冲量接收面是烧蚀坑的壁面。对于空间均匀分布的激光，不妨假设烧蚀坑侧壁与烧蚀面垂直，因此不会影响产物沿烧蚀面法向的动量。

真空下，假设产物内能完全转化成动能，特征排气速度可以表示为

$$\langle v_e \rangle = \sqrt{2RT/(\gamma-1)} \tag{8.21}$$

其中，$T$ 可根据式(8.18)确定。

## 8.3   推进性能参数解析计算模型

认为产物自由飞散过程中与壁面的相互作用如图 8.6 所示，不同空间位置的产物与烧蚀面发生碰撞的角度范围为

$$\theta = \begin{cases} \pi & (h \geqslant z) \\ \theta_1 + \theta_2 = \arctan\left(\dfrac{r_1}{z-h}\right) + \arctan\left(\dfrac{r_2}{z-h}\right) & (h < z) \end{cases} \quad (8.22)$$

其中，$z$ 为距离烧蚀面的高度；$h$ 为烧蚀坑的深度。

烧蚀产物沿烧蚀面法向的总动量为

$$\sigma_\perp = \int_\Omega \frac{\rho}{2\pi}\left[2\left(\int_0^{\theta_1} \overline{V}\cos\theta \mathrm{d}\theta + \int_0^{\theta_2} \overline{V}\cos\theta \mathrm{d}\theta\right)\right]\mathrm{d}\Omega \quad (8.23)$$

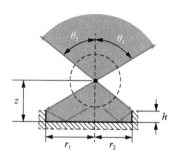

当烧蚀产物的飞散速度 $\overline{V}$ 相同，均为特征排气速度时：

$$\sigma_\perp = \frac{2}{\pi}\mu_m\overline{V} = \frac{2}{\pi}\mu_m\sqrt{\frac{2RT}{\gamma-1}} \quad (8.24)$$

由能量守恒，根据式(8.18)可以确定烧蚀产物的温度，进而获得冲量。随后，根据式(8.8)得到的烧蚀质量，以及激光参数给出的脉冲能量，可以求得单脉冲工作模式的推进性能参数：

图 8.6　产物自由飞散过程中与壁面的相互作用

$$\begin{cases} C_m = \dfrac{\sigma_\perp}{I_0\tau_0} \\[2mm] I_{sp} = \dfrac{\sigma_\perp}{\mu_m g} = \dfrac{2}{\pi g}\sqrt{\dfrac{2RT}{\gamma-1}} \\[2mm] \eta = \dfrac{1}{2}gC_mI_{sp} \end{cases} \quad (8.25)$$

其中，$\eta$ 表示推进效率。

下面针对 $10.6\mu m$ 波长的 $CO_2$ 激光烧蚀固体聚甲醛(POM)的推进性能进行分析，POM的物性参数如表 8.2 所示。

表 8.2　POM 的主要物性参数[7,8]

| 参数 | 数值 | 单位 | 参数 | 数值 | 单位 |
|---|---|---|---|---|---|
| $\rho$ | 1420 | kg/m³ | $T_m$ | 448 | K |
| $\alpha$ | $6.74\times10^5$ | m$^{-1}$ | $T_v$ | 642 | K |
| $k_T$ | 0.25 | W/(m·K) | $H_g$ | $3.37\times10^6$ | J/kg |
| $c_p$ | 1500 | J/(kg·K) | $H_i$ | $1.67\times10^8$ | J/kg |
| $E_a$[9] | $7.34\times10^6$ | J/kg | $k_0$[9] | $7.45\times10^{15}$ | s$^{-1}$ |

注：$E_a$ 表示活化能；$T_m$ 表示熔化温度；$k_0$ 表示化学反应动力学常数。

文献[10]~文献[12]给出了真空下不同能量密度 $CO_2$ 激光烧蚀 POM 的实验数据，其所用的激光参数如表 8.3 所示。

表 8.3　文献[10]～文献[12]所用的激光参数

| 单位 | 波长/μm | 脉冲能量/J | 尖峰脉宽/ns | 尾波脉宽/μs |
|---|---|---|---|---|
| TU（The University of Tokyo）[10] | 10.6 | 23～290 | 50 | 2.5 |
| AVCO（AVCO-Everett 研究实验室）[11] | 10.6 | 20 | 15 | 1.0 |
| NU（Nagoya University）[12] | 10.6 | 约 10 | 170 | 3.1 |

由于 POM 对 $CO_2$ 激光的吸收系数小于 $10^6 \mathrm{m}^{-1}$，在 μs 量级可以忽略烧蚀阈值的变化，文献[13]给出 $CO_2$ 激光烧蚀 POM 的烧蚀阈值为 $5.1×10^3 \mathrm{J/m}^2$。不考虑屏蔽效应时计算结果与实验数据的对比如图 8.7～图 8.9 所示。

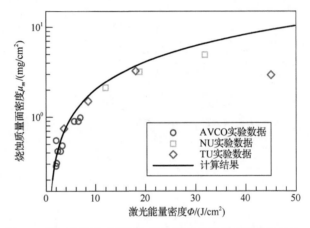

图 8.7　聚甲醛烧蚀质量面密度的计算结果与实验数据对比

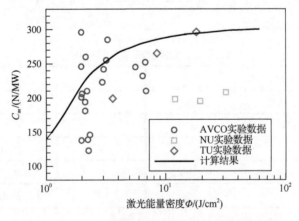

图 8.8　冲量耦合系数 $C_m$ 的计算结果与实验数据对比

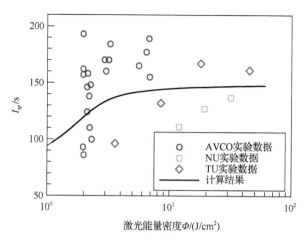

图 8.9 比冲的计算结果与实验数据对比

可见计算模型能够较好地反映激光辐照 POM 烧蚀推进的性能，尤其是烧蚀质量和比冲。计算结果和实验数据的区别主要表现为：①烧蚀质量的计算结果偏大；②冲量耦合系数的计算结果偏大；③冲量耦合系数的计算结果没有反映出实验数据先增大后减小的趋势。导致以上不同的主要原因推测是没有考虑烧蚀产物对激光的吸收，即尚未考虑屏蔽效应。屏蔽效应导致到达烧蚀面的激光强度降低，进而减小烧蚀质量和冲量，导致冲量耦合系数降低。产物吸收激光能量后会进一步加速，但由于产物与激光作用区域逐渐远离烧蚀面，受烧蚀区域面积的限制，烧蚀面法向特征排气速度的变化并不大。

## 8.4 推进性能影响因素分析

在前面推导的简化模型中，影响推进性能的主要因素包括光强 $I_0$、脉宽 $\tau$ 等激光参数，密度 $\rho$、等压热容 $c_p$、吸收系数 $\alpha$、热导率 $k_T$、汽化温度 $T_v$、汽化热 $H_g$、电离能 $H_i$ 等推进剂物性参数，以及二者共同决定的烧蚀阈值 $\Phi_{\mathrm{th}}$。根据式 (8.16) 可知，热传导效应的影响随着激光脉宽的减小而减弱，当脉宽足够短时，可以忽略热传导效应的影响。若认为激光沉积能量达到汽化热时推进剂即发生烧蚀，在表层无限小厚度内的能量平衡为

$$\Phi_{\mathrm{th}} - \Phi_{\mathrm{th}} \exp(-\alpha \Delta x) = \rho \Delta x H_g \tag{8.26}$$

由此，可以直接根据激光和推进剂物性参数估计烧蚀阈值 $\Phi_{\mathrm{th}}$，其表达式为

$$\Phi_{\mathrm{th}} = \frac{\rho H_g}{\alpha} \qquad (\tau \to 0, \Delta x \to 0) \tag{8.27}$$

根据汽化热 $H_g$ 的定义[7]，$c_p T_v$ 是 $H_g$ 的其中一部分，反映汽化过程中的温升耗能；此外，常用作推进剂的聚合物元素主要为 C、H、O 和 N，它们的电离能相当。因此，影响激光烧蚀聚合物推进性能的主要因素为 $I_0$、$\tau$、$\rho$、$\alpha$、$k_T$ 和 $H_g$，下面进行详细分析。需要特别指出的是，在分析不同物性参数对推进性能的影响时，均以 POM 物性参数为基础，辅以变化的目标参数。

### 8.4.1 激光强度

$\tau$=3μs 时不同强度 $CO_2$ 激光烧蚀 POM 的推进性能如图 8.10 所示。随着激光强度的增大，$C_m$ 和 $I_{sp}$ 均持续增大，但增幅逐渐减小。根据烧蚀过程分层响应模型，激光强度越大，烧蚀阈值越小，单层烧蚀所需的时间也越短；这意味着热传导耗能比例越小，激光能量更高效地驱动冲量产生，获得更大的冲量耦合系数和比冲。当 $I_0 > 1.0 \times 10^7 \mathrm{W/cm}^2$ 时，激光强度的影响减弱，$C_m$ 和 $I_{sp}$ 趋于常值。

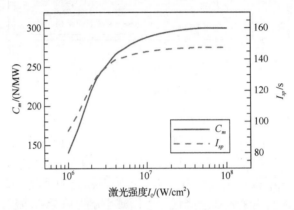

图 8.10  $\tau$=3μs 时不同强度 $CO_2$ 激光烧蚀 POM 的推进性能

### 8.4.2 激光脉宽

$I_0$ =1.0×$10^7 \mathrm{W/cm}^2$ 时不同脉宽 $CO_2$ 激光烧蚀 POM 的推进性能如图 8.11 所示。

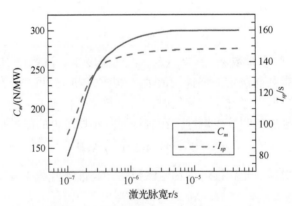

图 8.11  $I_0$ =1.0×$10^7 \mathrm{W/cm}^2$ 时不同脉宽 $CO_2$ 激光烧蚀 POM 的推进性能

在相同激光强度下，辐照过程中各层烧蚀所需的时间是一定的，激光脉冲时间越长意味着烧蚀的层数越多。根据式(8.18)，温升层吸收的能量占入射激光总能量($I_0\tau$)的比例随着激光脉冲时间的增长而减小，即各烧蚀层沉积的能量相对增多。因此，激光脉宽越长，冲量耦合系数和比冲均越大。当 $\tau > 1$μs 时，激光脉宽的影响逐渐减弱，$C_m$ 和 $I_{sp}$ 趋于常值。

### 8.4.3　密度

密度是固体推进剂最主要的物性参数之一，通过压缩、膨胀等方式可以调整材料密度。密度变化后，聚合物单位体积内的单体数目随之变化，对应的吸收系数也需要相应调整：

$$\alpha' = \frac{\rho'}{\rho_0}\alpha_0 \tag{8.28}$$

可见，推进剂密度越大，吸收系数越大。$\tau=3\mu s$, $\Phi=2.0\times10^5 J/m^2$ 时 $CO_2$ 激光烧蚀不同密度推进剂的推进性能如图 8.12 所示。根据烧蚀阈值模型可知：在激光参数一定的条件下，烧蚀阈值随着吸收系数的增大而减小。因此，推进剂密度越大，相同的激光能量密度烧蚀的质量越多，在推进性能上表现为冲量耦合系数增大、比冲减小。从数值上来看，在密度变化跨三个数量级的范围内，推进性能的变化幅度小于 6.5%（$C_m$ 小于 1%），因此可以认为密度对推进性能的影响是可以忽略的。

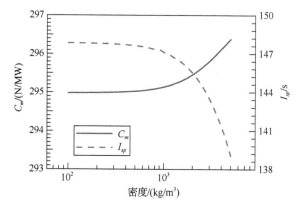

图 8.12　$\tau=3\mu s$, $\Phi=2.0\times10^5 J/m^2$ 时 $CO_2$ 激光烧蚀不同密度推进剂的推进性能

### 8.4.4　吸收系数

吸收系数反映推进剂对激光吸收的剧烈程度，图 8.13 为 $\tau=3\mu s$, $\Phi=2.0\times10^5 J/m^2$ 时 $CO_2$ 激光烧蚀不同吸收系数推进剂的推进性能。吸收系数越大，烧蚀阈值越小，单层烧蚀所需的时间越短，热传导能量损耗也越小。因此随着吸收系数的增大，冲量耦合系数和比冲均增大。当 $\alpha>3\times10^5 m^{-1}$ 时，吸收系数的影响逐渐减弱，$C_m$ 和 $I_{sp}$ 趋于常值。

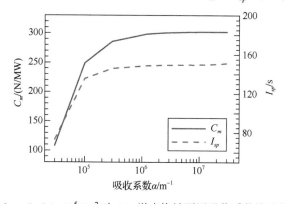

图 8.13　$\tau=3\mu s$, $\Phi=2.0\times10^5 J/m^2$ 时 $CO_2$ 激光烧蚀不同吸收系数推进剂的推进性能

### 8.4.5 热导率

$\tau=3\mu s$，$\Phi=2.0\times10^5J/m^2$ 时 $CO_2$ 激光烧蚀不同热导率推进剂的推进性能如图 8.14 所示。可见，推进剂热导率越大，热量传播越迅速，热传导能量损耗也越大；表现在推进性能上，即冲量耦合系数和比冲均随着热导率的增大而减小，特别是当 $k_T>1.0W/(m\cdot K)$ 时，降低幅度十分明显。

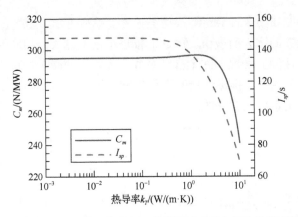

图 8.14 　$\tau=3\mu s$，$\Phi=2.0\times10^5J/m^2$ 时 $CO_2$ 激光烧蚀不同热导率推进剂的推进性能

### 8.4.6 汽化热

汽化热是推进剂从固态变为气态所需的热量，是决定烧蚀阈值最关键的参数之一；当其他参数相同时，烧蚀阈值随着汽化热的增大而增大。图 8.15 描述的是 $\tau=3\mu s$，$\Phi=2.0\times10^5J/m^2$ 时 $CO_2$ 激光烧蚀不同汽化热推进剂的推进性能。可见汽化热越大，冲量耦合系数越小而比冲则越大。这一现象可以从烧蚀阈值 $\Phi_{th}$ 的变化进行解释：在激光参数相同的条件下，根据 8.2 节可知烧蚀质量面密度 $\mu_m$ 近似与 $\Phi_{th}$ 成反比，而由 8.3 节可知产物的平均速度与 $\Phi_{th}^{1/2}$ 近似成正比，由此 $C_m\propto\Phi_{th}^{-1/2}$ 而 $I_{sp}\propto\Phi_{th}^{1/2}$，进而近似地 $C_m\propto H_g^{-1/2}$ 而 $I_{sp}\propto H_g^{1/2}$。

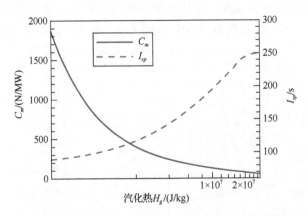

图 8.15 　$\tau=3\mu s$，$\Phi=2.0\times10^5J/m^2$ 时 $CO_2$ 激光烧蚀不同汽化热推进剂的推进性能

# 参 考 文 献

[1] SINKO J E, SASOH A. Review of $CO_2$ laser ablation propulsion with polyoxymethylene[J]. International journal of aerospace innovations, 2011, 3(2): 93-129.

[2] KRÜGER J, NIINO H, YABE A. Investigation of excimer laser ablation threshold of polymers using a microphone[J]. Applied surface science, 2002, 197-198: 800-804.

[3] JESCHKE H O, GARCIA M E, LENZNER M, et al. Laser ablation threshold of silicon for different pulse durations: theory and experiment[J]. Applied surface science, 2002, 197-198: 839-844.

[4] PIGLMAYER K, ARENHOLZ E, ORTWEIN C, et al. Single-pulse ultraviolet laser-induced surface modification and ablation of polyimide[J]. Applied physics letters, 1998, 73(6): 847-849.

[5] LUK'YANCHUK B, BITYURIN N, HIMMELBAUER M, et al. UV-laser ablation of polyimide: from long to ultra-short laser pulses[J]. Nuclear instruments and methods in physics research B, 1997, 122(3): 347-355.

[6] BRANNON J H, LANKARD J R, BAISE A I, et al. Excimer laser etching of polyimide[J]. Journal of applied physics, 1985, 58(5): 2036-2043.

[7] STOLIAROV S I, WALTERS R N. Determination of the heats of gasification of polymers using differential scanning calorimetry[J]. Polymer degradation and stability, 2008, 93: 422-427.

[8] SINKO J E. Vaporization and shock wave dynamics for impulse generation in laser propulsion[D]. Huntsville: University of Alabama in Huntsville, 2008.

[9] 段怡飞. 聚甲醛的热降解和稳定化研究[D]. 成都: 四川大学, 2004.

[10] WATANABE K, MORI K, SASOH A. Ambient pressure dependence of laser-induced impulse onto polyacetal[J]. Journal of propulsion and power, 2006, 22(5): 1150-1153.

[11] REILLY D A. Laser propulsion experiments - final report[R]. Everett: AVCO Research Lab, Inc., 1991.

[12] SUZUKI K, SAWADA K, TAKAYA R, et al. Ablative impulse characteristics of polyacetal with repetitive $CO_2$ laser pulses[J]. Journal of propulsion and power, 2008, 24(4): 834-841.

[13] SINKO J E, PHIPPS C R, TSUKIYAMA Y, et al. Critical fluences and modeling of $CO_2$ laser ablation of polyoxymethylene from vaporization to the plasma regime[C]. Proceedings of the 6th International Symposium on Beamed Energy Propulsion, AIP CP1230. New York: American Institute of Physics, 2010, 1230: 395-407.

# 第9章 单脉冲激光辐照固体聚合物推进 机理与性能数值分析

第3章描述了激光辐照固体聚合物喷气过程的数值模型和仿真系统，利用这一系统可以研究不同激光参数组合下烧蚀固体聚合物的推进机理和性能。

本章利用上述仿真系统研究单脉冲激光辐照固体聚合物的推进机理和性能。首先对聚合物烧蚀的主要参数和特征进行定量研究，分析它们对 LAP 性能的影响；其次从羽流场发展、羽流场屏蔽效应和聚合物气化等方面分析激光能量面密度和激光能量时域分布对激光加热聚合物喷气过程特征和推进性能的影响；再次归纳单脉冲激光辐照聚合物的推进机理；最后根据均匀实验设计方法选择参数并进行仿真研究，分别以比冲、冲量耦合系数为目标，以激光强度和脉宽为影响因素，对 LAP 进行优化。

## 9.1 聚合物烧蚀的主要参数和特征

烧蚀阈值和烧蚀产物参数是本节关注的聚合物烧蚀的主要参数，烧蚀机制转变则是聚合物烧蚀最主要的特征。烧蚀阈值决定了冲量产生的最小能量面密度；当激光能量面密度增到足够大时，将出现烧蚀机制转变，这有利于提高产物的推进性能；烧蚀产物参数则是分析和研究推进性能的基础。

本节对烧蚀阈值和烧蚀机制的转变进行定量研究，并对烧蚀产物的组分分布和温度等参数进行分析。所有工作针对 POM 展开，其物性参数见表 3.2。此外，本节考虑矩形分布激光脉冲，激光参数包括脉宽 $\tau$ 和光强 $I$。

### 9.1.1 烧蚀阈值的确定

烧蚀能被显著观测到时对应的激光能量面密度通常定义为烧蚀阈值[1]。结合第 8 章的分析可知，烧蚀阈值是激光脉宽的函数。为了便于定量分析，对特定波形的激光脉冲，将烧蚀阈值进一步定义为出现显著质量损失的最低能量面密度。本章将这一质量损失标准选为 $1 \times 10^{-4} kg/m^2$。图 9.1 为不同激光脉宽下 POM 烧蚀质量面密度与激光能量面密度的关系，图中还给出了 AVCO、NU 和 TU 的实验数据，所采用的激光脉宽分别为 1.0μs、3.1μs 和 2.5μs[1]。可以看出：烧蚀质量面密度和激光能量面密度的关系与激光脉宽密切相关，脉宽越窄，烧蚀阈值越小，烧蚀质量的增长速率也越小。下面从烧蚀温度（烧蚀时烧蚀面的温度）和 POM 热解率的角度对这一现象进行解释。

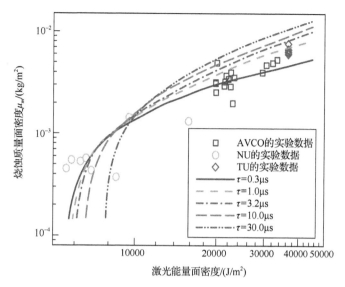

图 9.1　不同激光脉宽和能量面密度下 POM 的烧蚀质量面密度

图 9.2 为 $\Phi=0.6$J/cm$^2$ 时不同激光脉宽下 POM 的烧蚀温度和热解率发展。各脉宽都表现出相同的温度变化趋势，随着激光能量的沉积，POM 的烧蚀温度均不断上升直到脉冲结束，随后逐步降低。不同的是，脉宽越窄、光强越大，相应的能量沉积越迅速，温度上升速度越快，烧蚀面达到的峰值温度也越大。图 9.2(b) 为热解率的变化，总体来看，脉宽越窄，热解率越大，尤其是 $\tau=0.3$μs 和 $\tau=1.0$μs 的情况，在脉冲结束后出现了峰值。结合图 9.1 可知，$\tau=0.3$μs 和 $\tau=1.0$μs 在 $\Phi=0.6$J/cm$^2$ 时出现了明显烧蚀，在这一激光能量面密度范围内决定烧蚀是否出现的主要因素为热解率，尽管 POM 在 438K 就发生熔化，但只有热解率足够大才能保证产物分子量足够小、其释热足以支撑明显的蒸发。因此，激光脉宽越小烧蚀阈值越小。图 9.3 为 $\Phi=1.5$J/cm$^2$ 时不同激光脉宽下 POM 的烧蚀温度和热解率发展，这时各脉宽下均发生了明显烧蚀。与 $\Phi=0.6$J/cm$^2$ 时相比，温度最大的变化在于一个等温区

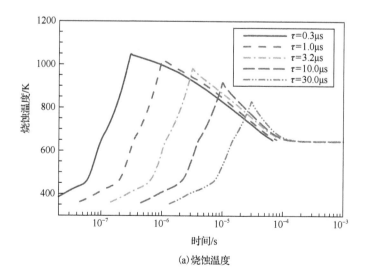

(a)烧蚀温度

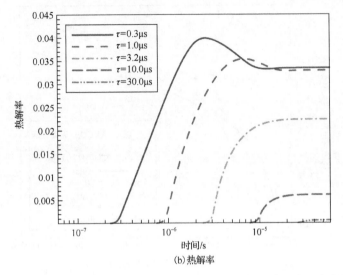

图 9.2　$\Phi=0.6J/cm^2$ 时不同激光脉宽下 POM 的烧蚀温度和热解率发展

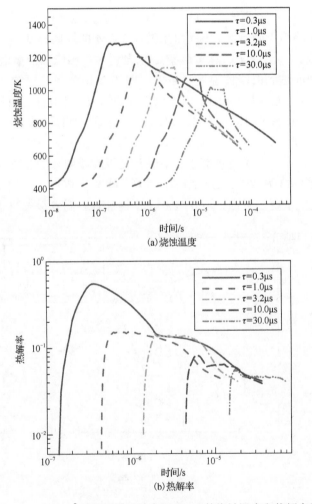

图 9.3　$\Phi=1.5J/cm^2$ 时不同激光脉宽下 POM 的烧蚀温度和热解率发展

的出现，相应的时间段内热解率也变化缓慢，这时烧蚀达到了相对稳定的状态；脉宽越窄，烧蚀温度越高、POM 热解率越大，导致单位质量 POM 烧蚀耗能越大，烧蚀面密度越小。

　　实验中通常对烧蚀深度、烧蚀质量或烧蚀轮廓进行测量以估计推进剂的烧蚀阈值[2]。此处以烧蚀质量面密度的数值计算结果作为参考，判断不同脉宽下 POM 的烧蚀阈值。对于脉宽一定的激光脉冲，通过逐步减小激光强度，计算不同能量面密度下聚合物的质量损失，当烧蚀质量面密度达到显著烧蚀标志($1\times10^{-4}\mathrm{kg/m^2}$)时，即得到相应脉宽下 POM 的烧蚀阈值，如图 9.4 所示。在 $0.3\sim30\mu\mathrm{s}$ 内，烧蚀阈值与脉宽关联的拟合式为

$$\Phi_{\mathrm{th}} = -9.17\times10^{11}\tau^2 + 9.83\times10^7\tau + 5.68\times10^3 \tag{9.1}$$

　　获得烧蚀阈值后，可以进一步定义烧蚀光强阈值：

$$I_{\mathrm{th}} = \frac{\Phi_{\mathrm{th}}}{\tau} = -9.17\times10^{11}\tau + 9.83\times10^7 + \frac{5.68\times10^3}{\tau} \tag{9.2}$$

对于脉宽为 $\tau$ 的激光，只有当 $I > I_{\mathrm{th}}$ 时才发生烧蚀。

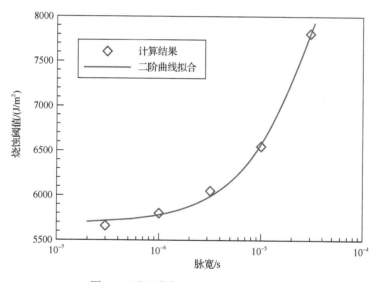

图 9.4　不同脉宽下 POM 的烧蚀阈值

　　烧蚀阈值决定了激光烧蚀聚合物产生冲量的能量起点，对于一定脉宽的激光，只有当 $\Phi > \Phi_{\mathrm{th}}$ 时激光辐照才能产生冲量。同时，利用式(9.2)还可以确定 $\Phi > \Phi_{\mathrm{th}}$ 时烧蚀发生的时刻 $t_{\mathrm{abl}}$：

$$t_{\mathrm{abl}} = 5.46\times10^{-11}\left[-\left(\frac{\Phi}{\tau} - 9.83\times10^7\right) + \sqrt{\left(\frac{\Phi}{\tau} - 9.83\times10^7\right)^2 + 2.08\times10^{16}}\right]$$

### 9.1.2　烧蚀机制的转变及其判别条件

　　将聚合物烧蚀机制转变对应的激光能量面密度定义为跨界阈值。图 9.5 和图 9.6 分别为不同激光脉宽和光强下跨界阈值出现的时刻 $\tau_{\mathrm{FT}}$ 及其对应的烧蚀温度 $T_{\mathrm{FT}}$。

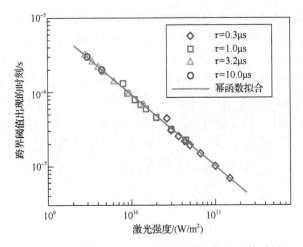

图 9.5　不同激光脉宽和光强下跨界阈值出现的时刻

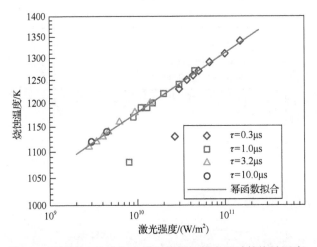

图 9.6　不同激光脉宽和光强下跨界阈值出现时的烧蚀温度

分析发现，可将 $\tau_{FT}$ 和 $T_{FT}$ 与激光强度的关联关系用幂函数拟合为

$$\tau_{FT} = 3.70 \times 10^3 I^{-0.96} \tag{9.3}$$

$$T_{FT} = 4.09 \times 10^2 I^{0.046} \tag{9.4}$$

需要指出的是，上述表达式要求激光脉宽 $\tau > \tau_{FT}$。当激光强度较大时，激光熄灭后 POM 继续热解，仍然可能出现跨临界温度烧蚀。由图 9.5 和图 9.6 可以看到，上述现象在 $\tau=0.3\mu s$ 和 $\tau=1.0\mu s$ 时均出现了，导致 $\tau_{FT}$ 偏大、$T_{FT}$ 偏小。此外，根据计算结果，不同脉宽下只有当光强达到一定强度时跨临界温度烧蚀才能出现。

对于脉宽一定的激光脉冲，通过不断减小光强，对聚合物烧蚀过程进行计算，以此求得最小光强 $I_{min}$，$I_{min}$ 和根据 $\Phi = I\tau$ 得到的 $\Phi_{min}$ 如图 9.7 所示。脉宽越长，$I_{min}$ 越小，并且在本章考察范围内（$0.3\mu s \leqslant \tau \leqslant 30\mu s$），$I_{min}$ 的减小幅度逐步减小并趋于 $2.0 \times 10^9 W/m^2$。可以将 $I_{min}(\tau)$ 作为判断 POM 跨临界温度烧蚀机制出现的判据，其拟合函数为

$$I_{min} = 8.88 \times 10^{14} \tau^{0.119\ln\tau + 2.49} \tag{9.5}$$

因此，在激光参数选择时，选择 $\Phi > \Phi_{min} = I_{min}\tau = 8.88 \times 10^{14} \tau^{0.119\ln\tau + 3.49}$ 的激光有利于提高推

进性能。此处所考虑的烧蚀推进激光参数的范围为 $\tau \in [0.1, 10]\mu s$，$I \in [1\times10^{10}, 1\times10^{12}]W/m^2$，均满足跨临界烧蚀机制转变的条件。

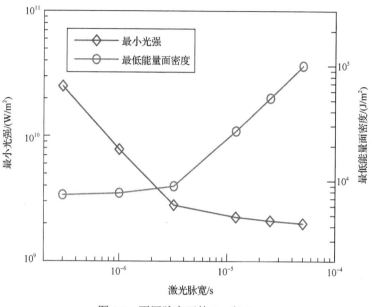

图 9.7　不同脉宽下的 $I_{min}$ 和 $\Phi_{min}$

### 9.1.3　烧蚀温度及烧蚀产物的组分分布

通过对不同激光强度下 POM 的烧蚀过程进行计算，得到烧蚀温度($T_{abl}$)及相应的产物热解率($n_{b\_abl}$)和激光强度($I$)的关系，如图 9.8 所示。烧蚀温度和产物热解率均随着激光强度的增大而增大。这说明激光强度越大，烧蚀单位质量推进剂消耗的激光能量越多，且羽流场入口处的产物温度越大而平均分子量越小，这有利于比冲性能的提高。$T_{abl}$ 和 $n_{b\_abl}$ 满足的拟合关系式为

$$T_{abl} = 325.3 I^{0.055} \tag{9.6}$$

$$n_{b\_abl} = 0.086 \exp(1.897 \times 10^{-11} I) \tag{9.7}$$

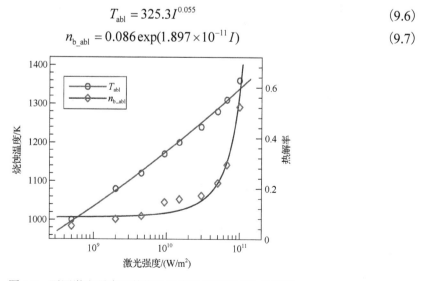

图 9.8　不同激光强度下的烧蚀温度及相应的产物热解率

## 9.2 激光能量面密度对喷气过程和推进性能的影响

对于矩形激光脉冲，当脉宽一定时，可以通过改变光强调整脉冲的能量面密度。实验中常用 $CO_2$ 激光的脉宽为 $1\sim30\mu s$[1]，选用 $2\mu s$ 作为脉宽。在这一辐照时间内，激光足以诱导烧蚀产物完成本章所考虑的物理-化学过程，并达到相对稳定的状态。根据产物与激光相互作用的强弱，选用能量面密度分别为 $12J/cm^2$、$30J/cm^2$ 和 $48J/cm^2$ 的 $CO_2$ 激光作为入射激光脉冲，从聚合物烧蚀冲量产生过程和推进性能两方面研究激光能量面密度的影响。在研究中，将激光光斑半径取为 5mm，后面若无其他说明，则默认此值。

### 9.2.1 对喷气过程的影响

#### 1. 烧蚀产物羽流场的演变对比

根据 3.2.3 节"激光诱导产物电离"部分的级联电离理论：$\Phi=12J/cm^2$ 时，激光强度不足以诱导烧蚀产物电离；$\Phi=30J/cm^2$ 时，激光强度足以诱导 C、H、O 混合产物电离，但所需的脉冲时间较长；$\Phi=48J/cm^2$ 时，激光强度足以诱导烧蚀产物迅速电离。$\Phi=12J/cm^2$、$30J/cm^2$ 和 $48J/cm^2$ 时羽流场温度场的演变过程及相应的羽流场轴向速度场分布分别如图 9.9～图 9.14 所示。

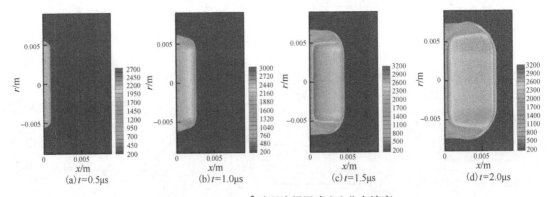

(a) $t=0.5\mu s$　　　(b) $t=1.0\mu s$　　　(c) $t=1.5\mu s$　　　(d) $t=2.0\mu s$

图 9.9　$\Phi=12J/cm^2$ 时羽流场温度(K)分布演变

对于 $\Phi=12J/cm^2$ 的情况，高温高压产物自烧蚀面进入低压环境后迅速膨胀，受此影响的羽流场前沿速度较高区域和侧向稀疏区域内的温度降低(图 9.9(a))。从温度场的整体分布来看，激光光斑覆盖范围内的温度较高，并逐步向侧向发展。这是因为初始产物是短链 $(CH_2O)_n$ 分子，在飞散过程中继续保持对 $CO_2$ 激光的强吸收，烧蚀产物吸收的激光能量使产物维持较高温度并支持其进一步分解。特别是在靠近烧蚀面区域，由于产物分布集中、对激光的吸收系数较大，形成高温区。高温区膨胀，一方面推动羽流场迎着激光入射方向不断加速；另一方面高温区朝着烧蚀面方向发展，从而阻滞羽流场形成一片低速区(图 9.10(d))。从速度场的演变来看，最大速度始终分布于羽流场最前端，并随着辐照时间的延长而增大。

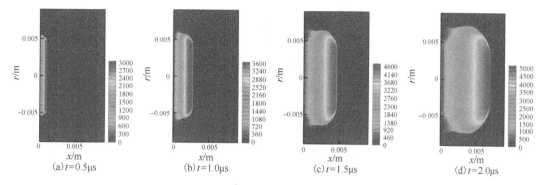

图 9.10　$\Phi=12\text{J/cm}^2$ 时羽流场轴向速度(m/s)分布演变

对于 $\Phi=30\text{J/cm}^2$ 的情况，$t=1.0\mu\text{s}$ 时在羽流场 $x=0.1\text{mm}$ 位置出现高温区，这是形成的初始电离区域；由于高温区刚刚形成，对羽流场速度分布的影响尚未显现。$t=1.5\mu\text{s}$ 时，高温区迎着激光向前发展并相伴形成一片高速区域，可以认为这是一道 LSD 波；LSD 波后气体膨胀时阻滞羽流场入口输入产物，形成一片次高温低速区。$t=2.0\mu\text{s}$ 时，LSD 波进入羽流场前端低密度区域，由于密度降低，LSD 波的阈值增大[3]，激光强度不足以支持 LSD 波发展，LSD 波退化为 LSC 波，LSC 波表现为一片高温区；激光经 LSC 波削弱后，强度与级联电离最小光强 $I_{\min}$ 相当，由于 $I_{\min}$ 与气体密度密切相关，因此在 $x=0.2\sim0.5\text{mm}$ 内形成复杂的吸收区和速度分布。

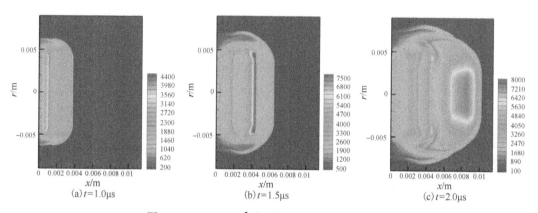

图 9.11　$\Phi=30\text{J/cm}^2$ 时羽流场温度(K)分布演变

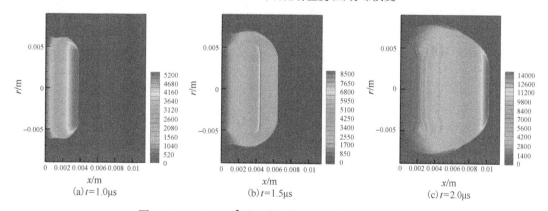

图 9.12　$\Phi=30\text{J/cm}^2$ 时羽流场轴向速度(m/s)分布演变

对于 $\Phi=48\mathrm{J/cm^2}$ 的情况，$t=1.0\mu\mathrm{s}$ 时，羽流场中等离子体已经形成，以 LSD 波的形式迎着入射激光发展，并在波后 $x=0.1\mathrm{mm}$ 附近形成一个次高温低速区。$t=1.5\mu\mathrm{s}$ 时，流场呈现两个新的现象——LSD 波追赶 LSC 波和光斑边缘离散电离。LSD 波追赶 LSC 波表现为：首先，图 9.13(a) 中所示的 LSD 波在羽流场低密度区域内减弱成为 LSC 波（图 9.13(b) 中 $x=0.4\sim0.5\mathrm{mm}$）；然后，入射激光穿过 LSC 区域后到达 $x=0.4\mathrm{mm}$ 位置，虽然入射激光被削弱，但其强度仍然高于 $x=0.4\mathrm{mm}$ 位置当地混合气体的 LSD 波阈值，在此位置形成 LSD 波，并迎着入射激光传播。光斑边缘离散电离主要表现为在光斑边缘形成一串离散电离区，这是由侧向稀疏造成密度分布不均匀导致的，在图 9.13(b) 中，离散电离区以 LSD 波的形式发展。$t=2.0\mu\mathrm{s}$ 时，图 9.13(b) 所示的 LSD 波和 LSC 波向前传播并逐步衰弱，在 $x=0.4\mathrm{mm}$ 位置形成新的 LSD 波；此外，在侧向稀疏作用下，光斑边缘离散电离区域进一步发展，逐渐连成一体并靠近对称轴。在 LSD 波、LSC 波和高温气体膨胀的综合作用下，流场速度分布复杂，最明显的特征是靠近烧蚀面的低速区和羽流场前沿的高速区形成明显对比。

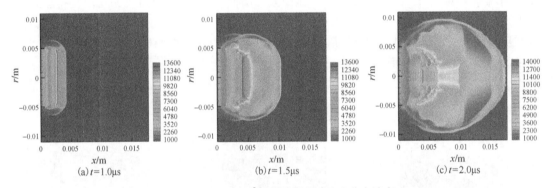

图 9.13　$\Phi=48\mathrm{J/cm^2}$ 时羽流场温度(K)分布演变

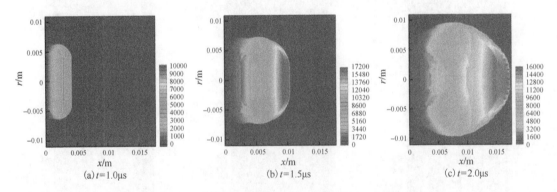

图 9.14　$\Phi=48\mathrm{J/cm^2}$ 时羽流场轴向速度(m/s)分布演变

图 9.15～图 9.17 分别为 $\Phi=12\mathrm{J/cm^2}$、$30\mathrm{J/cm^2}$ 和 $48\mathrm{J/cm^2}$ 时羽流场压强分布的演变过程。对于 $\Phi=12\mathrm{J/cm^2}$，从图 9.15(a)～(c) 来看，压强随着羽流的飞散自烧蚀面向外不断减小；当 $t=2.0\mu\mathrm{s}$ 时，由于高温区的膨胀及其对左侧羽流的阻滞，在距离烧蚀面约 0.5mm 的位置形成新的高压区。

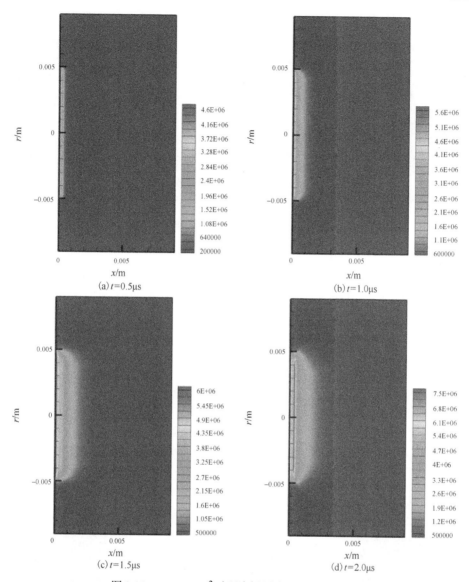

图 9.15　$\Phi=12\text{J/cm}^2$ 时羽流场压强(Pa)分布演变

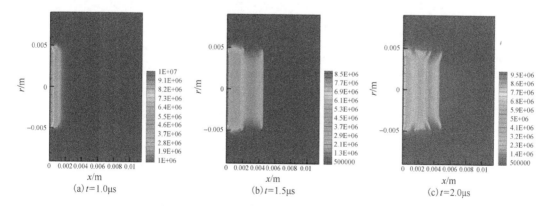

图 9.16　$\Phi=30\text{J/cm}^2$ 时羽流场压强(Pa)分布演变

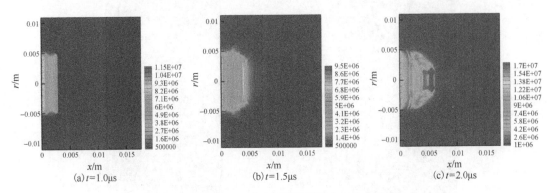

(a) $t=1.0\mu s$　　　　　　(b) $t=1.5\mu s$　　　　　　(c) $t=2.0\mu s$

图 9.17　$\Phi=48J/cm^2$ 时羽流场压强(Pa)分布演变

$\Phi=30J/cm^2$ 时，羽流场中的高压区可以分为三个部分——近烧蚀面高压区、电离高压区和滞止高压区。羽流场入口产物的高密度决定了近烧蚀面区域的高压；电离高压区则和电离区的高温密切相关；滞止高压区夹在近烧蚀面高压区和电离高压区之间，是二者膨胀时相互作用产生的低速区。

$\Phi=48J/cm^2$ 时，高压区的成因和分布与 $\Phi=30J/cm^2$ 时的情况类似，其中差异最大的是 $t=2.0\mu s$ 时，由于 $0.4mm<x<0.6mm$，$-0.2mm<r<0.2mm$ 区域恰好被电离区包围，形成一片低压区。另外，与 $\Phi=30J/cm^2$ 相比，受电离范围和等离子体分布的影响，高压区的分布范围更广，侧向稀疏的影响也更显著。

脉冲结束后，聚合物烧蚀随之逐步停止，羽流场质量流量入口边界转变为固壁边界；羽流场继续发展，在径向与侧向稀疏波的共同作用下迅速衰减，直至与环境达到平衡。图 9.18 为激光脉冲结束后 $t=10.0\mu s$ 时羽流场的压强分布，烧蚀面附近压强场迅速下降，在 $10.0\mu s$ 之内降至千帕数量级。

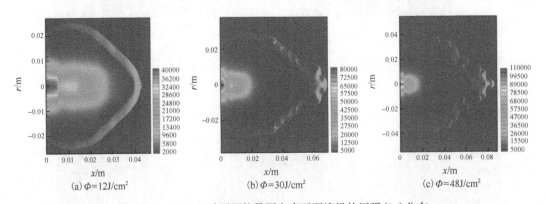

(a) $\Phi=12J/cm^2$　　　　　(b) $\Phi=30J/cm^2$　　　　　(c) $\Phi=48J/cm^2$

图 9.18　$t=10.0\mu s$ 时不同能量面密度下羽流场的压强(Pa)分布

2. 不同能量面密度下的聚合物质量损失

图 9.19 为不同能量面密度激光穿过烧蚀产物的透过率随时间的变化。

当 $\Phi=12J/cm^2$ 时，激光脉冲作用下推进剂发生烧蚀，烧蚀产物中的低聚物继续吸收激光能量，导致激光透过率迅速下降；而后，由于激光能量被屏蔽、质量烧蚀速率减小，激光透过率逐渐增大；如此反复，激光透过率波动发展，平均值约为 0.5。

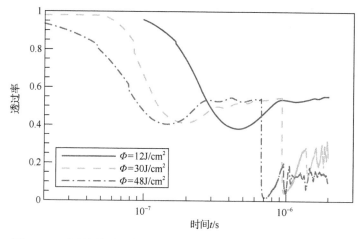

图 9.19　不同能量面密度激光穿过烧蚀产物的透过率随时间的变化

当 $\Phi$=30J/cm$^2$ 和 $\Phi$=48J/cm$^2$ 时，烧蚀产物未电离前激光透过率的变化趋势与 $\Phi$=12J/cm$^2$ 时类似，然后分别在 $t$=0.9μs 和 $t$=0.7μs 时骤然下降，并上升一定幅度后分别以 0.2 和 0.1 为均值振荡发展。这一现象是 LSD 波传播及其向 LSC 波转化造成的：LSD 波向低密度区域传播时，受波前密度的影响，等离子体区域内的电子数密度减小，因而逆韧致吸收系数降低、激光透过率上升；LSD 波转化成 LSC 波后，一方面 LSC 波吸收入射激光，另一方面激光穿过 LSC 波后在高密度区域形成新的强吸收区域，因而造成激光透过率的振荡。烧蚀产物对入射激光的吸收机制主要包括未完全分解低聚物吸收和等离子体吸收，两种机制共同作用决定了激光透过率的大小。产物未电离前，未完全分解低聚物吸收起主导作用，之后等离子体吸收占主导，并且激光强度越大，这种主导作用越明显。

图 9.20 为不同能量面密度激光辐照下聚合物烧蚀质量面密度随时间的变化。从整体趋势来看，在烧蚀产物尚未电离时，激光能量面密度越大，烧蚀速度越快；随后烧蚀质量面密度增长速率迅速下降。

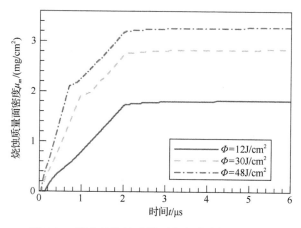

图 9.20　聚合物烧蚀质量面密度随时间的变化

### 9.2.2 对推进性能的影响

烧蚀产物羽流场入口处压强随时间的变化如图 9.21 所示。结合烧蚀质量面密度(图 9.20)和激光透过率(图 9.19)的发展过程可知，脉冲辐照期间压强的变化由质量烧蚀速率决定：$\Phi=12\mathrm{J/cm^2}$ 时，由于激光透过率变化平缓，质量烧蚀速率变化较小，因此压强波动较小；$\Phi=30\mathrm{J/cm^2}$ 和 $\Phi=48\mathrm{J/cm^2}$ 的激光透过率分别在 $t=0.9\mathrm{\mu s}$ 和 $t=0.7\mathrm{\mu s}$ 时骤然下降，由此不仅导致质量烧蚀速率突降，也造成入口位置压强剧烈降低。脉冲结束后压强迅速减小，从变化趋势来看，三种情况都出现了新的压强峰值。根据 9.2.1 节的分析可知，$\Phi=12\mathrm{J/cm^2}$ 脉冲结束时在 $x=0.5\mathrm{mm}$ 位置存在滞止高压区，这一区域朝着烧蚀面膨胀，从而产生明显的压力波动；$\Phi=30\mathrm{J/cm^2}$ 和 $\Phi=48\mathrm{J/cm^2}$ 时，羽流场的高压区分为近烧蚀面高压区、电离高压区和滞止高压区三部分，滞止高压区分别位于 $x=2.2\mathrm{mm}$ 和 $x=2.0\mathrm{mm}$，因而 $\Phi=48\mathrm{J/cm^2}$ 更早出现压力峰值。

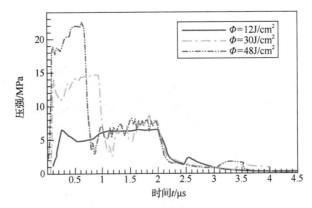

图 9.21　羽流场入口处压强随时间的变化

推力器表面获得的推力可以通过积分推进剂表面压强获得，当羽流场入口存在质量流量时，推进剂表面的总压等于静压与动压之和。不同能量面密度激光烧蚀聚合物所得推力与时间的关系如图 9.22 所示。推力的发展过程与羽流场入口处压强随时间的变化趋势(图 9.21)相近，主要区别体现在产物飞散初始阶段和激光脉冲结束后：由于环境压强小，初始阶段产物飞散大，因此推力出现一个陡峭的峰值，随后受已飞散产物营造的背压的影

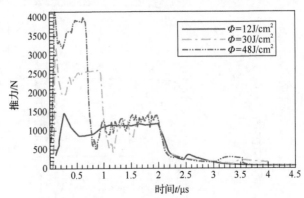

图 9.22　不同能量面密度激光烧蚀聚合物所得推力与时间的关系

响，产物速度和动压有所减小，激光能量面密度越大，这一现象越明显；推进剂烧蚀结束后，由于烧蚀面退化为壁面，动压迅速减小为零，因此推力的减小速度比压强更快。

POM 在激光能量面密度为 $12\sim120\text{J/cm}^2$、脉宽为 $2\mu\text{s}$ 的单脉冲 $CO_2$ 激光辐照下获得的冲量参数和推进性能如表 9.1 所示。在计算范围内，单脉冲烧蚀质量和获得的冲量都随着激光能量面密度的增大而增大（光斑半径相同）。图 9.23 和图 9.24 分别为比冲和冲量耦合系数计算结果与实验结果的对比（实验所用激光 90%能量脉宽约为 $2\mu\text{s}$），计算结果与实验结果吻合，当激光能量面密度较大时，由等离子体辐射造成的能量耗散逐渐增大，二者存在一定偏差。从推进性能发展趋势来看，随着激光能量面密度的增大，比冲变化不大，以较小的幅度增大；冲量耦合系数则以较大的幅度减小，由此造成能量转化效率也随着激光能量面密度的增大而减小。从冲量产生过程来看，激光能量面密度越大，用以维持 LSD 波和 LSC 波所消耗的能量占总能量的比例越大。这些能量虽然使等离子体区域内的温度和速度显著升高，但是从等离子体存在的区域来看，它们都位于远离烧蚀面的低密度区。也就是说，这部分能量并未对烧蚀产物主体的温度和速度带来明显改善，因此最终只能小幅度提高比冲，却明显降低了冲量耦合系数和能量转换效率。

表 9.1　不同激光能量面密度照射下的单脉冲推进性能参数

| 激光能量面密度 /(J/cm²) | 烧蚀质量/mg | 冲量/(mN·s) | 冲量耦合系数 /(N/MW) | 比冲/s | 能量转化 效率/% |
|---|---|---|---|---|---|
| 12.0 | 1.504 | 2.937 | 311.8 | 199.3 | 31.1 |
| 30.0 | 2.231 | 4.377 | 185.9 | 200.2 | 18.6 |
| 48.0 | 2.572 | 5.130 | 136.1 | 203.5 | 13.9 |
| 72.0 | 2.774 | 5.547 | 98.1 | 204.0 | 10.0 |
| 120.0 | 3.363 | 6.753 | 71.7 | 204.9 | 7.3 |

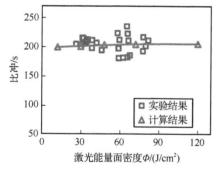

图 9.23　比冲计算结果与实验结果对比

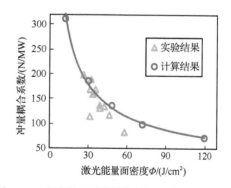

图 9.24　冲量耦合系数计算结果与实验结果对比

## 9.3　激光能量时域分布对喷气过程和推进性能的影响

当激光能量面密度一定时，激光能量时域分布由脉宽决定。本节考虑激光能量面密度为 $30\text{J/cm}^2$、脉宽为 $0.6\sim5.0\mu\text{s}$ 的一组激光脉冲辐照。

### 9.3.1　对喷气过程的影响

图 9.25 和图 9.26 为脉宽 1.2μs、2.0μs 和 5.0μs 的激光脉冲辐照下，在入射激光能量逐步累积的过程中，激光输入能量面密度分别达到 12J/cm² 和 24J/cm² 时对应时刻的羽流场温度分布。据图可知：激光输入能量面密度达到 12J/cm² 时，羽流场均未出现等离子体；达到 24J/cm² 时，图 9.26(a) 和(b) 出现了等离子体，并且激光能量时域分布越集中，等离子体的强度越大、分布范围越广。

图 9.27 和图 9.28 为脉宽 1.2μs、2.0μs 和 5.0μs 的激光脉冲辐照下，激光输入能量面密度分别达到 12J/cm² 和 24J/cm² 时对应时刻的羽流场轴向速度分布。激光输入能量面密度达到 12J/cm² 时，各脉宽对应的速度分布相近；达到 24J/cm² 时，等离子体膨胀和 LSD 波发展使 1.2μs 和 2.0μs 对应的羽流场出现了高速区和阻滞区，激光能量时域分布越集中，驱动的 LSD 波及波后流场速度越大。

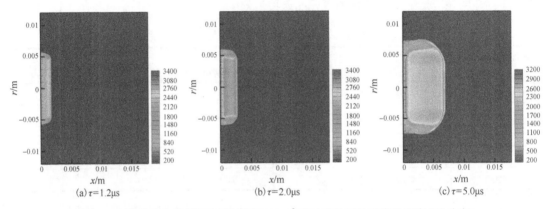

图 9.25　激光输入能量面密度达到 12J/cm² 时对应时刻的羽流场温度(K)分布

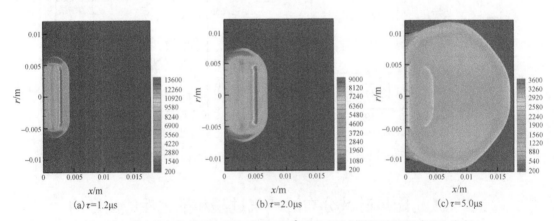

图 9.26　激光输入能量面密度达到 24J/cm² 时对应时刻的羽流场温度(K)分布

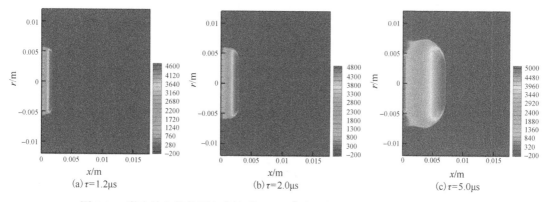

图 9.27　激光输入能量面密度达到 12J/cm² 时对应时刻的轴向速度(m/s)分布

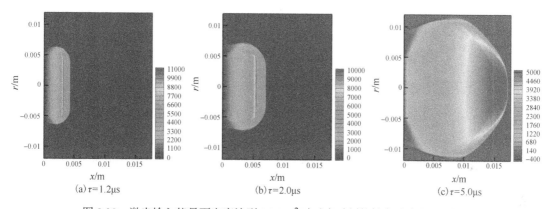

图 9.28　激光输入能量面密度达到 24J/cm² 时对应时刻的轴向速度(m/s)分布

图 9.29 为 $t=5\mu s$ 时三种能量时域分布激光脉冲驱动羽流场的轴向速度分布,此时三组激光都已完成激光能量输入,能量分布越集中,羽流场的速度分布区间越大,分布范围越广。

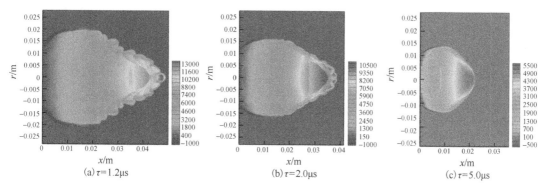

图 9.29　$t=5\mu s$ 时羽流场轴向速度(m/s)分布

图 9.30 比较了三组激光熄灭后 $3\mu s$,羽流场轴向的密度和轴向速度分布。从烧蚀产物的质量分布来看,这时羽流场的密度均小于 $2kg/m^3$,脉宽越大,羽流场高密度范围越广;比较轴向速度可知,三种情况速度场的差异主要体现在羽流场右端,在靠近烧蚀面的高密度区域内差异不大。这意味着激光能量时域分布对比冲的影响并不显著。

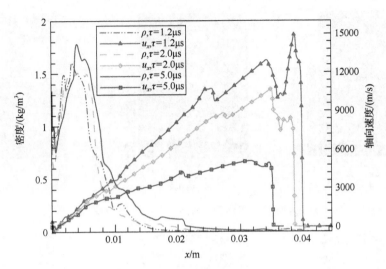

图 9.30　激光熄灭后 3μs，羽流场轴向的密度和轴向速度分布

### 9.3.2　对烧蚀质量和能量沉积的影响

图 9.31 为三种能量时域分布激光穿过烧蚀产物羽流场后的激光透过率随时间的变化。据图可知：$\tau = 5.0\mu s$ 时，产物未出现电离，在烧蚀速率和 $(CH_2O)_{\bar{n}}$ 组分短链吸收的影响下，激光透过率以 0.5 为中间值波动发展；$\tau = 1.2\mu s$ 和 $\tau = 2.0\mu s$ 对应的脉冲分别在 $t = 0.65\mu s$ 和 $t = 0.9\mu s$ 时击穿烧蚀产物，导致激光透过率急剧下降。

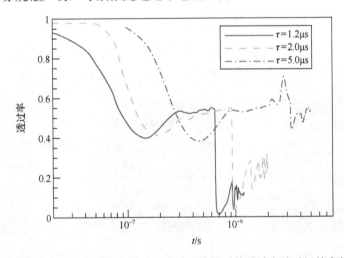

图 9.31　三种能量时域分布激光穿过羽流场后的透过率随时间的变化

受激光透过率的影响，聚合物推进剂烧蚀质量面密度随时间的变化如图 9.32 所示。从整体趋势来看，在烧蚀产物尚未电离时，激光能量时域分布越集中，烧蚀速度越快；当产物被击穿后，受等离子体强吸收作用影响，到达烧蚀面的激光能量迅速减小，导致随后的烧蚀质量面密度增长速率迅速下降；从最终的结果来看，激光能量时域分布越集中，脉冲烧蚀质量越少，即单位质量推进剂所消耗的激光能量越多。

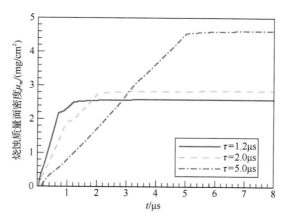

图 9.32　聚合物推进剂烧蚀质量面密度随时间的变化

图 9.33 为 $\tau$=1.2μs 时，不同时刻羽流场对称轴上的密度分布和产物对入射激光能量的吸收功率密度分布，图中选取的时间分别为 $t$=0.6μs、$t$=1.0μs 和 $t$=1.2μs。产物对激光能量的吸收机制分为未完全分解低聚物吸收和等离子体吸收，据图可知：前一种机制主要出现在烧蚀面附近，并在激光辐照全过程中都稳定存在；后一种机制只有当产物被击穿后才出现，并表现出陡峭的峰值。等离子体产生后，以 LSD 波或 LSC 波的形式迎着入射激光发展，导致激光能量强吸收区逐步从高密度区向低密度区发展，造成的后果是：低密度区域内的推进剂获得极高的温度和动能，但对动量的贡献却很小。$\tau$=2.0μs 时入射激光能量的空间沉积与 $\tau$=1.2μs 时类似，不同的仅仅是激光击穿羽流的时间更晚；$\tau$=5.0μs 时，能量沉积由未完全分解低聚物吸收控制，吸收区域集中在烧蚀面附近。

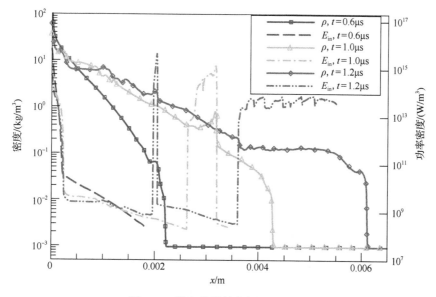

图 9.33　输入能量的空间沉积分布

### 9.3.3　对推进性能的影响

三种能量时域分布激光驱动的羽流场入口处压强随时间的变化如图 9.34 所示。当羽流未被击穿时，压强由质量烧蚀速率决定，能量时域分布越集中，压强越大；产物被击穿后，压强陡降，而后受等离子体高压回传的影响，压强小幅度增大；当激光熄灭后，在横向和侧向稀疏共同作用下烧蚀面压强迅速下降，逐渐趋于环境压强，在这一衰减过程中，在等离子体高压反射的作用下，压强还将出现小幅度的振荡。对于$\tau=5.0\mu s$的情况，由于脉冲辐照时间内未出现等离子体、质量烧蚀速率变化不大，因此压强波动较小。

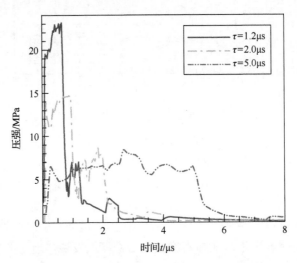

图9.34  三种能量时域分布激光驱动的羽流场入口处压强随时间的变化

三种能量时域分布激光烧蚀聚合物所得推力随时间的变化如图9.35所示，推力发展与羽流场入口处压强的变化趋势相近。最主要的差异体现在羽流场发展初期，这时产物飞散速度大，使推力出现与压强相比更明显的峰值，随后受先飞散产物的影响，动压减小，能量分布越集中，这一现象越明显。

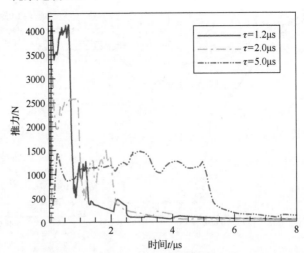

图9.35  三种能量时域分布激光烧蚀聚合物所得推力随时间的变化

POM在一组能量面密度为$30J/cm^2$、脉宽为$0.6\sim5\mu s$的单脉冲$CO_2$激光辐照下获得的冲量参数和推进性能如表9.2所示。

表 9.2　不同激光脉宽下的单脉冲烧蚀推进性能参数

| 激光脉宽/μs | 烧蚀质量/mg | 冲量/(mN·s) | 冲量耦合系数/(N/MW) | 比冲/s | 能量转化效率/% |
|---|---|---|---|---|---|
| 0.6 | 1.909 | 4.036 | 171.4 | 215.8 | 18.49 |
| 1.2 | 2.030 | 4.170 | 177.1 | 209.6 | 18.56 |
| 2.0 | 2.231 | 4.377 | 185.9 | 200.2 | 18.60 |
| 3.5 | 3.053 | 5.805 | 246.5 | 194.0 | 23.92 |
| 5.0 | 3.642 | 6.955 | 295.3 | 194.9 | 28.78 |

在所计算的范围内，脉宽越小(即能量分布越集中)，烧蚀质量越小，对应获得的冲量也越小。从推进性能整体变化趋势来看，减小激光脉宽，能够小幅度提高比冲，但同时会显著减小冲量耦合系数，并最终导致能量转化效率的降低。导致这一结果的原因在于：增大激光脉冲的强度将引起烧蚀产物被击穿而形成等离子体，虽然等离子体高温膨胀有利于使产物获得更高的速度，但等离子体迎着入射激光在羽流场低密度区域内发展，导致大量入射激光能量沉积于极少部分产物中，虽然这部分产物被激励到极高的温度和速度，但对冲量的贡献极小。

# 9.4　推进机理分析

根据前面对单脉冲激光烧蚀聚合物冲量产生过程及其影响因素的分析可知，冲量产生的主宰因素为聚合物气化、烧蚀产物与等离子体的作用，归纳为以下两种情况。

### 9.4.1　聚合物气化主宰的推进机理

聚合物气化主宰的推进机理主要适用于烧蚀产物未电离的情况，此时单脉冲激光烧蚀聚合物的冲量产生过程可以分为三个阶段。

1)高压维持阶段

高压维持阶段出现在脉冲辐照期间(图 9.36(a))，聚合物以液态蒸发机制或气体动力学机制烧蚀，烧蚀进程由液态产物饱和蒸气压或超临界产物气体飞散控制，烧蚀产物以质量

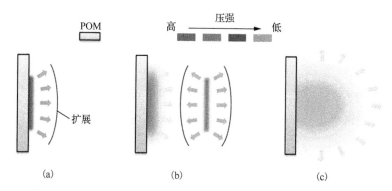

图 9.36　产物未电离情况下，单脉冲激光烧蚀聚合物的冲量产生过程

流率的形式进入羽流场，烧蚀面处于高压状态。在这一阶段，烧蚀面处高压在羽流场内具有绝对优势，控制着羽流场的发展。虽然受未完全热解产物吸收入射激光能量的影响，在烧蚀面外侧形成一片高温次高压区，但对烧蚀面压强的影响并不大。

2) 高压反射阶段

本节将激光结束至近烧蚀面高压区与滞止高压区融合这一时间段定义为高压反射阶段（图9.36(b)）。这一阶段最大的特点在于滞止高压区驱动的压缩波在烧蚀面反射形成压强峰值。从烧蚀面压强变化趋势来看，烧蚀面退化成壁面后，由于没有来流支撑，压强迅速降低；在此背景下，滞止高压区更主要的作用是减缓烧蚀面压强的衰减速度。高压反射阶段持续的时间约为2μs。

3) 稀疏衰减阶段

从近烧蚀面高压区与滞止高压区融合至羽流场与环境达到平衡这一阶段为稀疏衰减阶段（图9.36(c)）。在此过程中，烧蚀面高压经横向与径向稀疏不断减小，同时羽流场的空间尺度迅速增大，冲量作用面积随之扩大，这一阶段的持续时间约为100μs。

三个阶段各自特征突出：高压维持阶段是冲量生成的主要阶段，其主要影响参数是推进剂的烧蚀特性（尤其是烧蚀速率），当推进剂物性相同时，激光参数的影响较小，这正是比冲差异不显著的主要原因；高压反射阶段是激光熄灭后冲量生成的主要机制，是冲量特性优化的主要阶段；稀疏衰减阶段虽然压强较小但持续时间长且作用面积大，推力器设计应详细考虑这一阶段羽流场的发展和调节。

### 9.4.2　气化与电离共同主宰的推进机理

气化与电离共同主宰的推进机理适用于烧蚀产物被入射激光击穿的情况，此时单脉冲激光烧蚀聚合物的冲量产生过程可以分为四个阶段。

1) 高压维持阶段

激光辐照开始但产物尚未电离时，烧蚀面压强由羽流场输入参数确定，这一阶段称为高压维持阶段（图9.37(a)）。在这一阶段，由于入射激光强度大，并且羽流场尚未被击穿、激光透过率大，因此聚合物发生剧烈烧蚀，形成大量烧蚀产物，烧蚀面处于极高压状态，激光强度越大，烧蚀面压强越大。

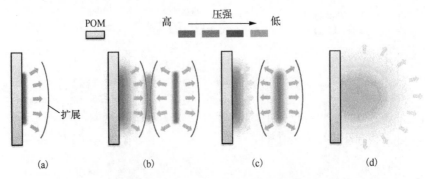

图9.37　产物发生电离时，单脉冲激光烧蚀聚合物的冲量产生过程

2) 高压阻滞阶段

当产物被击穿后，等离子体剧烈吸收入射激光能量，不仅导致激光透过率和聚合物烧蚀速率骤降，同时使等离子体温度迅速升高，形成高温区。等离子体高压区和近烧蚀面高压区相互作用，在二者之间形成阻滞高压区。在阻滞高压区作用下，羽流场入口输入产物的运动受限，累积在烧蚀面和滞止高压区之间，由此导致这一区域的压强逐步升高。这一过程发生在产物被击穿后，直到激光脉冲结束，这一阶段定义为高压阻滞阶段 (图 9.37(b))。

3) 高压反射阶段

与产物未电离情况类似，定义激光结束至近烧蚀面高压区与滞止高压区融合这一时间段为高压反射阶段(图 9.37(c))。由于增加了等离子体高压区，因此这一阶段持续的时间更长，约为 3μs。

4) 稀疏衰减阶段

稀疏衰减阶段的定义与产物未电离情况相同(图 9.37(d))，在这一阶段，烧蚀面压强在横向与径向稀疏波作用下不断减小，并且压强的空间分布逐步均匀，持续的时间约为 100μs。

与产物未电离情况相比，高压阻滞阶段是由产物电离导致的冲量生成新阶段，其间烧蚀面压强得以一定程度的提高，因此得到了更大的比冲。

## 9.5  推进性能与激光参数的关联关系

影响单脉冲激光烧蚀聚合物推进性能的主要参数是激光强度和脉宽。本节针对激光强度 $2.5 \times 10^6 \sim 1.0 \times 10^8$ W/cm$^2$、脉宽 $0.5 \sim 5.0$μs 的参数范围，建立它们对单脉冲激光烧蚀聚合物推进性能影响的定量关系。

1. 数值实验设计

由于参数范围跨度大，将光强分为 8 个水平，将脉宽分为 4 个水平(表 9.3)；为了提高效率、科学安排算例，采用均匀实验设计方法进行实验设计[4,5]，参照混合水平均匀设计表 $U_8(8 \times 4)$，需要开展的数值算例如表 9.4 所示。

表 9.3  单脉冲激光烧蚀聚合物推进性能影响因素与水平划分

| 水平 | 因素 | | 水平 | 因素 | |
| --- | --- | --- | --- | --- | --- |
| | 光强/(W/cm$^2$) | 脉宽/μs | | 光强/(W/cm$^2$) | 脉宽/μs |
| 1 | $2.5 \times 10^6$ | 0.5 | 5 | $2.5 \times 10^7$ | — |
| 2 | $5.0 \times 10^6$ | 1 | 6 | $5.0 \times 10^7$ | — |
| 3 | $7.5 \times 10^6$ | 3 | 7 | $7.5 \times 10^7$ | — |
| 4 | $1.0 \times 10^7$ | 5 | 8 | $1.0 \times 10^8$ | — |

表9.4 按 $U_8(8×4)$ 设计的数值实验方案

| 算例号 | 因素 | | 算例号 | 因素 | |
|---|---|---|---|---|---|
| | 光强水平 | 脉宽水平 | | 光强水平 | 脉宽水平 |
| S1 | 2 | 3 | S5 | 1 | 4 |
| S2 | 4 | 1 | S6 | 3 | 2 |
| S3 | 6 | 3 | S7 | 5 | 4 |
| S4 | 8 | 1 | S8 | 7 | 2 |

### 2. 结果分析

按表9.4所列参数进行数值计算,所得烧蚀质量和冲量如表9.5所示。采用二次型回归模型对冲量耦合系数 $C_m$ 和比冲 $I_{sp}$ 进行拟合,表达式为

$$C_m = \xi_{C0} + \xi_{C1}I + \xi_{C2}\tau + \xi_{C3}I\tau + \xi_{C4}I^2 + \xi_{C5}\tau^2 \tag{9.8}$$

$$I_{sp} = \xi_{I0} + \xi_{I1}I + \xi_{I2}\tau + \xi_{I3}I\tau + \xi_{I4}I^2 + \xi_{I5}\tau^2 \tag{9.9}$$

表9.5 单脉冲激光烧蚀聚合物的冲量特性数值实验结果

| 算例号 | 参数 | | | | |
|---|---|---|---|---|---|
| | 烧蚀质量/mg | 冲量/(mN·s) | 冲量耦合系数/(N/MW) | 比冲/s | 能量转化效率/% |
| S1 | 1.84 | 3.58 | 303.8 | 197.9 | 30.1 |
| S2 | 0.56 | 1.19 | 325.5 | 233.7 | 38.0 |
| S3 | 3.72 | 7.64 | 64.9 | 209.6 | 6.8 |
| S4 | 1.95 | 5.01 | 127.8 | 262.1 | 16.7 |
| S5 | 1.64 | 3.31 | 337.8 | 205.9 | 34.8 |
| S6 | 0.88 | 1.97 | 334.5 | 227.5 | 38.1 |
| S7 | 4.21 | 8.90 | 90.7 | 215.6 | 9.8 |
| S8 | 3.19 | 7.69 | 130.6 | 245.8 | 16.1 |

采用 SPSS 软件进行回归分析,为了便于数学处理,定义 $\vartheta = \lg(I×10^{-4})$,$\zeta = \tau×10^6$($\tau$ 和 $I$ 的单位为 s 和 W/m²)。$C_m$ 的回归方程为

$$C_m = 1069.2 + 8.59\zeta - 14.08\vartheta^2 - 10.69\vartheta\zeta + 5.78\zeta^2 \tag{9.10}$$

其中,回归方程的决定系数 $R^2=0.998$,$F$ 检验统计量 $F=390.6$(临界值 $F_{0.05}=9.12$)。

$I_{sp}$ 的回归方程为

$$I_{sp} = 227.5 - 38.62\zeta + 0.85\vartheta^2 - 0.242\vartheta\zeta + 5.77\zeta^2 \tag{9.11}$$

其中,$R^2=0.985$,$F=50.0$($F_{0.05}=9.12$)。

各参量的标准系数如表9.6所示。从拟合优度和回归方程显著性检验结果来看,$C_m$ 和 $I_{sp}$ 的回归效果较好。根据回归方程的标准系数可知,激光能量面密度($\vartheta\zeta$)对 $C_m$ 的影响最大,而 $I_{sp}$ 对激光脉宽非常敏感。

表 9.6　$C_m$ 和 $I_{sp}$ 回归方程的标准系数

| 参数 | 方程项 | | | | |
|---|---|---|---|---|---|
| | $\vartheta$ | $\zeta$ | $\vartheta^2$ | $\vartheta\zeta$ | $\zeta^2$ |
| $C_m$ | — | 0.13 | −0.96 | −1.12 | 0.49 |
| $I_{sp}$ | — | −3.03 | 0.30 | −0.13 | 2.53 |

基于回归分析结果，$C_m$ 和 $I_{sp}$ 与激光参数之间的关系分别如图 9.38 和图 9.39 所示。图中 $C_m$ 和 $I_{sp}$ 随激光参数的变化趋势具有以下特征：

(1) $C_m$ 随着激光强度和激光脉宽的增大而减小；

(2) $C_m$ 的极大值出现在压强和脉宽极小的位置；

(3) 脉宽一定时，$I_{sp}$ 随着光强的增大而增大，但增长幅度较小；

(4) 光强一定时，$I_{sp}$ 随着脉宽的增大先减小后增大，在 $\tau=3.5\mu s$ 左右达到极小值；

(5) $I_{sp}$ 的极大值出现在光强极大而脉宽极小的位置。

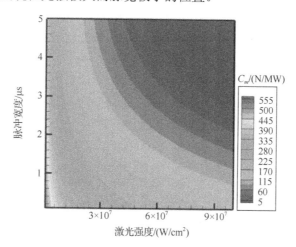

图 9.38　$C_m$ 和激光参数之间的关系

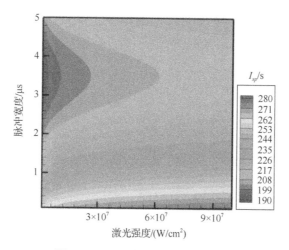

图 9.39　$I_{sp}$ 和激光参数之间的关系

图 9.40 为能量转化效率 $\eta$ 和激光参数之间的关系。由于比冲随激光参数的变化幅度远远小于冲量耦合系数，$\eta$ 和 $C_m$ 类似，呈现随激光强度和激光脉宽的增大而减小的变化趋势。

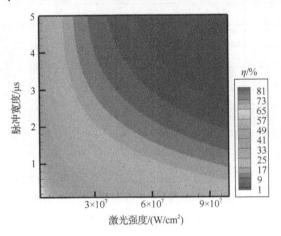

图 9.40　能量转化效率和激光参数之间的关系

## 参 考 文 献

[1] SINKO J E, SASOH A. Review of $CO_2$ laser ablation propulsion with polyoxymethylene[J]. International journal of aerospace innovations, 2011, 3(2): 93-129.

[2] KRÜGER J, NIINO H, YABE A. Investigation of excimer laser ablation threshold of polymers using a microphone[J]. Applied surface science, 2002, 197-198: 800-804.

[3] 孙承纬. 激光辐照效应[M]. 北京: 国防工业出版社, 2002: 110-112.

[4] 陈魁. 试验设计与分析[M]. 2 版. 北京: 清华大学出版社, 2005: 72-83.

[5] 任露泉. 试验设计及其优化[M]. 北京: 科学出版社, 2009: 7-20.

# 第 10 章　双脉冲激光辐照固体聚合物推进效应数值分析

基于第 3 章所述的数值模型和仿真系统，本章对双脉冲激光辐照 POM 的烧蚀和羽流场演化过程进行数值模拟，探索两个脉冲的脉宽、光强、脉冲间隔的组合对推进性能的影响规律。

## 10.1　计　算　方　法

双脉冲激光辐照下，POM 的烧蚀和羽流场演化所涉及的物理化学现象与单脉冲情况相同，沿用单脉冲激光辐照 POM 的数值分析模型和方法。

如前所述，要求第一脉冲的光强较低以确保烧蚀产物不被击穿，而第二脉冲的光强大于烧蚀产物气体层的击穿阈值。选择如表 10.1 所示的三种典型脉冲组合。为便于对比，脉冲间隔均取为 0.5μs。

表 10.1　双脉冲激光参数

| 序号 | 因素 | | | | |
|------|------|------|------|------|------|
| | 第一脉冲脉宽 /μs | 第一脉冲光强/ (W/cm$^2$) | 脉冲间隔 /μs | 第二脉冲脉宽 /μs | 第二脉冲光强/ (W/cm$^2$) |
| DP1 | 2.0 | $6.0\times10^6$ | 0.5 | 1.0 | $2.0\times10^7$ |
| DP2 | 2.0 | $6.0\times10^6$ | 0.5 | 1.0 | $3.6\times10^7$ |
| DP3 | 2.0 | $6.0\times10^6$ | 0.5 | 1.0 | $6.0\times10^7$ |

## 10.2　烧蚀和羽流场演化过程仿真与分析

### 10.2.1　激光透过率和烧蚀质量面密度发展过程与特征

双脉冲激光辐照全过程中，到达 POM 固体表面的光强与激光原始光强之比(等于激光透过率)如图 10.1 所示。

在第一脉冲作用期间且推进剂发生烧蚀后，烧蚀气化物中的低聚物继续吸收激光能量，导致激光透过率迅速下降；而后，由于激光能量被屏蔽、质量烧蚀速率减小，气化物膨胀密度减小，激光透过率又逐渐增大；如此反复，激光透过率波动发展，平均值约为 0.5。

第二脉冲到来时，激光透过率迅速下降到接近为零，且激光强度越大，透过率下降速率越大。随着第二脉冲辐照时间的增长，激光透过率达到最小值后缓慢增大。对上述现象解释如下：第二脉冲在气化层中的适当位置引发 LSD 波，截断激光束向 POM 表面的传播；LSD 波迎着入射激光传播时，波前密度不断减小，导致 LSD 波的强度不断减弱甚至退化为 LSC 波，对入射激光的吸收也减弱，激光透过率增大。

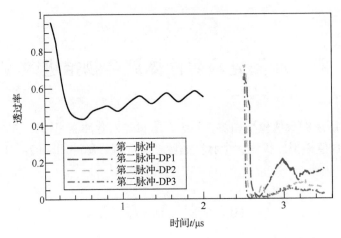

图 10.1　双脉冲激光辐照过程中激光透过率随时间的变化

双脉冲激光辐照过程中，烧蚀产物对 POM 固体表面光强的削弱机制包括未完全分解低聚物吸收和等离子体吸收。第一脉冲作用时，未完全分解低聚物吸收起主导作用；第二脉冲作用时，等离子体吸收起主导作用，并且光强越大，其主导作用越明显。

双脉冲激光辐照下，POM 的烧蚀质量面密度随时间的发展如图 10.2 所示。第一脉冲总的烧蚀质量面密度约为 1.5mg/cm$^2$。第二脉冲开始后，首先出现烧蚀质量面密度迅速增大的短暂阶段，光强越大则烧蚀速率增长越快；随后由于激光透过率急剧下降，烧蚀质量面密度的增长进入平台期，而后逐步趋于匀速增长。总体来看，与激光透过率的发展趋势一致。

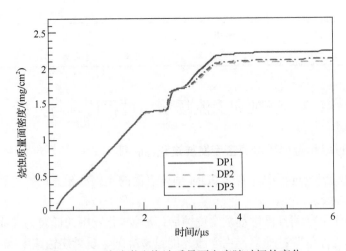

图 10.2　双脉冲激光烧蚀质量面密度随时间的变化

从最终的烧蚀质量面密度来看，DP2 最小、DP3 其次、DP1 最大，三者与第二脉冲光强无明显相关性。细致计算发现，第二脉冲光强越大，单位烧蚀质量消耗的激光能量越大。

### 10.2.2 羽流场演化过程与特征

#### 1. 第一脉冲羽流场

第一脉冲辐照期间，抽取的三个时刻的烧蚀产物羽流场的压强分布如图 10.3 所示。脉冲初始阶段，羽流场压强呈现由烧蚀面向环境逐次降低的分布(图 10.3(a)和(b))；随着辐照时间增长，在靠近烧蚀面一定距离的区域形成高压区，这是烧蚀产物中未完全分解的低聚物不断吸收入射激光能量所致(图 10.3(c))。

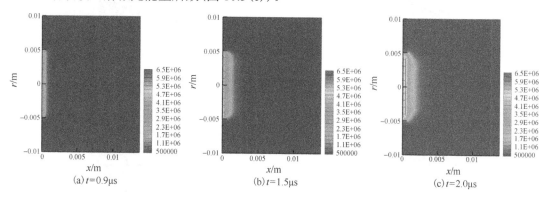

图 10.3  第一脉冲(12J/cm², 2μs)烧蚀产物羽流场压强(Pa)分布演变

与图 10.3 相同的三个时刻的第一脉冲烧蚀产物羽流场的轴向速度分布如图 10.4 所示。受低聚物强吸收高压区的影响，$t$=2.0μs 时刻，烧蚀面与高压区之间形成一个低速区域(图 10.4(c))。

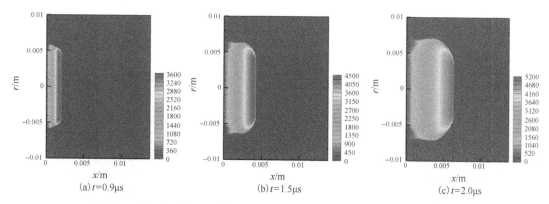

图 10.4  第一脉冲(12J/cm², 2μs)烧蚀产物羽流场轴向速度(m/s)分布演变

第一脉冲和第二脉冲间隔期间，羽流场自由发展。

第二脉冲到达时刻($t$=2.5μs)羽流场的密度和压强分布如图 10.5 所示。羽流场内的物质大部分仍然集中在距离烧蚀面 3mm 以内的区域，并且烧蚀面是羽流场密度和压强最大的位置，烧蚀产物的密度范围为 1~9kg/m³。

$t$=2.5μs 时，羽流场的轴向速度和温度分布如图 10.6 所示。在羽流高密度区域，产物的温度为 2400K 左右；轴向速度从烧蚀面向外逐渐增大，并在距离烧蚀面 1mm 之外增幅减小，趋于 2000m/s。

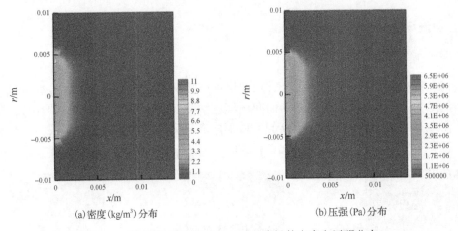

(a)密度(kg/m³)分布　　　　　(b)压强(Pa)分布

图 10.5　第二脉冲到达 $t$=2.5μs 时羽流场的密度和压强分布

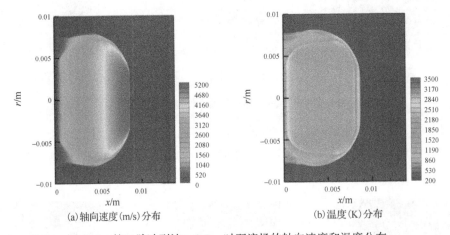

(a)轴向速度(m/s)分布　　　　　(b)温度(K)分布

图 10.6　第二脉冲到达 $t$=2.5μs 时羽流场的轴向速度和温度分布

$t$＝2.5μs 时，羽流场的组分分子数比例分布如图 10.7 所示。产物集中区域的主要成分为 CO、$H_2$、$CH_4$ 和 $CO_2$，只有少量 C、O 和 H(约 1%)。

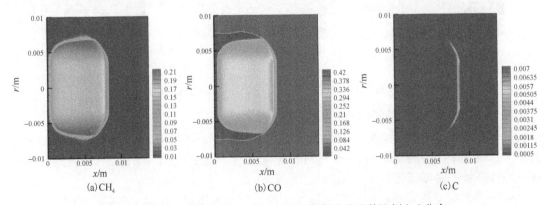

(a)$CH_4$　　　　　(b)CO　　　　　(c)C

图 10.7　第二脉冲到达 $t$＝2.5μs 时羽流场的组分分子数比例(%)分布

## 2. 羽流场击穿特性

第二脉冲的光强较大，超过击穿烧蚀产物形成等离子体的阈值。$t = 2.6\mu s$ 时刻，羽流场的温度分布和 $C^+$ 组分分子数比例分布分别如图 10.8 和图 10.9 所示，高温区和 $C^+$ 组分高浓度区重合。$C^+$ 组分高浓度区代表着强吸收性等离子体。三组脉冲作用下的羽流场都出现了明显的强吸收区，光强越小，则强吸收区越靠近烧蚀面。根据 3.2.3 节"激光诱导产物电离"部分的级联电离模型[1]，在密度为 $1 \sim 9 kg/m^3$ 的气体中，自由电子数密度的增长速率随密度增大而增大、随光强增大而增大。由此可知，入射激光在密度不断增大的气体中传播，光强越大，其诱导气体击穿位置的气体密度越小。因此，图 10.8 中 DP1～DP3 诱导强吸收区与烧蚀面的距离依次增大。

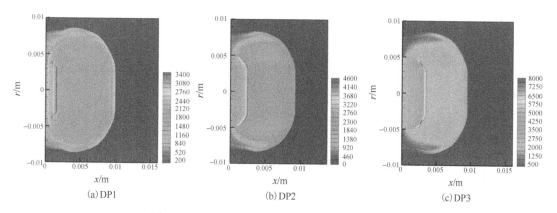

图 10.8　击穿后的 $t = 2.6\mu s$ 时羽流场温度(K)分布

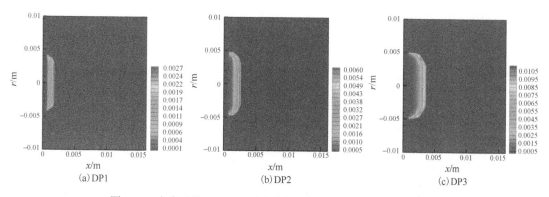

图 10.9　击穿后的 $t = 2.6\mu s$ 时羽流场 $C^+$ 组分分子数比例(%)分布

$t = 2.6\mu s$ 时，羽流场的压强分布如图 10.10 所示。由于电离区温度高和小分子量的粒子数密度大，压强显著高；光强越高，则压强幅值越大，并且高压区与烧蚀面的距离越远。

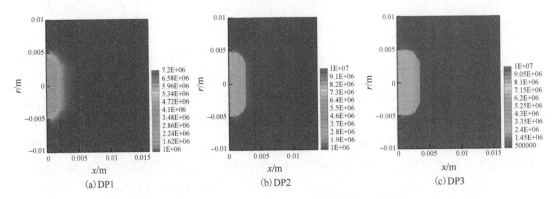

(a) DP1　　　　　　　　　(b) DP2　　　　　　　　　(c) DP3

图 10.10　击穿后的 $t=2.6\mu s$ 时羽流场压强(Pa)分布

### 3. 第二脉冲羽流场

形成强吸收性等离子体后，羽流场演化出复杂的结构。图 10.11 是 $t=3.0\mu s$ 时的羽流场温度分布，显示光强越大，等离子体区的体积越大。图 10.12 是 $t=3.5\mu s$ 时的羽流场温度分布，显示高光强辐照下羽流场中的等离子体区受到拉伸，中央部分增厚且迎着入射激光移动，两侧端部似乎"生根"被拉出两条"臂"。

从第二脉冲作用的整个时间段来看，羽流场被击穿后的等离子体区的演化呈三种形式。

(1) 以 LSD 波的形式迎着入射激光发展(图 10.11)。受波前粒子数密度减小的影响，距离烧蚀面越远，则 LSD 波越弱，范围不断缩小。此外，由于侧向稀疏，LSD 波的两侧弯向烧蚀面。LSD 波后的等离子体由于没有足够的能量维持，逐步熄灭。

(2) 以 LSC 波的形式发展(图 10.12(b)和(c))。当光强小于 LSD 波波前密度对应的 LSD 波阈值时，LSD 波退化成 LSC 波，等离子体与 LSC 波前的冲击波分离。

(3) 在 LSD 波和 LSC 波未覆盖区域，激光诱导产生新的等离子体。新的等离子体呈椭球形屏蔽烧蚀面(图 10.12(b)和(c))；光强越大，则等离子体厚度越大。受流场和光束的组合影响，被屏蔽的等离子体熄灭，相邻的等离子体融合，形成复杂的羽流场结构。

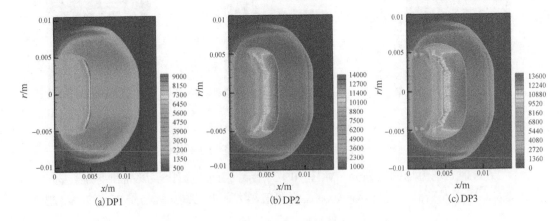

(a) DP1　　　　　　　　　(b) DP2　　　　　　　　　(c) DP3

图 10.11　$t=3.0\mu s$ 时的羽流场温度(K)分布

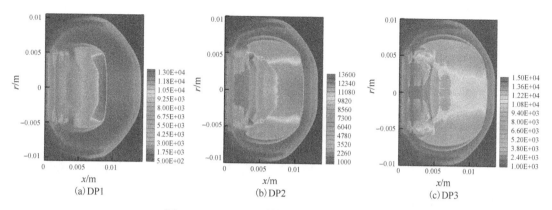

图 10.12　$t$=3.5μs 时的羽流场温度(K)分布

图 10.13 和图 10.14 分别为 $t$=3.0μs 和 $t$=3.5μs 时的羽流场压强分布。从图 10.13 来看，LSD 波未熄灭时，羽流场呈现三个高压区——近烧蚀面区、LSD 波后区和中央滞止区。近烧蚀面区的高压是第二脉冲烧蚀产物聚集在烧蚀面附近产生的；LSD 波后区的高压由 LSD 波后高温维持；中央滞止区则是左侧高密度产物膨胀与右侧高温气体膨胀相互挤压形成的低速高压区域。LSD 波熄灭后，其波后的高温气体因持续膨胀而不断降温，压强随之减小。这时在原中央滞止区，由于入射激光诱导电离产生新的等离子体，将继续保持高压状态。如图 10.14(b) 和(c)所示，LSD 波熄灭后羽流场的高压区退化成两个——近壁面区和滞止电离区。

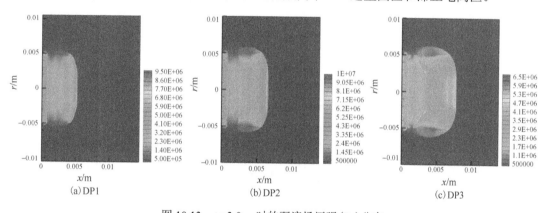

图 10.13　$t$=3.0μs 时的羽流场压强(Pa)分布

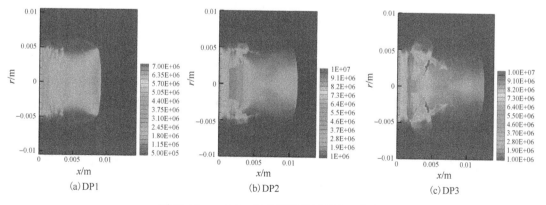

图 10.14　$t$=3.5μs 时的羽流场压强(Pa)分布

　　第二脉冲熄灭后，羽流场继续膨胀，直到与环境达到平衡。$t$=10.0μs 时刻的羽流场压强分布如图 10.15 所示。受侧向稀疏和轴向稀疏的影响，$x$=0.01m 处的压强比 $t$=3.5μs 时刻降低了约两个数量级。

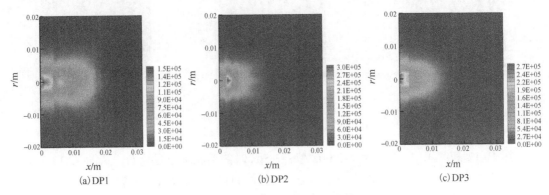

(a) DP1　　　　　　　　　　(b) DP2　　　　　　　　　　(c) DP3

图 10.15　$t$ = 10.0μs 时的羽流场压强 (Pa) 分布

## 10.3　推力变化过程与推进性能分析

　　推力由烧蚀产物羽流场入口处压强决定，该处压强随时间的变化如图 10.16 所示。

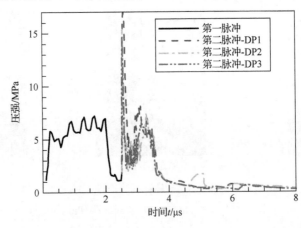

图 10.16　双脉冲激光辐照下烧蚀产物羽流场入口处压强随时间的变化

　　第一脉冲辐照期间，由于激光强度小、激光透过率变化平缓，推进剂质量烧蚀速率较稳定，羽流场入口处压强波动较小。第一脉冲结束、第二脉冲未到达前，羽流场自由发展，烧蚀面压强迅速衰减。受低聚物强吸收高压区的影响，压强衰减过程中出现一定的波动。第二脉冲到达固体表面、烧蚀产物未被击穿前，推进剂质量烧蚀速率迅速增大，羽流场入口处压强因此陡升。随后，由于等离子体的出现，激光透过率降至最小值，推进剂质量烧蚀速率因此迅速下降，羽流场入口处压强随之陡降。受 LSD 波衰减的影响，激光透过率小幅度上升并且趋于稳定，羽流场入口处压强也逐步提高。直到第二脉冲结束，受中央滞止高压区的影响，羽流场入口处压强处于相对稳定的状态。第二脉冲结束后，羽流场入口处压强迅速减小。受中央滞止高压区和电离高压区的影响，压强衰减过程中，DP1～DP3 都出现了新的压强峰值,其中 DP1 最为明显,因为其中央滞止高压区离烧蚀面最近且第二脉冲熄灭前其支持的 LSD 波仍未熄灭。

为了与双脉冲计算结果进行对比,同时计算了双脉冲算例中各脉冲单独作用的推进性能参数,如表 10.2 所示。其中,DPC1 为第一脉冲,DPC2 为 DP1 的第二脉冲,余类推。结果如下。

(1)双脉冲激光推进模式能够有效增大比冲,但较大幅度地降低了冲量耦合系数,两相抵消,能量转化效率变化不大。

(2)从烧蚀质量来看,双脉冲辐照中的第二脉冲烧蚀质量远小于相应参数的激光脉冲单独作用时的烧蚀质量(为 1/3 左右)。说明第一脉冲烧蚀产物的存在大大加快了第二脉冲出现显著屏蔽效应的进程,第二脉冲的主要能量用于维持 LSD 波。

(3)对比 DP1~DP3 三组算例,DP1 性能最佳,其主要原因在于等离子体区域靠近烧蚀面,使中央滞止高压区的作用更直接高效。

表 10.2　双脉冲模式典型算例及对比算例的推进性能参数

| 序号 | 参数 | | | | |
| | 烧蚀质量 /mg | 冲量 /(mN·s) | 冲量耦合系数 /(N/MW) | 比冲 /s | 能量转化效率 /% |
| --- | --- | --- | --- | --- | --- |
| DP1 | 2.23 | 5.41 | 215.2 | 247.2 | 26.6 |
| DP2 | 2.08 | 4.96 | 131.6 | 243.7 | 16.0 |
| DP3 | 2.12 | 5.03 | 88.9 | 241.6 | 10.7 |
| DPC1 | 1.51 | 2.94 | 311.8 | 199.3 | 31.1 |
| DPC2 | 1.81 | 3.76 | 239.2 | 211.4 | 25.3 |
| DPC3 | 1.98 | 4.18 | 147.9 | 215.8 | 16.0 |
| DPC4 | 2.56 | 5.43 | 115.2 | 216.6 | 12.5 |

## 10.4　推进性能与激光参数的关联关系

### 10.4.1　正交实验设计

为了提高数值实验效率,给出较准确的推进性能与双脉冲激光参数之间的量化关系,采用正交实验设计方法选择影响因素的典型水平组合。

首先,分别将第一脉冲脉宽 $\tau_1$、第一脉冲光强 $I_1$、脉冲间隔 $\tau_d$、第二脉冲脉宽 $\tau_2$ 和第二脉冲光强 $I_2$ 分为四个水平,如表 10.3 所示。

表 10.3　双脉冲激光烧蚀聚合物推进性能影响因素与水平划分

| 水平 | 因素 | | | | |
| | 第一脉冲脉宽 $\tau_1/\mu s$ | 第一脉冲光强 $I_1/(W/cm^2)$ | 脉冲间隔 $\tau_d/\mu s$ | 第二脉冲脉宽 $\tau_2/\mu s$ | 第二脉冲光强 $I_2/(W/cm^2)$ |
| --- | --- | --- | --- | --- | --- |
| 1 | 0.5 | $2.0\times10^6$ | 0 | 0.1 | $1.0\times10^7$ |
| 2 | 1 | $4.0\times10^6$ | 0.5 | 0.5 | $2.5\times10^7$ |
| 3 | 3 | $6.0\times10^6$ | 1.0 | 1.5 | $7.5\times10^7$ |
| 4 | 5 | $8.0\times10^6$ | 2.0 | 3 | $1.0\times10^8$ |

参照正交实验设计表 $L_{16}(4^5)$，需要开展的数值算例如表 10.4 所示。

表 10.4　按 $L_{16}(4^5)$ 设计的数值实验方案

| 算例号 | 因素 | | | | |
| --- | --- | --- | --- | --- | --- |
| | $\tau_1$ | $I_1$ | $\tau_d$ | $\tau_2$ | $I_2$ |
| D1 | 1 | 1 | 1 | 1 | 1 |
| D2 | 1 | 2 | 2 | 2 | 2 |
| D3 | 1 | 3 | 3 | 3 | 3 |
| D4 | 1 | 4 | 4 | 4 | 4 |
| D5 | 2 | 1 | 2 | 3 | 4 |
| D6 | 2 | 2 | 1 | 4 | 3 |
| D7 | 2 | 3 | 4 | 1 | 2 |
| D8 | 2 | 4 | 3 | 2 | 1 |
| D9 | 3 | 1 | 3 | 4 | 2 |
| D10 | 3 | 2 | 4 | 3 | 1 |
| D11 | 3 | 3 | 1 | 2 | 4 |
| D12 | 3 | 4 | 2 | 1 | 3 |
| D13 | 4 | 1 | 4 | 2 | 3 |
| D14 | 4 | 2 | 3 | 1 | 4 |
| D15 | 4 | 3 | 2 | 4 | 1 |
| D16 | 4 | 4 | 1 | 3 | 2 |

### 10.4.2　结果分析

表 10.5 为双脉冲激光烧蚀聚合物的冲量特性数值实验结果。

表 10.5　双脉冲激光烧蚀聚合物的冲量特性数值实验结果

| 算例号 | 参数 | | | | |
| --- | --- | --- | --- | --- | --- |
| | 烧蚀质量/mg | 冲量/(mN·s) | 冲量耦合系数/(N/MW) | 比冲/s | 能量转化效率/% |
| D1 | 0.29 | 0.63 | 400.82 | 218.10 | 43.71 |
| D2 | 1.24 | 3.13 | 274.72 | 257.40 | 35.36 |
| D3 | 4.08 | 5.95 | 65.58 | 290.28 | 9.52 |
| D4 | 2.45 | 6.97 | 22.93 | 290.48 | 3.33 |
| D5 | 0.60 | 1.59 | 10.48 | 268.91 | 1.41 |
| D6 | 3.11 | 8.63 | 47.99 | 282.63 | 6.78 |
| D7 | 1.04 | 2.71 | 406.54 | 266.61 | 54.19 |
| D8 | 1.53 | 3.77 | 369.04 | 250.50 | 46.22 |
| D9 | 2.85 | 7.53 | 118.47 | 269.58 | 15.97 |

续表

| 算例号 | 参数 | | | | |
|---|---|---|---|---|---|
| | 烧蚀质量/mg | 冲量/(mN·s) | 冲量耦合系数/(N/MW) | 比冲/s | 能量转化效率/% |
| D10 | 2.67 | 6.78 | 319.90 | 259.59 | 41.52 |
| D11 | 2.54 | 5.94 | 111.23 | 238.40 | 13.26 |
| D12 | 3.08 | 7.17 | 289.95 | 237.25 | 34.40 |
| D13 | 2.06 | 4.65 | 124.62 | 230.06 | 14.33 |
| D14 | 2.63 | 5.66 | 240.14 | 219.06 | 26.30 |
| D15 | 5.29 | 13.31 | 282.63 | 256.77 | 36.29 |
| D16 | 4.82 | 13.40 | 220.25 | 283.67 | 31.24 |

根据数值计算结果，冲量耦合系数 $C_m$ 和比冲 $I_{sp}$ 的极差分析结果如表 10.6 所示。

表 10.6　双脉冲激光烧蚀推进数值实验的性能参数极差分析结果

| 参数 | 试验号 | 因素 | | | | |
|---|---|---|---|---|---|---|
| | | $\tau_1$ | $I_1$ | $\tau_d$ | $\tau_2$ | $I_2$ |
| $C_m$ | $K_1$ | 764.0 | 654.4 | 780.3 | 1208.4 | 1372.4 |
| | $K_2$ | 834.0 | 882.8 | 857.8 | 879.6 | 1020.0 |
| | $K_3$ | 839.5 | 866.0 | 793.2 | 616.2 | 528.1 |
| | $K_4$ | 867.6 | 902.2 | 874.0 | 472.0 | 384.8 |
| | $\kappa_1$ | 191.0 | 163.6 | 195.1 | 302.1 | 343.1 |
| | $\kappa_2$ | 208.5 | 220.7 | 214.4 | 219.9 | 255.0 |
| | $\kappa_3$ | 209.9 | 216.5 | 198.3 | 154.1 | 132.0 |
| | $\kappa_4$ | 216.9 | 225.5 | 218.5 | 118.0 | 96.2 |
| | 极差 | 25.9 | 61.9 | 23.4 | 184.1 | 246.9 |
| | 因素主次 | $I_2 \rightarrow \tau_2 \rightarrow I_1 \rightarrow \tau_1 \rightarrow \tau_d$ | | | | |
| | 优方案 | 4 | 4 | 4 | 1 | 1 |
| $I_{sp}$ | $K_1$ | 1055.8 | 986.6 | 1022.8 | 1011.1 | 985.0 |
| | $K_2$ | 1068.6 | 1018.7 | 1020.3 | 976.4 | 1077.2 |
| | $K_3$ | 1004.8 | 1051.6 | 1029.0 | 1102.0 | 1039.8 |
| | $K_4$ | 989.6 | 1061.9 | 1046.7 | 1099.5 | 1016.8 |
| | $\kappa_1$ | 264.0 | 246.7 | 255.7 | 252.8 | 246.2 |
| | $\kappa_2$ | 267.2 | 254.7 | 255.1 | 244.1 | 269.3 |
| | $\kappa_3$ | 251.2 | 262.9 | 257.2 | 275.5 | 259.9 |
| | $\kappa_4$ | 247.4 | 265.5 | 261.7 | 274.9 | 254.2 |
| | 极差 | 19.8 | 18.8 | 6.6 | 31.4 | 23.1 |
| | 因素主次 | $\tau_2 \rightarrow I_2 \rightarrow \tau_1 \rightarrow I_1 \rightarrow \tau_d$ | | | | |
| | 优方案 | 2 | 4 | 4 | 3 | 2 |

根据极差值的大小，$C_m$ 的影响因素由主至次依次为 $I_2 \rightarrow \tau_2 \rightarrow I_1 \rightarrow \tau_1 \rightarrow \tau_d$。算例所考虑因

素水平与 $C_m$ 变化趋势的关系如图 10.17 所示，可见使 $C_m$ 最大的因素水平组合为 $(\tau_1|4, I_1|4, \tau_d|4, \tau_2|1, I_2|1)$。

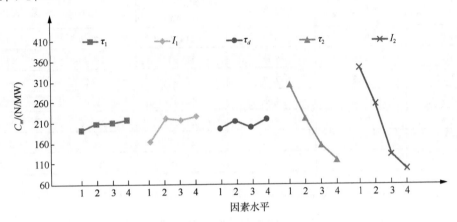

图 10.17　双脉冲因素水平与 $C_m$ 的趋势图

类似地，根据极差可知，$I_{sp}$ 的影响因素由主至次依次为 $\tau_2 \rightarrow I_2 \rightarrow \tau_1 \rightarrow I_1 \rightarrow \tau_d$；图 10.18 为因素水平与 $I_{sp}$ 变化趋势的关系，当因素水平组合为 $(\tau_1|2, I_1|4, \tau_d|4, \tau_2|3, I_2|2)$ 时 $I_{sp}$ 最优。

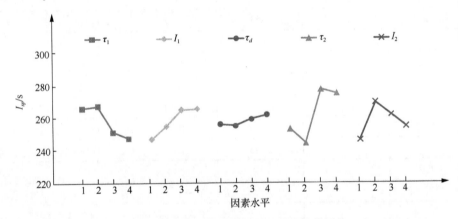

图 10.18　双脉冲因素水平与 $I_{sp}$ 的趋势图

根据极差分析结果，对 $C_m$ 和 $I_{sp}$ 的优选方案进行计算，所得 $C_m$ 和 $I_{sp}$ 的结果分别为 368.2N/MW 和 291.7s，比冲的计算结果与预测吻合，但是冲量耦合系数有一定的偏差，其主要原因是在所考虑的激光参数范围内 $C_m$ 变化剧烈，导致极差分析存在误差。由于 $C_m$ 最主要的影响因素为 $I_2$ 和 $\tau_2$，保持 $(\tau_2|1, I_2|1)$ 并变换不同的 $I_1$、$\tau_1$ 和 $\tau_d$ 组合进行计算，得到 $C_m$ 的最佳组合为 $(\tau_1|2, I_1|3, \tau_d|4, \tau_2|1, I_2|1)$，可以获得 410N/MW 的极大值。

为了进一步分析冲量特性与双脉冲激光参数之间的关系，采用回归分析方法建立 $C_m$ 和 $I_{sp}$ 的回归方程。

为了便于分析，定义以下参数：$\chi_1 = \lg(I_1 \times 10^{-10})$、$\zeta_1 = \tau_1 \times 10^6$、$\zeta_d = \tau_d \times 10^6$ 和 $\zeta_2 = \tau_2 \times 10^6$（其中 $\tau$ 和 $I$ 单位为 s 和 W/m$^2$）。$C_m$ 的回归方程为

$$C_m = 484.1 + 99.7\chi_1 - 188.4\zeta_2 + 39.1\zeta_2^2 - 81.8\chi_2^2 \tag{10.1}$$

其中，$R^2=0.960$，$F=65.9$（临界值 $F_{0.05}=3.36$）。$I_{sp}$ 的回归方程为

$$I_{sp} = 42.76 - 13.2\zeta_1 + 8.85\zeta_d + 44.9\zeta_2 + 257.1\chi_2 + 13.3\zeta_1\chi_1 - 9.67\zeta_2^2 - 82.0\chi_2^2 \quad (10.2)$$

其中，$R^2=0.972$，$F=39.3$（$F_{0.05}=3.50$）。可见回归方程都是显著的，各项的标准系数如表 10.7 所示。

表 10.7　$C_m$ 和 $I_{sp}$ 回归方程的标准系数

| 参数 | 式(10.1)和式(10.2)对应的方程项 | | | | | | |
|---|---|---|---|---|---|---|---|
| | 第 2 项 | 第 3 项 | 第 4 项 | 第 5 项 | 第 6 项 | 第 7 项 | 第 8 项 |
| $C_m$ | 0.17 | −1.60 | 1.08 | −0.75 | — | — | — |
| $I_{sp}$ | −0.99 | 0.28 | 2.12 | 4.32 | 0.75 | −1.48 | −4.16 |

根据回归结果可知，影响双脉冲 $C_m$ 最主要的参数为第二脉冲脉宽，而后依次为第二脉冲强度和第一脉冲强度；对双脉冲 $I_{sp}$ 影响最大的参数是第二脉冲强度，其次为第二脉冲脉宽，第一脉冲脉宽、第一脉冲强度和脉冲间隔分列 3～5 位。从参数变化趋势来看，双脉冲 $C_m$ 随着第二脉冲脉宽和光强的减小而增大；当其他参数相同时，$I_{sp}$ 在 $\tau_2=2.3\mu s$，$I_2=3.7\times10^7 W/cm^2$ 时达到最大值，约为 315s。这一结果与文献中预测的 600s[2] 相比有一定差异，但是文献[2] 采用的是一维模型假设，若将文献[2]的结果进行半球面等效则应为 381s。

## 参 考 文 献

[1] MORGAN C G. Laser-induced breakdown of gases[J]. Reports on progress in physics, 1975, 38(5): 621.

[2] KARE J T. Laser launch-the second wave[J]. AIP proceeding, 2003, 664: 22-36.

# 第 11 章　单脉冲激光辐照 POM 基复合推进剂性能分析

根据前述分析可知，烧蚀产物中电子数密度大有利于激光能量沉积。本章分析两种增大烧蚀产物中电子数密度方法的效果：一种是已有较多实验研究的在高分子聚合物中掺杂金属颗粒的方法；另一种是本书作者新创的在聚合物受辐照表面上方覆盖金属网的方法。为表述简便，将非纯 POM 的上述受辐照对象统称为复合推进剂。

本章基于 LAP_TOPC 数值仿真平台，对单脉冲激光辐照 POM 基复合推进剂的冲量产生过程进行数值仿真，并采用数值实验方式对激光辐照金属网覆盖 POM 的参数进行优化。

## 11.1　复合推进剂设计

### 1. 掺杂金属颗粒

POM 的组成元素为 C、H、O 和 N，这些元素原子的电离能是金属原子的若干倍。由 Saha 方程可知，电离率与电离能呈负指数关系，电离能微小的变化即可引起电离率的大幅度改变。POM 中掺杂金属颗粒的设计思路即来源于此。

掺杂金属颗粒推进剂的主要设计参数包括掺杂金属种类、掺杂物质量分数和颗粒几何尺度。除电离能较小之外，还希望掺杂金属的原子量较小，以提高相同掺杂物质量分数下单位质量烧蚀产物中易电离分子的摩尔分数；还希望掺杂金属的化学性质稳定，便于推进剂的掺混加工、测试和保存。

基于上述考虑，选取铝(Al)作为掺杂物。

### 2. 表面覆盖金属网

将一定网格密度的金属网垂直于入射激光方向安置在聚合物推进剂上方，如图 11.1 所示。激光辐照期间，金属丝烧蚀产物中的电子数密度高，使周围的 POM 烧蚀产物能在更低的激光强度下形成等离子体，从而影响冲量耦合系数和比冲特性。

聚合物+金属网复合推进剂的可调参数包括金属网材质、网格间距 $w_g$、金属网与烧蚀面的距离 $h_g$。对于金属网的材质，希望与激光相互作用时烧蚀质量较少，即希望单位质量汽化热较大，以保证多次重复使用；同时电离能较小。

综合上述要求，采用 Al 作为金属网。

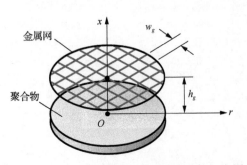

图 11.1　金属网覆盖聚合物推进剂的结构示意图

## 11.2　激光辐照掺杂金属颗粒 POM 的推进效应分析

### 11.2.1　物理模型与计算方法

1. 掺杂金属颗粒聚合物推进剂细观模型

颗粒半径和掺杂物质量分数是决定复合推进剂细观结构的主要参数。记掺杂物的颗粒半径为 $R_{dp}$，质量分数为 $\eta_{dp}$，则颗粒数密度 $N_{dp}$ 为

$$N_{dp} = \frac{3\eta_{dp}\rho_p}{4\pi R_{dp}{}^3\left[(1-\eta_{dp})\rho_{dp} + \eta_{dp}\rho_p\right]} \tag{11.1}$$

其中，$\rho_{dp}$ 和 $\rho_p$ 分别为掺杂物和聚合物的密度。体积为 $V$ 的掺杂聚合物包含的颗粒数目 $N_{dp\text{-}V}$ 可以表示为

$$N_{dp\text{-}V} = \text{Round}[VN_{dp}] \tag{11.2}$$

其中，$\text{Round}[VN_{dp}]$ 表示对 $VN_{dp}$ 四舍五入取整。

掺杂金属颗粒的尺寸（μm）比激光光斑尺寸（cm）小得多。为了控制模型的计算规模，同时正确计算掺杂物的温升和烧蚀过程，将掺杂物划分成边长为 $R_{dp}/5$ 的正六面体单元，如图 11.2 所示。

当掺杂金属颗粒的几何参数和质量分数已知时，只要获得掺杂金属颗粒球心的位置即可确定其在聚合物中的分布。掺杂物在聚合物中的分布是随机的，采用随机数生成的办法确定颗粒球心的位置。将掺杂聚合物划分为边长为 $R_{dp}/5$ 的小立方体，并将顶点按 $z{\rightarrow}x{\rightarrow}y$ 由大到小的顺序编号，如图 11.3 所示。

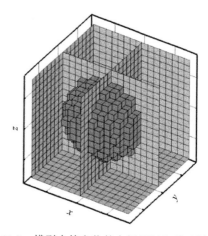

图 11.2　模型中掺杂物的空间近似和单元划分

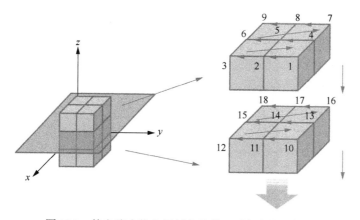

图 11.3　掺杂聚合物空间划分及单元顶点编号示意图

　　记顶点总数为 $N_t$，则问题转化为在 $N_t$ 个数中随机地选取 $N_{dp\text{-}V}$ 个数作为掺杂金属颗粒分布的球心，同时要保证选出的数代表的顶点之间的距离不能小于 $2R_{dp}$。参考文献[1]给出的算法，掺杂物金属颗粒的球心按以下步骤进行确定。

　　步骤 1：初始化。置 $m=0$，$t=0$（$m$ 表示已选球心数，$t$ 表示已处理过的顶点数）。

　　步骤 2：生成 U。生成 0～1 一致分布的一个随机数 $U$。

　　步骤 3：检验 1。如果 $(N_t-t)U \geqslant n-m$，则转到步骤 6。

　　步骤 4：检验 2。如果 $m \geqslant 1$，计算 $\Sigma_i = \left[ d_{i\cdot(t+1)}/(2R_{dp}) \right]$，$1 \leqslant i \leqslant m$，若 $\exists i$ 使 $\Sigma_i < 1$，则转到步骤 6（$d_{i\cdot(t+1)}$ 表示编号为 $t+1$ 的顶点与第 $i$ 个已选球心之间的距离，$\left[ d_{i\cdot(t+1)}/(2R_{dp}) \right]$ 表示对 $d_{i\cdot(t+1)}/(2R_{dp})$ 取整）。

　　步骤 5：选择，把编号为 $t+1$ 的顶点选为第 $m+1$ 个球心，$m$ 和 $t$ 加 1。如果 $m < N_{dp\text{-}V}$，则转到步骤 2，否则球心完全确定。

　　步骤 6：跳，跳过 $t+1$ 编号的顶点（不选其为球心），$t$ 加 1，并转到步骤 2。

　　按照上述方法，对 POM 掺杂半径为 10μm，质量分数分别为 10%、20%、30% 和 40% 的 Al 颗粒的情况进行数值实验，得到掺杂物的分布情况，如图 11.4 所示。可见用上述算法可以获得较为理想的结果。

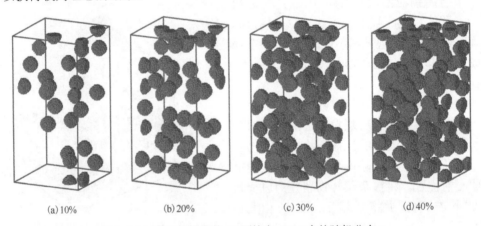

(a) 10%　　　　　　(b) 20%　　　　　　(c) 30%　　　　　　(d) 40%

图 11.4　不同质量分数 Al 颗粒在 POM 中的随机分布

2. 金属颗粒的烧蚀及其与聚合物的相互作用

　　与聚合物相比，金属对激光的吸收深度浅、反射率大，并且热导率大、相变过程清晰，目前有较完善的物理模型描述其烧蚀过程[2]。本章移植其烧蚀模型。

　　不考虑金属热力学性质的变化，金属颗粒内的温度场焓方程为

$$\frac{\partial H_{dp}}{\partial t} = v_s \frac{\partial H_{dp}}{\partial z} + \frac{\partial}{\partial z}\left( K_{dp\_c} \frac{\partial T}{\partial z} \right) - \frac{\partial I}{\partial z} \tag{11.3}$$

其中，$H_{dp}$ 为掺杂物的焓；$K_{dp\_c}$ 为热导率；$v_s$ 为烧蚀面后移速度；$I$ 为激光强度。激光强度分布满足 Beer 定律，表示为

$$\frac{\partial I}{\partial z} = -\alpha_{dp} I \tag{11.4}$$

其中，$\alpha_{dp}$ 为掺杂物对激光的吸收系数。边界条件为

$$\begin{cases} K_{dp\_c} \left.\dfrac{\partial T}{\partial z}\right|_{z=0} = -\rho_{dp} H_{dp\_v} v_s , \quad I(x)\big|_{z=0} = I_0 \\ T\big|_{z\to\infty} = T_\infty , \quad T\big|_{t=0} = T_\infty \end{cases} \tag{11.5}$$

其中，$T_\infty$ 为环境温度；$H_{dp\_v}$ 为掺杂物的汽化焓。

掺杂金属液态时的饱和蒸气压由 Clausius-Clayperon 方程描述为

$$p_{dp} = p_b \exp\left[\dfrac{H_{dp\_v}}{R_p}\left(\dfrac{1}{T_b} - \dfrac{1}{T}\right)\right] \tag{11.6}$$

其中，$p_b$ 为标准压强；$R_p$ 为产物气体常数；$T_b$ 为标准沸点；$T$ 为温度。

烧蚀速率由液态金属的汽化过程决定，计算模型与 3.1.3 节 "液体蒸发控制的烧蚀" 部分所述相同，从而获得烧蚀面后移速度 $v_s$，使式 (11.3) 封闭并求得掺杂物的烧蚀速率为

$$\dot{m}_{dp} = \rho_{dp} v_s \tag{11.7}$$

其中，$\rho_{dp}$ 为掺杂物密度。

掺杂物与聚合物的能量交换表现为两种材料间的热传导，在接触面满足：

$$\begin{cases} k_{dp} \left.\dfrac{dT_{dp}}{dn}\right|_S = k_p \left.\dfrac{dT_p}{dn}\right|_S \\ T_{dp}\big|_S = T_p\big|_S \end{cases} \tag{11.8}$$

其中，$k_{dp}$ 和 $T_{dp}$ 分别为掺杂物的热导率和温度；$k_p$ 和 $T_p$ 分别为聚合物的热导率和温度；$n$ 表示掺杂物-聚合物界面法线方向。

**3. 烧蚀产物的组分确定及其多组分羽流场发展**

掺杂金属颗粒的复合推进剂烧蚀产物飞散过程的物理模型与 3.2 节相似，所不同的是：由于推进剂中增加了金属掺杂物，烧蚀产物是聚合物烧蚀产物和金属烧蚀产物的混合物。不考虑两种烧蚀产物间的化学反应时，产物增加了两种组分 Al 和 $Al^+$。飞散过程中，Al 和 $Al^+$ 及其逸出的电子数密度满足 Saha 方程。

**4. 计算方法**

以 3.4 节所述的数值仿真系统为基础，修正金属颗粒对推进剂烧蚀过程和烧蚀产物组分的影响，模拟 $CO_2$ 激光辐照下掺杂金属颗粒复合推进剂的工作过程及冲量特性。

**1) 烧蚀过程修正**

首先，根据材料种类采用相应的烧蚀机制。金属的烧蚀机制主要为液态金属的汽化；聚合物的烧蚀机制包括热解产物的汽化和超临界产物的飞散。

其次，需要考虑不同材料间的相互作用，主要包括金属颗粒对聚合物的屏蔽作用和二者之间的热传导作用。热传导可以直接采用 ANSYS 中的热模块实现；金属颗粒对聚合物的

屏蔽作用需要采取特别的处理方法。由于金属颗粒对激光的吸收深度小于颗粒的尺寸，因此可以忽略被金属颗粒遮蔽的聚合物中的激光能量沉积。由于热物性差异，被屏蔽聚合物可能比金属颗粒更早被烧蚀，由此导致金属颗粒被羽流冲走，产生新的质量损失机制——剥蚀，如图 11.5 所示。

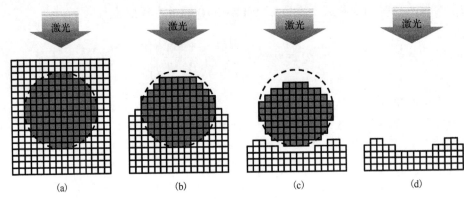

图 11.5　金属颗粒剥蚀示意图

发生剥蚀的判别条件为：支撑金属颗粒的聚合物被完全烧蚀。因此在计算中，首先为所有金属颗粒编号，其次标记与每个金属颗粒相邻的所有聚合物单元，最后逐个判断其烧蚀情况。若相邻聚合物单元全部被烧蚀，则认为相应编号的金属颗粒被剥蚀。

推进剂烧蚀模块的输出参数包括烧蚀产物组分、密度、温度和速度，这些参数由通信交互模块综合烧蚀机制和烧蚀参数给出。在掺杂金属颗粒的情况下，通信交互模块中需要增加对金属烧蚀产物的处理，并按质量分数加权确定烧蚀产物(混合物)的初始参数。

2) 烧蚀产物组分确定

由于掺杂，烧蚀产物中增加了 Al 和 $Al^+$ 两种组分，其影响主要体现在混合物参量的加权处理上，尤其是电子数密度。此外，$Al^+$ 的质量源项和能量源项由 Al 原子的电离反应决定，具体表达式详见 3.2.2 节。

Al 成分的增加改变了混合产物的电离特性。为了表征这一效应，采用摩尔浓度加权的方式修正混合产物的电离能。

3) 模型简化与计算域确定

金属颗粒尺寸($\mu m$)到激光光斑尺寸(cm)的几何尺度跨度很大。若完整考虑激光光斑覆盖的深入聚合物内 10 倍趋肤深度的推进剂细观响应，以单元尺度为 $R_{dp}/5$ 为例，模型的单元规模将达百亿；即使将计算域局限于 $10R_{dp} \times 10R_{dp} \times 10R_{dp}$ 的立方体区域内，单元数也达百万。

由于激光能量沉积沿着激光辐照方向分布，脉冲持续期间垂直于激光辐照方向的横向热流较小，因此忽略垂直于激光入射方向平面内一个维度的热传导，将三维模型简化为一系列二维切片，如图 11.6 所示。掺杂金属颗粒聚合物的典型切片如图 11.7 所示。

首先，对于每一个切片，基于 ANSYS 热模块，以 ANSYS 参数设计语言(APDL)编程计算推进剂的温度场，并模拟 POM 的热解过程；其次，结合 Fortran 编写的 Knudsen 层和气体间断子程序，计算 POM 和掺杂物的质量烧蚀速率；最后，采用 ANSYS 生死单元方法描述推进剂的烧蚀过程。此外，由于羽流场质量流量边界的尺寸远远大于推进剂细观不均匀尺度，在烧蚀产物羽流场的计算中认为：当激光能量均匀分布时，流场计算尺度上的质量流量边界条件也是宏观均匀的，并以典型区域内掺杂金属颗粒 POM 的质量烧蚀速率作为入口参数进行计算。

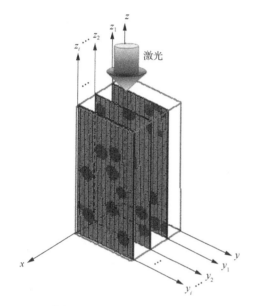

图 11.6　二维简化模型计算域

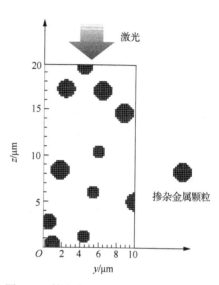

图 11.7　掺杂金属颗粒聚合物的典型切片

## 11.2.2　数值仿真结果与分析

算例条件参数：激光能量面密度为 20J/cm²，脉冲宽度为 3μs，时域均布；在 POM 中掺杂 Al 颗粒的质量分数为 20%，Al 颗粒直径为 2μm。磨毛 Al 的物性参数如表 11.1 所示。

表 11.1　Al 的相关物性参数[3]

| 参数 | 数值 | 参数 | 数值 |
|---|---|---|---|
| $\alpha_{Al}/m^{-1}$ | $8.33\times10^{7}$ | $T_{m\,Al}/K$ | 933.5 |
| $A_{Al}$ | 0.25 | $H_{m\,Al}/(J/kg)$ | $3.87\times10^{5}$ |
| $\rho_{Al}/(kg/m^{3})$ | 2700 | $T_{g\,Al}/K$ | 2792 |
| $C_{p\,Al}/(J/(kg\cdot K))$ | 1050 | $H_{v\,Al}/(J/kg)$ | $4.92\times10^{6}$ |
| $k_{T\,Al}/(W/(m\cdot K))$ | 249.1 | — | — |

注：表中下标 Al 表示铝粉。

1. 金属颗粒的剥蚀及在其影响下聚合物的烧蚀

以金属颗粒分布如图 11.7 所示的切片为例分析金属颗粒的剥蚀过程。

图 11.8 为 $t$ =0.7～1.1μs 时两个金属颗粒被剥蚀时,推进剂内温度场和烧蚀轮廓的发展。$t$ =0.7μs 时,金属颗粒上表面被入射激光直接照射,颗粒内部温度迅速升高,并通过热传导将颗粒底部的 POM 加热;$t$ =0.9μs 时,颗粒温度远远高于周边 POM 温度,颗粒底部的 POM 因颗粒的加热而发生烧蚀,并且烧蚀界面从两侧逐步向中央发展;$t$ =1.1μs 时,颗粒底部的 POM 完全烧蚀,颗粒失去支撑,在飞散产物的推动下,脱离烧蚀面形成剥蚀。

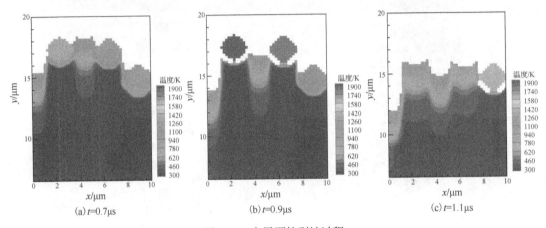

图 11.8　金属颗粒剥蚀过程

推进剂烧蚀形态的演变如图 11.9 所示。受金属颗粒分布的影响,烧蚀面呈现明显的不规则锯齿形状。

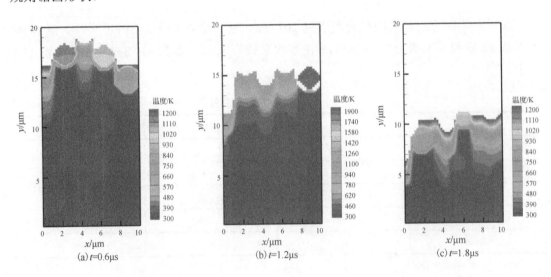

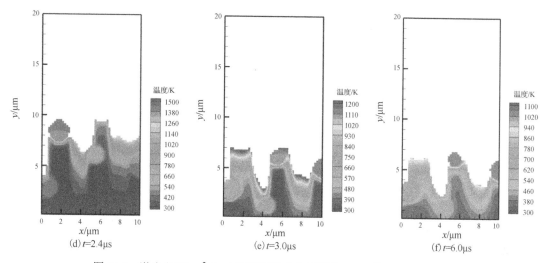

图 11.9　激光(20J/cm², 3μs)辐照下掺杂金属颗粒 POM 烧蚀形态的演变

烧蚀质量面密度随时间的变化曲线如图 11.10 所示,清晰地显示出烧蚀质量面密度在六个时刻出现阶跃式增长,对应着六个金属颗粒的瞬间剥蚀。从烧蚀质量面密度的数值上来看,以剥蚀形式损失的质量占金属颗粒损失总质量的 89%,占烧蚀总质量的 17.7%。这意味着,掺杂金属颗粒的气化率极低,对掺杂金属颗粒 POM 比冲的提高产生负面作用。

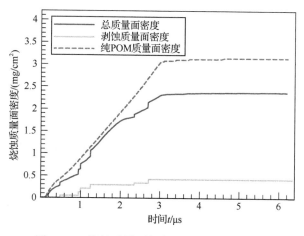

图 11.10　烧蚀质量面密度随时间的变化曲线

图 11.10 对比了相同激光辐照条件下,纯 POM 与掺杂金属颗粒 POM 烧蚀质量面密度的差异。掺杂金属颗粒 POM 的烧蚀质量小于纯 POM,其原因有二:一是金属的汽化热高于 POM,且反射系数远大于 POM,因此尽管金属颗粒的大部分质量以剥蚀的形式散失,其平均的单位烧蚀质量消耗的激光能量仍然高于 POM 的烧蚀耗能(约为两倍);二是从激光透过率来看(图 11.11),由于产物中金属成分的累积,$t=2\mu s$ 时掺杂金属颗粒 POM 产物对激光的吸收出现明显增强,烧蚀质量的增长速度随之放缓。

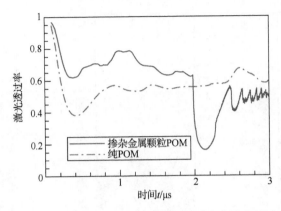

图 11.11　掺杂金属颗粒 POM 与纯 POM 烧蚀过程中激光透过率的变化

**2. 掺杂金属颗粒对烧蚀产物羽流场演变的影响**

图 11.12 为 $t$ =1.8～3.0μs 时，掺杂金属颗粒 POM 烧蚀产物羽流场的压强分布、轴向速度分布和温度分布。相应时间段内羽流场中 Al 的质量分数分布如图 11.13 所示，对比表明羽流场的温度分布与 Al 的分布密切相关。这是因为：Al 的电离能比 C、H 和 O 的电离能小，Al 的质量分数越大，烧蚀产物混合物的平均电离能越低；相同辐照条件下，Al 的质量分数越大，自由电子数密度越大，能够吸收越多的激光能量，区域温度越高。受原始推进剂中金属颗粒分布不均匀的影响，羽流场温度出现多峰值现象。

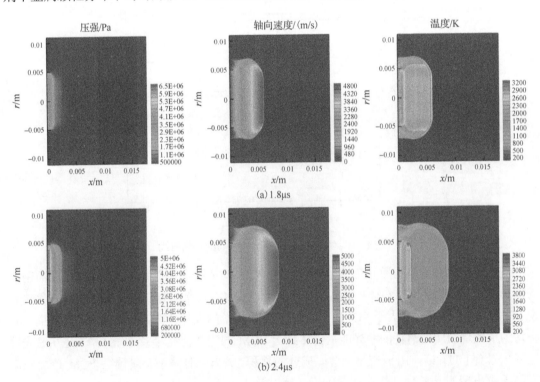

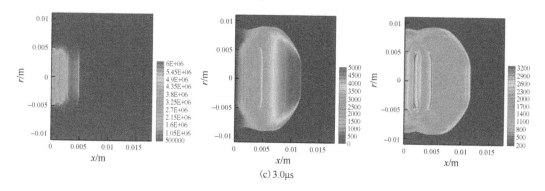

图 11.12　掺杂金属颗粒 POM 烧蚀产物羽流场发展

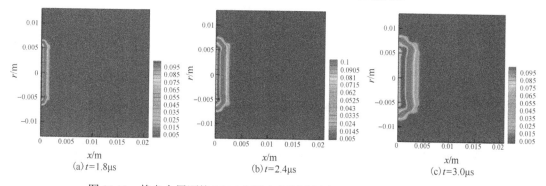

(a) $t$=1.8μs　　　　　　　(b) $t$=2.4μs　　　　　　　(c) $t$=3.0μs

图 11.13　掺杂金属颗粒 POM 烧蚀产物羽流场中 Al 的质量分数(%)分布

图 11.14 为 $t$=10.0μs 和 $t$=20.0μs 时羽流场的压强分布,对比表明烧蚀面压强在激光熄灭后迅速降低。

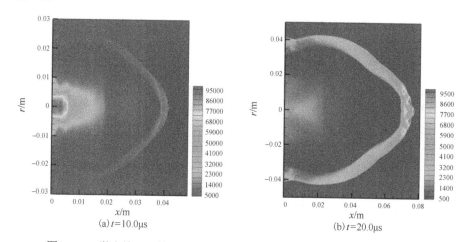

(a) $t$=10.0μs　　　　　　　　　　　(b) $t$=20.0μs

图 11.14　激光熄灭后掺杂金属颗粒 POM 烧蚀产物羽流场压强(Pa)的发展

## 3. 掺杂金属颗粒对推进性能的影响

掺杂金属颗粒 POM 羽流场入口处压强随时间的变化如图 11.15 所示,显示在 $t$≈1.0μs 和 $t$≈2.0μs 时出现压强陡降。结合图 11.10 和图 11.11 可推测:第一次压强陡降是由于两颗较大的金属颗粒在 $t$≈1.0μs 时被剥蚀,金属颗粒覆盖的 POM 成为新的烧蚀面(图 11.8(b)),

流体力学机制导致烧蚀面的压强陡降；第二次压强陡降是由于激光透过率在 $t \approx 2.0\mu s$ 时急剧降低，羽流场入口处烧蚀速率减小，烧蚀面压强随之下降。图 11.15 还对比了复合推进剂与纯 POM 的烧蚀面压强。激光辐照期间，纯 POM 烧蚀质量大，其压强也更大；激光熄灭后，由于含 Al 高温高压区域的作用，复合推进剂烧蚀面压强的衰减周期更长。

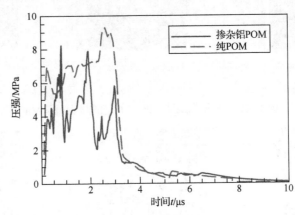

图 11.15　掺杂金属颗粒 POM 与纯 POM 羽流场入口处压强随时间的变化

　　激光烧蚀掺杂 Al POM 与纯 POM 的冲量特性参数如表 11.2 所示。从计算结果来看，复合推进剂的推进性能比纯 POM 差。表 11.2 中第三行是不考虑剥蚀的质量损失时，计算所得的冲量特性参数。

表 11.2　激光烧蚀掺杂 Al POM 与纯 POM 的冲量特性参数

| 推进剂 | 烧蚀质量/mg | 冲量/(mN·s) | 冲量耦合系数/(N/MW) | 比冲/s | 能量转化效率/% |
|---|---|---|---|---|---|
| 掺杂 Al POM | 1.863 | 3.343 | 212.9 | 179.4 | 19.1 |
| 纯 POM | 2.464 | 4.807 | 317.1 | 193.9 | 29.7 |
| 扣除剥蚀 | 1.533 | 3.343 | 212.9 | 218.1 | 23.2 |

　　综合上述分析可知，掺杂金属颗粒提高推进性能的机理在于降低烧蚀产物的等效电离能，使烧蚀产物在较低的能量密度下实现对入射激光的强吸收。从本节的计算结果来看，由于金属颗粒的质量损失以剥蚀为主，使比冲降低。若能克服剥蚀效应，掺杂金属颗粒的确能够提高比冲。

　　需要说明的是，本节研究的掺杂金属颗粒直径为 $2\mu m$，若进一步减小颗粒尺度，金属掺杂物剥蚀质量的比例可能变小。文献[4]中尝试过采用纳米级颗粒，但存在颗粒团聚等问题，事实上无法考察纳米尺度的颗粒效应。

# 11.3　激光辐照金属网覆盖 POM 的推进效应分析

### 11.3.1　物理模型与计算方法

#### 1. 金属网的烧蚀及其产物参数的确定

激光辐照金属的烧蚀过程相对较为简单且结论较为成熟，直接采用文献[5]的结论表述

其烧蚀产物参数。根据 Phipps 等[5]给出的定标率，微秒量级脉宽下，Al 的质量烧蚀速率可表示为

$$\dot{m} = 2.66 \times 10^{-6} M^{-1/4} \left\{ \frac{M}{2} \left[ Z^2(Z+1) \right]^{1/3} \right\}^{9/8} \left( \frac{I_0}{\lambda\sqrt{\tau_p}} \right)^{1/2} \quad (\text{g}/(\text{cm}^2 \cdot \text{s})) \qquad (11.9)$$

产物电子数密度为

$$n_e = 3.59 \times 10^{11} M^{5/16} Z^{-1/8} (Z+1)^{-9/16} I_0^{1/4} \lambda^{-3/4} \tau_p^{-3/8} \quad (\text{cm}^{-3}) \qquad (11.10)$$

电子温度为

$$T_e = 2.98 \times 10^4 M^{1/8} Z^{3/4} (Z+1)^{-5/8} (I_0 \lambda\sqrt{\tau_p})^{1/2} \quad (\text{K}) \qquad (11.11)$$

其中，$M$ 为金属的原子量；$Z$ 为平均电离电荷量；$I_0$（W/cm²）、$\lambda$（cm）和 $\tau_p$（s）分别为激光强度、波长和脉宽。

Phipps 等[5]还拟合出烧蚀产生的冲量耦合系数，表示为

$$C_m = 58.3 M^{-1/8} \left\{ \frac{M}{2} \left[ Z^2(Z+1) \right]^{1/3} \right\}^{9/16} (I_0 \lambda\sqrt{\tau_p})^{-1/4} \quad (\text{N/MW}) \qquad (11.12)$$

因此，结合式(11.9)给出的烧蚀质量速率，按一维假设处理，烧蚀产物的集总速度 $\bar{U}$ 为

$$\bar{U} = \frac{I_0 C_m}{\dot{m}} = 2.19 \times 10^4 M^{1/8} \left\{ \frac{M}{2} \left[ Z^2(Z+1) \right]^{1/3} \right\}^{-9/16} I_0^{1/4} (\lambda\sqrt{\tau_p})^{1/4} \quad (\text{m/s}) \qquad (11.13)$$

对于 Al，若仅考虑一级电离，不同强度 3μs、10.6μm $CO_2$ 激光烧蚀产物的集总速度和电子温度如图 11.16 所示。

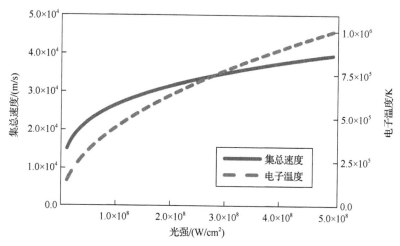

图 11.16　不同强度 3μs、10.6μm $CO_2$ 激光烧蚀产物的集总速度和电子温度

**2. 金属网与 POM 烧蚀产物的相互作用分析**

根据文献[5]可知：与 POM 相比，Al 烧蚀产物的压强略小，烧蚀质量面密度小两个数量级，动量小一个数量级，而飞散速度大一个数量级。可以认为：Al 烧蚀产物与 POM 烧

蚀产物相互作用时，前者的动量可以忽略，且视为前者在后者中扩散。下面考虑高速电子在 POM 烧蚀产物中的运动。电子在运动过程中将与 POM 烧蚀产物粒子发生碰撞，电子移动单位距离的平均能量损失为[6]

$$-\frac{\mathrm{d}E}{\mathrm{d}x} = \frac{3.06 \times 10^5 Z \rho_p}{M \beta^2} \ln\left(\frac{1.16E}{I_M}\right) \quad (\mathrm{eV/cm}) \tag{11.14}$$

其中，$Z$ 为原子序数；$\rho_p$ 为 POM 烧蚀产物密度；$M$ 为原子量；$\beta=[\tau(\tau+1)]^{1/2}/(\tau+1)$，$\tau=E/(m_e \cdot c^2)$，$m_e$ 和 $c$ 分别为电子质量和光速；$I_M$ 为介质的平均激发能，表示为[6]

$$I_M = 17.12 Z^{0.866} \quad (\mathrm{eV}) \tag{11.15}$$

激光辐照金属网覆盖 POM 的烧蚀产物为多种粒子构成的混合物，应用上述关系式需要计算混合物的等效原子序数、等效原子量和等效平均激发能[7]：

$$\bar{Z} = \sum_i n_i Z_i, \quad \bar{M} = \sum_i n_i M_i, \quad \ln \bar{I}_M = \frac{\sum_i (Z_i/M_i) w_i \ln I_{M_i}}{\sum_i (Z_i/M_i) w_i} \tag{11.16}$$

其中，$n_i$ 为第 $i$ 种原子的摩尔分数；$w_i$ 为第 $i$ 种原子的质量分数。

Subba[8]通过理论分析和实验归纳导出电子在物质内"静止"前所经历的质量路径(电子射程)的表达式为

$$R_0 = \frac{0.969}{\bar{Z}^{0.33}} E^{1.265-0.0951\ln E} \quad (\mathrm{g/cm}^2) \tag{11.17}$$

其中，$E$ 为入射电子能量，以 MeV 为单位。

Al 烧蚀产生的电子的能量为若干 eV，其电子射程的数量级为 $10^{-13}\mathrm{g/cm}^2$；若周围介质的密度为 $1\mathrm{kg/m}^3$，则电子的移动距离为 $10^{-12}\mathrm{m}$。这意味着电子能量在极短的时间(纳秒量级)内弛豫到周围极薄的介质中，并与之达到热力学平衡状态。由此，可以构建金属网的工作过程，如图 11.17 所示。

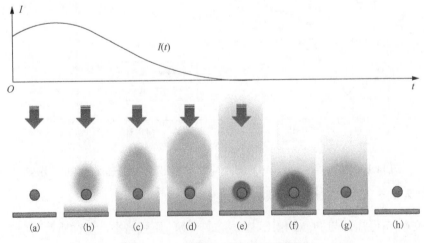

图 11.17　金属网工作过程示意图

阶段 1：激光辐照开始，如图 11.17(a)所示。

阶段 2：POM 和金属网分别发生烧蚀，产物飞散时无相互作用，如图 11.17(b)所示。

阶段 3：POM 烧蚀产物到达金属网位置，并与 Al 烧蚀产物相互混合；由于 POM 羽流的动量远大于 Al，POM 羽流驱散 Al 羽流，如图 11.17(c)所示。

阶段 4：金属网被 POM 羽流包裹，Al 烧蚀产生的高电子数密度产物分布于金属网表面，诱导附近的 POM 烧蚀产物迅速升温、离解和电离，形成等离子体，如图 11.17(d)所示。

阶段 5：金属网周围的高温、高压等离子体向周围膨胀，并继续吸收入射激光能量，等离子体区域迎着激光入射方向不断拓展；由于等离子体的屏蔽效应，到达金属网表面的激光能量减少，金属网的烧蚀速度放缓，如图 11.17(e)所示。

阶段 6：激光脉冲熄灭后，金属网周围的等离子体继续往四周膨胀，并与烧蚀面碰撞发生反射，如图 11.17(f)所示。

阶段 7：等离子体熄灭，羽流继续向真空飞散，如图 11.17(g)所示。

阶段 8：系统恢复到初始状态，如图 11.17(h)所示。

金属网对 POM 烧蚀和推进性能的影响在于，金属烧蚀产生的自由电子增大了其附近 POM 烧蚀产物的电子数密度，使入射激光沉积率增大，产物中更快生成等离子体。

3. 计算方法与条件

基于 LAP_TOPC 系统，根据 11.3.1 节"金属网与 POM 烧蚀产物的相互作用分析"部分的分析，金属网的影响域局限于其表面很薄的一层，因此在计算中认为金属网烧蚀产物集中在金属丝所在区域，其中的电子数密度 $n_e$ 由式(11.10)给出。金属丝的直径远小于 POM 烧蚀面尺寸，忽略其对 POM 烧蚀产物羽流的干扰。

金属网为二维金属丝平面等间隔正交编织。从金属网对 POM 烧蚀推进性能的影响来看，任一维的作用是相同的，故将金属网简化成一维。计算域如图 11.18 所示，激光光斑宽度为 $l_p$，金属丝的直径为 $d_m$，金属网与烧蚀面的距离(即网高)为 $h_g$，金属丝的间距为 $w_g$。调整 $h_g$ 和 $w_g$ 的大小即可控制金属网与 POM 烧蚀产物相互作用的时间和强度。计算域中，$O_1A$ 为质量流量入口，$AB$ 为壁面，$O_1O_2$ 为对称面，$BC$ 和 $O_2C$ 为远场边界。

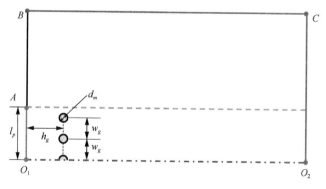

图 11.18　金属网覆盖 POM 烧蚀产物流场计算域尺寸示意图

Al 网的网格间距 1mm，与烧蚀面相距 1.5mm；Al 丝的半径为 0.125mm。为与纯 POM 及掺杂金属颗粒的 POM 比较，仍然选取脉宽为 3μs 的矩形激光脉冲；激光能量面密度选为 20J/cm² 和 30J/cm²。

### 11.3.2　金属网对烧蚀过程和羽流场演化的影响

#### 1. 金属网对羽流场屏蔽效应的影响

脉冲激光透过金属网调节的羽流场到达烧蚀面的能量比率(即透过率)如图 11.19 所示。对于 $\Phi=20J/cm^2$ 的情况，$t\approx0.85\mu s$ 时烧蚀产物到达金属网位置，金属丝烧蚀形成的电子开始起作用，使金属网所在区域内的产物对入射激光的吸收增强、激光透过率降低。由于 $\Phi=30J/cm^2$ 时烧蚀产物的飞散速度更快，金属网从 $t\approx0.7\mu s$ 开始引起激光透过率下降。与无金属网时的激光透过率对比表明，金属网使更多的激光能量沉积到羽流场中。

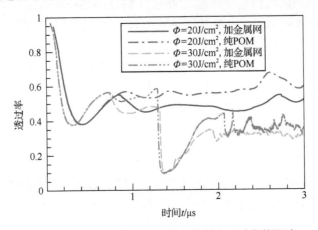

图 11.19　金属网对 POM 烧蚀产物激光透过率的影响

#### 2. 金属网对 POM 烧蚀质量的影响

图 11.20 为 $\Phi=20J/cm^2$ 和 $\Phi=30J/cm^2$ 时，金属网覆盖 POM 与纯 POM 的烧蚀质量面密度随时间的变化情况。与无金属网情况相比，金属网的存在导致 POM 烧蚀质量面密度明显减小。$\Phi=30J/cm^2$ 和 $\Phi=20J/cm^2$ 相比，烧蚀质量面密度还是随着激光能量面密度的增大而增大。

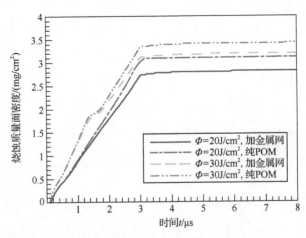

图 11.20　金属网对 POM 烧蚀质量面密度的影响

### 11.3.3　激光能量面密度对羽流场发展的影响

1. $\Phi=20\text{J/cm}^2$，$\tau=3\mu s$

激光参数 $\Phi=20\text{J/cm}^2$、$\tau=3\mu s$ 时，金属网调节羽流场中压强、轴向速度和温度分布随时间的发展过程如图 11.21 所示。

在 $t=0.85\sim3.0\mu s$ 内，金属网附近的烧蚀产物对入射激光能量的吸收性强，处于高温、高压状态；受此滞止高压区影响，烧蚀面与金属网之间产物的流动速度低，保持较高的压强。受金属网左侧来流的影响，以及相邻金属丝的作用，高轴向速度区域呈梳状，金属丝位于梳齿末端，梳背在右侧。

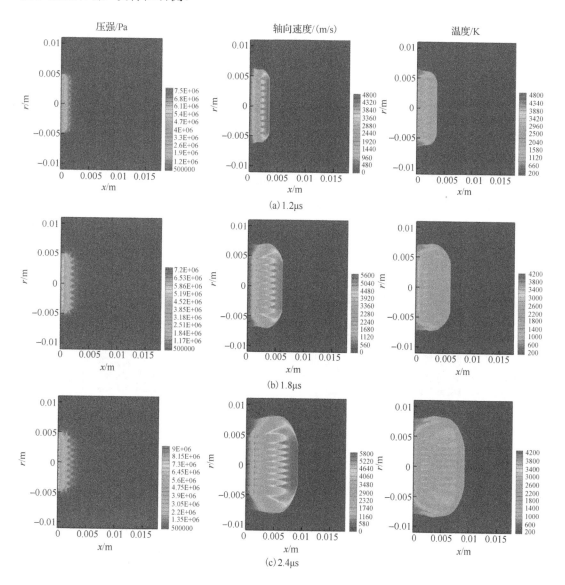

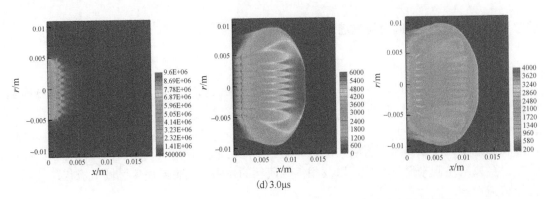

(d) 3.0μs

图 11.21　　$\Phi$=20J/cm² 时金属网调节羽流场中压强、轴向速度和温度的分布

　　$t$ =1.2μs 时，金属丝附近的温度已经明显高于外围其他区域，但相邻金属丝驱动的膨胀区域尚未相遇，形成一组分立的月牙形滞止高压区。$t$ =1.8μs 时以后，相邻金属丝驱动的膨胀区域相遇，表现为两组冲击波透射；且出现比较明显的从金属丝发出的向右伸展的条形火焰状高温区。$t$ =2.4μs 和 $t$ =3.0μs 时，月牙形滞止高压区显著增大，金属网右侧受冲击波多次透射影响，形成高低压区编织状纹络。在金属网作用下，金属网左侧区域维持更高的压强和高压持续时间。

　　激光熄灭后羽流场压强分布随时间的演变如图 11.22 所示，烧蚀面附近的高密度产物向右侧膨胀的同时也以侧向稀疏的形式发展，高压区域逐步被展宽。

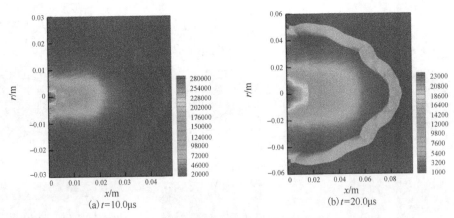

(a) $t$=10.0μs　　　　　　　　　(b) $t$=20.0μs

图 11.22　　$\Phi$=20J/cm² 时激光熄灭后羽流场压强(Pa)的演变

**2.　$\Phi$=30J/cm²，$\tau$=3μs**

　　激光参数$\Phi$=30J/cm²、$\tau$=3μs 时，由于激光能量面密度的增大，烧蚀产物羽流场中形成强吸收波，与金属网相互作用产生新的现象。

　　图 11.23 为金属网覆盖 POM 烧蚀羽流场中高温区域的演变过程。作为对照，图 11.24 为相应时刻纯 POM 烧蚀羽流场的温度分布。对比表明，尽管金属网将强吸收波分割成一个个小区域，但是从整体来看，并没有改变强吸收波迎着入射激光移动的趋势。此外，受

金属网屏蔽作用的影响，金属网调节羽流场中强吸收波形成的时间稍晚，相同时刻其在羽流场中的位置更靠近烧蚀面。

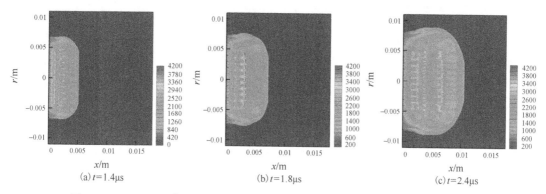

图 11.23　$\Phi$=30J/cm$^2$ 时金属网覆盖 POM 烧蚀羽流场中高温区域温度(K)的发展

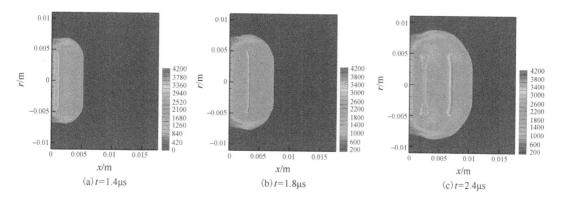

图 11.24　$\Phi$=30J/cm$^2$ 时纯 POM 烧蚀羽流场中高温区域温度(K)的发展

$\Phi$=30J/cm$^2$ 时，金属网调节羽流场中压强和轴向速度的发展过程如图 11.25 和图 11.26 所示。

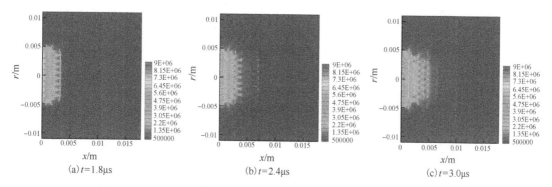

图 11.25　$\Phi$=30J/cm$^2$ 时金属网调节羽流场中不同时刻压强(Pa)的分布

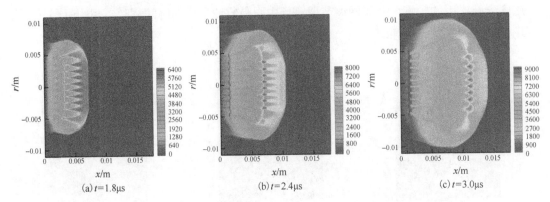

图 11.26　$\Phi=30\text{J/cm}^2$ 时金属网调节羽流场中不同时刻轴向速度(m/s)的分布

从压强分布来看，羽流场中高压区域呈阶梯状分布，依次为烧蚀面高压区、网格面高压区、冲击波交会高压区和强吸收波高温高压区；前两者位置稳定，随着激光辐照时间的增长，网格面高压区逐步由点连成面。冲击波交会高压区是由冲击波后高压叠加形成的，随着网格面高压区膨胀驱动流场的发展而发展；强吸收波高温高压区是由于该区域剧烈吸收激光能量形成的，迎着入射激光移动。

羽流场的速度分布由金属网和强吸收波共同决定：强吸收波在金属网左侧时，其对流场的影响较小，流场呈以金属网驱动梳状膨胀区域为基本结构的形态；强吸收波穿过金属网后，以比金属网高温区膨胀更高的速度向右传播，沿途追赶膨胀波系，在叠加区域形成高速。受金属网高压区的影响，在其左侧形成一片低速、高密度区域。

激光熄灭时，对称轴上密度和压强的分布如图 11.27 所示。受金属网降低入射激光透过率的影响，烧蚀面处的密度和压强较无金属网情况低。但由于金属网高压区对其左侧烧蚀产物的阻滞，金属网与烧蚀面之间累积的质量反而更多，平均温度更低。

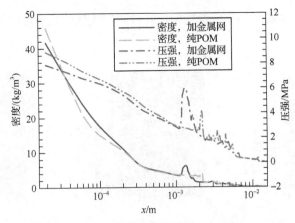

图 11.27　$\Phi=30\text{J/cm}^2$，激光熄灭时对称轴上密度和压强的分布

激光熄灭后羽流场压强分布随时间的演变如图 11.28 所示，其发展过程与 $\Phi=20\text{J/cm}^2$ 时类似。

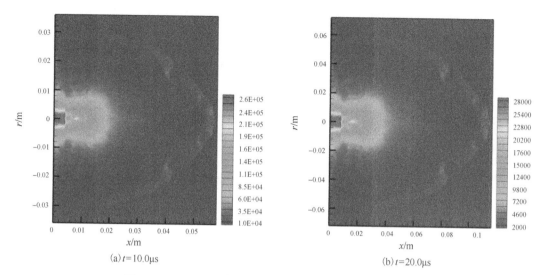

(a) $t=10.0\mu s$　　　　　　　　　　(b) $t=20.0\mu s$

图11.28　$\Phi=30J/cm^2$ 时激光熄灭后羽流场压强（Pa）的演变

### 11.3.4　金属网对推力变化过程与推进性能的影响

$\Phi=20J/cm^2$ 时金属网覆盖 POM 羽流场入口处压强和 POM 固体表面的累积冲量随时间的发展情况如图 11.29 所示，图中同时给出了无金属网条件下的相应曲线。在激光脉冲结束之前，由于入射激光透过率因金属网而降低，羽流场入口处压强低于无金属网情况。激光辐照期间，金属网使其附近形成高压，导致烧蚀产物流速降低，较大程度上减缓了激光脉冲结束后烧蚀面压强的衰减速度。受此影响，金属网覆盖 POM 烧蚀面获得更长的高压作用时间，冲量超过无金属网情况。

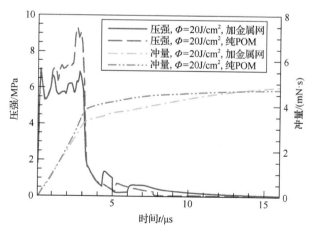

图11.29　$\Phi=20J/cm^2$ 时羽流场入口处压强和推进剂表面产生的累积冲量

图 11.30 为 $\Phi=30J/cm^2$ 时金属网覆盖 POM 羽流场入口处压强和 POM 固体表面的累积冲量随时间的发展情况。受推进剂吸收特性变化的影响，羽流场入口处压强在 $t=1.3\mu s$ 时出现剧烈变化。与 $\Phi=20J/cm^2$ 时类似，脉冲结束前、金属网起作用后，入射激光透过率降低，压强和冲量都小于无金属网情况；脉冲结束后，压强降低幅度减缓，冲量反超纯 POM。

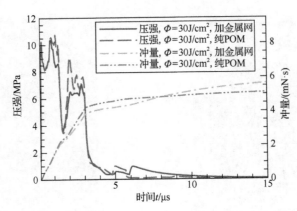

图11.30　$\Phi=30\text{J/cm}^2$ 时羽流场入口处压强和推进剂表面产生的累积冲量

表 11.3 为激光辐照金属网覆盖 POM 与纯 POM 的冲量特性参数，表明：

(1) 金属网覆盖 POM 的比冲与效率都优于纯 POM；

(2) $\Phi=30\text{J/cm}^2$ 时，金属网对推进性能的改善幅度更大。

表 11.3　激光烧蚀金属网覆盖 POM 和纯 POM 推进剂的冲量特性参数

| 推进剂 | $\Phi/(\text{J/cm}^2)$ | $\Delta m/\text{mg}$ | $\sigma/(\text{mN·s})$ | $C_m/(\text{N/MW})$ | $I_{sp}/\text{s}$ | $\eta/\%$ |
|---|---|---|---|---|---|---|
| Al 网覆盖 POM | 20.0 | 2.216 | 5.551 | 353.6 | 250.5 | 44.3 |
| 纯 POM | 20.0 | 2.464 | 4.807 | 317.1 | 193.9 | 29.7 |
| Al 网覆盖 POM | 30.0 | 2.510 | 6.597 | 306.2 | 262.8 | 36.8 |
| 纯 POM | 30.0 | 2.696 | 5.234 | 222.3 | 194.1 | 21.6 |

注：表中 $\Delta m$ 指烧蚀质量；$\sigma$ 指冲量；$\eta$ 指能量转化效率。

### 11.3.5　脉冲激光辐照金属网覆盖 POM 的推进性能优化

#### 1. 数值实验设计

影响 Al 网覆盖 POM 推进性能的因素包括网格间距 $w_g$、网高 $h_g$、激光强度 $I$ 和激光脉宽 $\tau$。每一因素都考虑三个水平，如表 11.4 所示。基于正交实验设计表 $L_9(3^4)$，数值算例的因素水平组合如表 11.5 所示。

表 11.4　金属网覆盖 POM 复合推进剂影响因素及水平划分

| 水平 | 因素 | | | |
|---|---|---|---|---|
| | 网格间距 $w_g/\text{mm}$ | 网高 $h_g/\text{mm}$ | 激光强度 $I/$ $(\text{W/cm}^2)$ | 激光脉宽 $\tau$ $/\mu\text{s}$ |
| 1 | 0.5 | 0.5 | $5.0\times10^6$ | 1 |
| 2 | 1.5 | 1.5 | $1.0\times10^7$ | 3 |
| 3 | 2.5 | 2.5 | $1.5\times10^7$ | 5 |

表 11.5　按 $L_9(3^4)$ 设计的数值实验方案

| 算例号 | 因素 | | | |
|---|---|---|---|---|
| | 网格间距 $w_g$ | 网高 $h_g$ | 激光强度 | 激光脉宽 |
| MG1 | 1 | 1 | 1 | 1 |
| MG2 | 1 | 2 | 2 | 2 |
| MG3 | 1 | 3 | 3 | 3 |
| MG4 | 2 | 1 | 2 | 3 |
| MG5 | 2 | 2 | 3 | 1 |
| MG6 | 2 | 3 | 1 | 2 |
| MG7 | 3 | 1 | 3 | 2 |
| MG8 | 3 | 2 | 1 | 3 |
| MG9 | 3 | 3 | 2 | 1 |

**2. 数值实验结果与分析**

表 11.6 为单脉冲激光辐照金属网覆盖 POM 的推进性能数值实验结果。

表 11.6　单脉冲激光辐照金属网覆盖 POM 的推进性能数值实验结果

| 算例号 | 参数 | | | | |
|---|---|---|---|---|---|
| | $\Delta m$/mg | $\sigma$/(mN·s) | $C_m$/(N/MW) | $I_{sp}$/s | $\eta$/% |
| MG1 | 0.57 | 1.31 | 333.08 | 310.23 | 51.67 |
| MG2 | 2.71 | 5.38 | 228.62 | 270.12 | 30.88 |
| MG3 | 4.54 | 9.72 | 165.12 | 218.74 | 18.06 |
| MG4 | 3.90 | 9.17 | 233.72 | 239.71 | 28.01 |
| MG5 | 1.61 | 4.02 | 341.60 | 254.69 | 43.50 |
| MG6 | 1.78 | 4.37 | 371.41 | 250.42 | 46.50 |
| MG7 | 2.88 | 7.71 | 218.29 | 273.00 | 29.80 |
| MG8 | 3.07 | 7.28 | 370.79 | 242.01 | 44.87 |
| MG9 | 1.13 | 2.93 | 373.73 | 264.64 | 49.45 |

$C_m$ 和 $I_{sp}$ 的极差分析结果如表 11.7 所示，$C_m$ 的影响因素由主至次依次为 $I$、$\tau$、$w_g$ 和 $h_g$。算例所考虑因素水平与 $C_m$ 变化趋势的关系如图 11.31 所示，可见使 $C_m$ 最大的因素水平组合为 $(w_g|3, h_g|2, I|1, \tau|1)$。

表 11.7　单脉冲激光辐照金属网覆盖 POM 推进性能参数的极差分析结果

| 试验号 | 因素 | | | | | | | |
|---|---|---|---|---|---|---|---|---|
| | $C_m$ | | | | $I_{sp}$ | | | |
| | $w_g$ | $h_g$ | $I$ | $\tau$ | $w_g$ | $h_g$ | $I$ | $\tau$ |
| $K_1$ | 726.8 | 785.1 | 1075.3 | 1048.4 | 799.1 | 822.9 | 802.7 | 829.6 |
| $K_2$ | 946.7 | 941.0 | 836.1 | 818.3 | 744.8 | 766.8 | 774.5 | 793.5 |

| 试验号 | 因素 | | | | | | | |
|---|---|---|---|---|---|---|---|---|
| | $C_m$ | | | | $I_{sp}$ | | | |
| | $w_g$ | $h_g$ | $I$ | $\tau$ | $w_g$ | $h_g$ | $I$ | $\tau$ |
| $K_3$ | 962.8 | 910.3 | 725.0 | 769.6 | 779.7 | 733.8 | 746.4 | 700.5 |
| $\kappa_1$ | 242.3 | 261.7 | 358.4 | 349.5 | 266.4 | 274.3 | 267.6 | 276.5 |
| $\kappa_2$ | 315.6 | 313.7 | 278.7 | 272.8 | 248.3 | 255.6 | 258.2 | 264.5 |
| $\kappa_3$ | 320.9 | 303.4 | 241.7 | 256.5 | 259.9 | 244.6 | 248.8 | 233.5 |
| 极差 | 78.7 | 52.0 | 116.8 | 92.9 | 18.1 | 29.71 | 18.7 | 43.03 |
| 因素主次 | $I \rightarrow \tau \rightarrow w_g \rightarrow h_g$ | | | | $\tau \rightarrow h_g \rightarrow I \rightarrow w_g$ | | | |
| 优方案 | 3 | 2 | 1 | 1 | 1 | 1 | 1 | 1 |

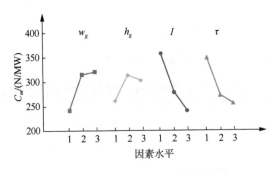

图11.31　因素水平与 $C_m$ 的趋势图

类似地，根据极差可知，$I_{sp}$ 的影响因素由主至次依次为 $\tau$、$h_g$、$I$ 和 $w_g$；图 11.32 为因素水平与 $I_{sp}$ 变化趋势的关系。当因素水平组合为 $(w_g|1, h_g|1, I|1, \tau|1)$ 时 $I_{sp}$ 最优，比冲可达 310s。根据极差分析结果，对 $C_m$ 的优方案进行计算，$C_m$ 的值为 430.0N/MW，与预测结果吻合。

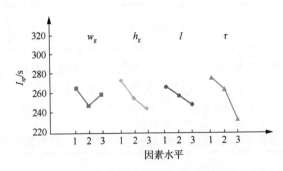

图11.32　因素水平与 $I_{sp}$ 的趋势图

采用回归分析方法建立 $C_m$ 和 $I_{sp}$ 的回归方程：

$$C_m = 365.8 + 18.5w_g + 17.5h_g - 80.1\vartheta'\zeta + 8.9\zeta^2 \tag{11.18}$$

其中，$\vartheta' = \lg(I \times 10^{-10})$，$\zeta = \tau \times 10^6$，$I$ 和 $\tau$ 的单位为 W/m² 和 s；$w_g$ 和 $h_g$ 的单位为 mm；$R^2$=0.980，$F$ =48.4（临界值 $F_{0.05}$=6.39）。

$$I_{sp} = 301.6 - 1.81\zeta^2 - 14.9h_g \tag{11.19}$$

其中，$R^2$=0.800，$F$=12.0（$F_{0.05}$=5.14）。可见回归方程都是显著的，各项的标准系数如表 11.8 所示。

表 11.8　$C_m$ 和 $I_{sp}$ 回归方程的标准系数

| 参数 | 方程项 | | | |
|---|---|---|---|---|
| | $w_g$ | $h_g$ | $\vartheta'\zeta$ | $\zeta^2$ |
| $C_m$ | 0.198 | 0.188 | −1.788 | 1.159 |
| $I_{sp}$ | — | −0.498 | — | −0.743 |

　　根据回归结果可知，金属网格间距主要影响 $C_m$，而金属网与烧蚀面的距离则同时影响 $C_m$ 和 $I_{sp}$。从影响因素的重要程度来看，激光强度和激光脉宽是影响 $C_m$ 的主要因素。$C_m$ 随着激光能量面密度的减小、脉宽的增大而增大；金属网格间距和金属网与烧蚀面的距离对 $C_m$ 的影响相当，但相对激光能量面密度来说仅起次要作用。值得注意的是，金属网覆盖 POM 的 $C_m$ 和脉宽的关系与纯 POM 正好相反，说明金属网需要足够长的脉宽才能体现其对推进性能的增幅作用。脉宽和金属网与烧蚀面的距离是影响 $I_{sp}$ 的主要因素，$I_{sp}$ 随着脉宽和 $h_g$ 的减小而增大，最大值约为 300s，与数值实验结果吻合。

# 参 考 文 献

[1] KNUTH D E. 计算机程序设计艺术：第 2 卷　半数值算法[M]. 3 版. 苏运霖，译. 北京：国防工业出版社，2002.

[2] SAKAI T, SASOH A, ANJU K, et al. Computational simulation of local impulse generation in intense laser-solid interaction[C]. 46th AIAA Aerospace Sciences Meeting and Exhibit. Reno, 2008.

[3] CHEN Y S, LIU J, WANG T S. Numerical modeling of laser supported propulsion with an aluminum surface breakdown model[C]. Proceedings of the First International Symposium on Beamed Energy Propulsion. Alabama, 2003: 138-148.

[4] 程建中, 蔡建, 胡云, 等. 掺杂金属颗粒的高分子工质激光推进实验研究[J]. 强激光与粒子束, 2008, 20(7): 1190-1194.

[5] PHIPPS C R, TURNER T P, HARRISON R F, et al. Impulse coupling to targets in vacuum by KrF, HF, and CO₂ single-pulse lasers[J]. Journal of applied physics, 1988, 64(3): 1083-1096.

[6] 周南, 乔登江. 脉冲束辐照材料动力学[M]. 北京：国防工业出版社, 2002: 489-498.

[7] 陈华. 脉冲电子束辐照多层介质的热-力学效应研究[D]. 长沙：国防科学技术大学, 2008: 10.

[8] SUBBA R B N. Methods of determination of internal conversion coefficients[J]. Nuclear instruments & methods in physics research, 1966, 45(1): 22-40.

# 第 五 部 分

## 附录　激光推进卫星发射弹道研究

激光推进飞行器发射卫星进入低地球轨道的飞行过程中引入了特有的能量传输问题。本附录在吸气和火箭模式激光推力器机理研究的基础上，优化利用单站地基激光器向飞行器传输激光的发射弹道，并对模式切换高度、发射点海拔及激光器功率等因素的影响进行讨论。

## 附录 A　计 算 模 型

### A.1　飞行动力学方程

将地球视为均匀圆球，发射过程中不计地球自转的影响，并忽略附加哥氏力和控制力等因素，飞行器在发射面内的受力情况如附图1所示。

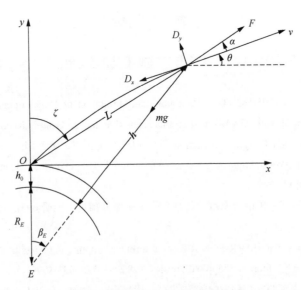

附图 1　激光推进飞行器受力分析

图中以发射点为原点，$x$、$y$ 轴分别为发射目标方向和天顶方向，建立发射坐标系，发射点海拔为 $h_0$，地球半径为 $R_E$；发射过程中飞行器主要受到发动机推力 $F$、引力 $mg$、气动阻力 $D_x$ 及气动升力 $D_y$ 作用。飞行器运动到某坐标位置 $(x, y)$ 时，与发射点的距离为 $L$，当地面高度为 $h$，与发射点连线的天顶角为 $\zeta$，相对地球中心转过的角度为 $\beta_E$，此时攻角和

速度倾角分别为 $\alpha$ 和 $\theta$。它们之间存在的约束关系为

$$\beta_E = \arctan \frac{x}{y + R_E + h_0} \tag{1}$$

$$\tan \zeta = \frac{x}{y} \tag{2}$$

按照弹道学相关理论[1]，在发射坐标系 $Oxy$ 中建立动力学方程：

$$\begin{bmatrix} \dot{x} \\ \dot{y} \\ m\dot{v} \\ mv\dot{\theta} \\ \dot{m} \end{bmatrix} = \begin{bmatrix} v\cos\theta \\ v\sin\theta \\ F\cos\alpha - D_x + mg\,\dfrac{y+R}{r}\sin\theta + mg\,\dfrac{x}{r}\cos\theta \\ F\sin\alpha + D_y + mg\,\dfrac{y+R}{r}\cos\theta - mg\,\dfrac{x}{r}\cos\theta \\ \dot{m} \end{bmatrix} \tag{3}$$

其中，飞行器的地心距 $r = \sqrt{x^2 + (y+R)^2}$，$R = R_E + h_0$；引力加速度 $g = -\mu_E / r^2$，$\mu_E = 3.986 \times 10^{14}\,\mathrm{m}^3 / \mathrm{s}^2$ 为地球引力常数。气动阻力 $D_x$ 和气动升力 $D_y$ 表示为

$$\begin{cases} D_x = qS_M C_x = qS_M \cdot iC_{x0n}(1 + k\alpha^2) \\ D_y = qS_M C_y^\alpha \alpha \end{cases} \tag{4}$$

式中，动压 $q = \dfrac{1}{2}\rho v^2$，$\rho$ 是气体密度；$S_M$ 是飞行器最大截面积；$C_x$ 为阻力系数；$C_y^\alpha$ 为升力系数对攻角的导数；$C_{x0n}$ 为标准飞行器零攻角阻力系数，由 1943 年阻力定律给出[2]；$i$ 为相近形状飞行器气动阻力的修正因子(弹性系数)；$1 + k\alpha^2$ 表示有攻角情况下对阻力系数的修正。

## A.2　激光传输计算模型

大气是一种多组元、非均匀、非稳态介质，作为推进能量来源的激光在其中传播时主要受到如下几个方面影响[3-5]。

(1)光束衍射：光束在通过扩束准直系统向外传播的过程中，受固有物理规律影响，产生衍射效应。

(2)大气折射：光线通过大气传输时，由于大气密度分布不均匀而出现传输路径的弯曲。

(3)大气衰减：大气中存在的各种气体组元，以及悬浮其中的各种尺度的微粒(气溶胶)，对通过的光束有吸收和散射作用，致使传输光束能量衰减。

(4)大气湍流：大气温度、压力等参数快速随机变化，造成折射率随空间位置和时间的随机变化，从而对光束产生一系列湍流效应。

(5)非线性效应：大气受强激光作用，本身性质发生变化会导致各种效应，如热晕、受激拉曼散射、大气击穿等。

由于非线性效应需较高的光强阈值才能激发，本书进行发射概念研究时主要考虑光束衍射、大气衰减和大气湍流的影响。其中光束衍射和大气湍流主要造成光斑尺寸扩展，使固定直径镜面的接收效率下降；大气衰减则使能量在传输过程中发生损失。

对于固有的衍射，其光斑扩展特性取决于光学系统设计和所使用的激光波长。规则形状出射光束的能量主要集中于 Airy 斑（占总能量的 84%）中，其远场衍射角为

$$\theta_d = \beta_M 1.22 \frac{\lambda}{D_B} \tag{5}$$

其中，$D_B$ 为出射光束直径，最大值为发射主镜的直径 $D$；$\lambda$ 为激光波长；$\beta_M$ 为描述光束质量的衍射极限倍率因子。

大气湍流中，各种物理量都是时间和空间的随机变量，需要用统计方法来描述。这里限于考虑局部均匀各向同性近似下的柯尔莫哥洛夫（Kolmogorov）理论对激光传输的影响。湍流造成的光束扩展角可以近似表示为

$$\theta_t = 1.22 \frac{\lambda}{r_0} \tag{6}$$

其中，相干长度 $r_0$ 是指激光通过大气传输时，在其横截面上两点间相位保持相干的最长距离，在相干长度内可认为激光波前相位是一致的。相干长度的表示式[4]为

$$r_0 = \left[ 0.423 \left( \frac{2\pi}{\lambda} \right)^2 \sec \zeta \int C_n^{\,2}(h) \mathrm{d}h \right]^{-\frac{3}{5}} \tag{7}$$

其中，$C_n^{\,2}(h)$ 称为大气折射率结构常数，是大气光学的基本参数之一，HV 湍流修正模型将其表示为

$$
\begin{aligned}
C_n^2(h) = & \; 8.16 \times 10^{-54} h^{10} \exp(-h/1000) \\
& + 3.02 \times 10^{-17} \exp(-h/1500) + 1.90 \times 10^{-15} \exp(-h/100)
\end{aligned}
\tag{8}
$$

其中，$h$ 的单位为 m。

综上，光束经大气传输的总光束扩展角为

$$\theta_T = \sqrt{\theta_d^{\,2} + \theta_t^2} \tag{9}$$

通过设计可调节的激光发射光学系统，使近场光斑直径小于接收镜直径 $d$，发射过程中光斑扩展引起的接收效率 $\eta_{\mathrm{ex}}$ 统一表示为

$$
\eta_{\mathrm{ex}} = 
\begin{cases}
1.0 & (2L\theta_T < d) \\
\left( \dfrac{d}{2L\theta_T} \right)^2 & (2L\theta_T \geqslant d)
\end{cases}
\tag{10}
$$

激光在大气中传输时的光强服从衰减定律 $\mathrm{d}I / I = -\mu \mathrm{d}s$。衰减的主要原因是大气中存在的分子和气溶胶粒子对激光形成吸收和散射，总衰减系数为

$$\mu = \alpha_m + \beta_m + \alpha_a + \beta_a \tag{11}$$

其中，$\alpha$、$\beta$ 分别代表吸收和散射；下标 $m$ 和 $a$ 则分别代表分子和气溶胶。

激光在大气中传输时的总衰减系数是能见度、激光波长和高度的函数。附图 2 给出了两种波长激光总衰减系数随高度的分布图(中纬度夏季；能见度为 23km)，二者均随高度增大而降低，地面附近尤为显著[6-9]。除此之外，10.6μm 波长激光具有恶劣天气条件下大气穿透率仍较高的优点。

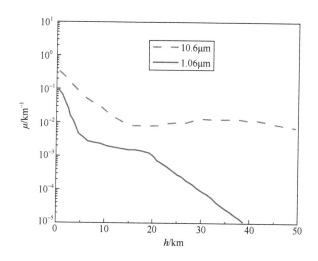

附图 2　激光总衰减系数随高度的分布

飞行器发射过程中由衰减导致的接收效率为

$$\eta_{at} = \exp\left[-\int_0^L \mu(h)\mathrm{d}s\right] \tag{12}$$

其中，$s$ 是发射点与飞行器连线上任意位置处的距离。$h$ 与 $s$ 的关系表示式为

$$h = \sqrt{(R_E + h_0)^2 + s^2 + 2s(R_E + h_0)\cos\zeta} - R_E \tag{13}$$

其中，$\zeta$ 是天顶角。

综上，激光推进飞行器在发射过程中的可接收激光功率为

$$P_{\mathrm{rec}} = 0.84\eta_{\mathrm{ex}}\eta_{at}P_{\mathrm{las}} \tag{14}$$

其中，$P_{\mathrm{las}}$ 为激光器功率。

## A.3　发射方案

激光推进飞行器发射过程中采用吸气和火箭组合模式，分别对应距地面较近、大气密度较高的起飞阶段，以及空气密度过低、使用自身推进剂的高空阶段。

根据 4.2 节中的计算结果和文献实验[10,11]，吸气式脉冲爆震推进的冲量耦合系数随环境压力降低具有先基本保持不变、随后急剧下降的趋势。为简化弹道研究中的计算，将冲量耦合系数随压力的变化关系简化为效率 $\eta_p(p)$，如附图 3 所示。冲量耦合系数效率在压

力为 $1.9 \times 10^4$Pa 以上时保持不变，压力为 $6.1 \times 10^3$Pa 时降低到 50%，压力为 $1.2 \times 10^3$Pa 时降低至 10%，对应海拔约 30km。

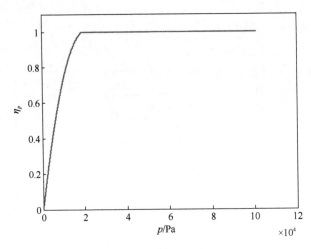

附图 3　空气爆震冲量耦合系数效率随环境压力的变化

上述计算和实验结果均针对静止环境气体。若推力器设计有合理的进气道，依靠进气道压缩来流能够产生足够室压，则空气爆震模式下工作的高度上限可有所提高。此时，推力器室压 $p_0$ 可用来流增压比 $\pi_i$ 表示[12]为

$$p_0 = \pi_i p = \sigma_i \left(1 + \frac{\gamma - 1}{2} M^2\right)^{\frac{\gamma}{\gamma - 1}} p \tag{15}$$

其中，$M$ 是马赫数；$\gamma$ 是比热比；$\sigma_i$ 是进气道总压恢复系数。此时空气爆震模式的冲量耦合系数表示为

$$C_{m,ab} = C_{m,0} \eta_p(p_0) \tag{16}$$

其中，参考状态的冲量耦合系数 $C_{m,0}$ 依据前面的计算和实验结果，取 250N/MW。由于吸气模式下工质直接采用环境大气，飞行器本身的质量消耗为 0，因此这一阶段的推进性能表示为

$$\begin{cases} F = C_{m,ab} P_{\text{rec}} \\ \dot{m} = 0 \end{cases} \tag{17}$$

其中，$\dot{m}$ 是飞行器质量消耗率。

当飞行器达到一定高度后，空气过于稀薄、无法继续依靠来流产生足够动力，需要切换到消耗自身推进剂的火箭模式。海拔 30km 以上时环境压力不足标准大气压力的 1.2%，对火箭推力系数的影响可忽略不计，火箭模式的推进性能可取为定值。此时推进性能表示为

$$\begin{cases} F = C_{m,rk} P_{\text{rec}} \\ \dot{m} = \dot{m}_{rk} = \dfrac{C_{m,rk}{}^2 P_{\text{rec}}}{2\eta_e} \end{cases} \tag{18}$$

其中，$\dot{m}_{rk}$、$C_{m,rk}$、$\eta_e$ 分别为火箭模式下的质量消耗率、冲量耦合系数和推力器效率。

第 7 章针对连续激光加热稳态膨胀推力器数值模拟中，环境压力为 0.04atm、近似真空，以此为依据，取计算结果中具有适当推力和比冲的火箭模式性能 $C_{m,rk}=100\text{N/MW}$，推力器效率为 25.8%。

考虑到激光在大气中垂直传输衰减最小的特点，以及吸气模式下飞行器的进气性能，发射过程中激光推进飞行器首先在吸气模式下垂直上升，到达一定高度后切换为火箭模式，同时开始弹道转弯、增大水平方向速度，在特定高度上入轨。

此外，考虑到发射过程中光斑扩展和过大接收面造成气动阻力急剧上升的问题，初始激光接收镜半径为 0.5m，飞行器通过稠密大气层到达 30km 以上的高空后，展开为 1.5m。

# 附录 B 计算结果与分析

对式 (A.3) 决定的动力学系统 $\dot{X} = f(X,\alpha)$ 给定初始条件和控制律 $\alpha(t)$，对方程积分即可获得最终状态。由于激光推进发射弹道自身的特点，不能简单地应用常规运载火箭控制律。因此，计算时将控制律 $\alpha(t)$ 离散为控制序列，同推进系统工作总时间即入轨时间 $t_f$ 一起构成优化变量 $U = (\alpha_1, \alpha_2, \cdots, \alpha_n; t_f)$，在一定约束条件下进行搜索，以获得目标函数的最优值，此时问题描述为

$$\begin{cases} \min f_{\text{obj}}(U) \\ \text{s.t.} \quad f_{\text{con,eq}} = 0 \\ \qquad f_{\text{con,ine}} < 0 \end{cases} \tag{19}$$

这里目标函数取 $f_{\text{obj}}(U) = -r_p$，$r_p$ 是近地点地心距。等式约束 $f_{\text{con,eq}}$ 包括的末状态入轨条件为

$$\begin{cases} \Theta_f = 0 \\ v_f = \sqrt{\dfrac{\mu_E}{r_f}} \end{cases} \tag{20}$$

其中，$\Theta_f$ 和 $v_f$ 表示当地速度倾角和入轨速度。不等式约束 $f_{\text{con,ine}}$ 为发射过程中的天顶角要求，表示为

$$\zeta - \frac{\pi}{2} < 0$$

发射任务主要针对 200～400km 的近地轨道，入轨质量设定为 50kg。计算所用基准参数如附表 1 所示。

附表 1　激光推进发射参数

| 参数 | 值 |
|---|---|
| 激光器功率 $P_{las}$ | 500MW |
| 模式切换高度 $h_m$ | 35km |
| 发射点海拔 $h_0$ | 3km |
| 飞行器起飞质量 $m_0$ | 300kg |
| 入轨质量 $m_f$ | 50kg |
| 发射镜半径 | 3m |
| 接收镜半径 | 0.5m/1.5m |

## B.1　模式切换高度的影响

针对 30km、35km、45km 三种高度进行了比较计算，其余参数选择附表 1 中的基准参数。计算所得发射弹道特性如附表 2 所示，其中 $h_m$、$t_m$ 和 $v_m$ 分别为模式切换高度、对应时间及速度值，$h_p$ 和 $t_f$ 分别为轨道高度和入轨时间。附图 4 和附图 5 给出了飞行器弹道以及速度随高度变化的曲线。

附表 2　不同模式切换高度下的发射弹道特性

| $h_m$/ km | $t_m$/ s | $v_m$/$(10^3\text{m/s})$ | $h_p$/ km | $t_f$/ s |
|---|---|---|---|---|
| 30 | 23.9 | 2.5 | 290.9 | 119.1 |
| 35 | 25.8 | 2.8 | 306.5 | 121.0 |
| 45 | 29.1 | 3.2 | 338.5 | 124.4 |

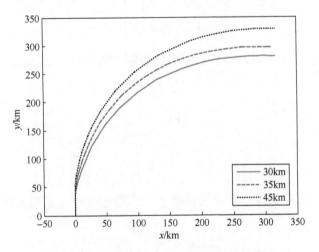

附图 4　不同模式切换高度下的发射弹道

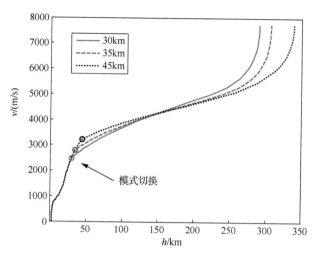

附图 5　不同模式切换高度下的速度-高度曲线

计算表明，由于吸气模式不需消耗自身工质，延长这一阶段的工作时间将对入轨能力有明显提高。提高模式切换高度将推迟模式切换时间 $t_m$，增加飞行器的工作总时间 $t_f$，从而提高飞行器的轨道高度。结果表明，切换高度从 30km 提高到 45km，轨道高度将增加 16.4%。

需要注意的是，模式切换高度不能无限制提高，大气密度和压力随高度的指数式降低将使吸气模式的使用范围具有上界。从附图 6 给出的推力曲线可以看出，以 45km 为模式切换高度时，进行模式切换之前，飞行器吸气式推进的性能已经开始急剧下降。这一结果表明，即使考虑到进气道的增压作用，当前参数条件下这也已经达到了模式切换上限。

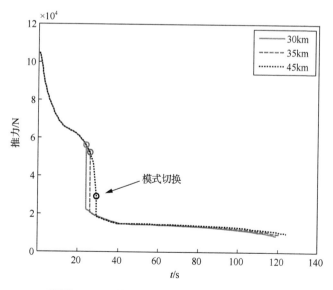

附图 6　不同模式切换高度下的推力-时间曲线

### B.2　发射点海拔的影响

　　由于海拔 10km 以内激光大气衰减系数随高度上升具有较大降低，可以推知初始发射点的海拔将对发射弹道有明显影响。考虑到我国的地理特点及可利用的高空平台，分别针对 3km、5km 和 10km 发射点海拔进行了弹道计算。实际上，由于近地面激光强烈衰减，选择 0km 海拔发射点时已不能使飞行器达到 200km 轨道的入轨条件。

　　计算表明，选择 3km 以上的发射点时 500MW 功率均能将 50kg 的质量送入高于 200km 的近地轨道。附图 7 和附图 8 给出了飞行器高度随时间的变化关系和发射弹道曲线。

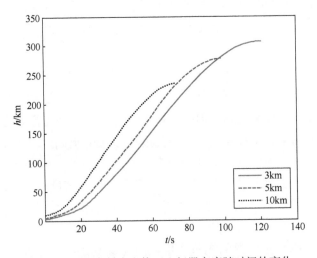

附图 7　不同发射点海拔下飞行器高度随时间的变化

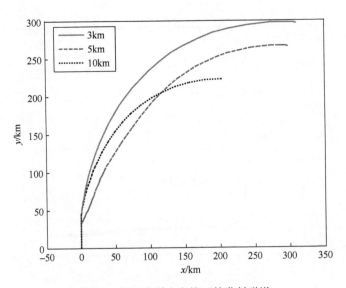

附图 8　不同发射点海拔下的发射弹道

计算得到的发射弹道特性如附表 3 所示。

附表 3 不同发射点海拔下的发射弹道特性

| $h_0$/ km | $t_m$/ s | $v_m$/($10^3$m/s) | $h_p$/ km | $t_f$/ s |
|---|---|---|---|---|
| 3 | 25.8 | 2.8 | 306.6 | 121.0 |
| 5 | 20.7 | 3.2 | 277.4 | 98.6 |
| 10 | 14.3 | 3.6 | 235.6 | 73.5 |

由计算结果可见，随发射点海拔升高，飞行器入轨所需时间依次减少。10km 海拔发射点所用时间仅为 3km 的 60.7%，将使发射过程中节约近 40% 的能量。另外，三种发射点海拔对应的轨道高度分别为 306.6km、277.4km 和 235.6km，10km 发射点海拔得到的轨道高度偏低。这一入轨快速、高度偏低的现象是由当前发射方案的特点和参数组合造成的，其原因可做如下分析。

由于 10km 发射时激光衰减较小，飞行器吸气模式和火箭模式的推力将明显高于低海拔发射点的对应值，同一时刻下其速度也将较高。附图 9 和附图 10 分别给出了推力和速度的时间变化曲线，证实了这一点。高速度导致飞行器很快达到模式切换高度，最早进入需要消耗自身推进剂的火箭模式；并且高功率激光作用、产生较大推力的同时，推进剂消耗也最为迅速，如附图 11 中的质量-时间曲线所示。由于以上原因，并且发射方案规定了同样的飞行器起飞质量和入轨质量，综合造成了采用高海拔发射点的上述现象。

因此，从能量角度讲，采用高海拔作为初始发射点是有利的；从轨道高度讲，当选择不同的发射点海拔时，激光器功率应与之匹配。

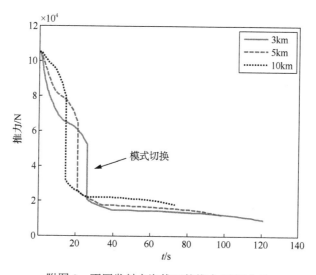

附图 9 不同发射点海拔下的推力-时间曲线

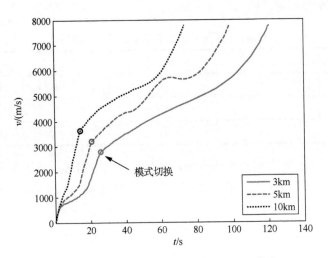

附图 10　不同发射点海拔下的速度-时间曲线

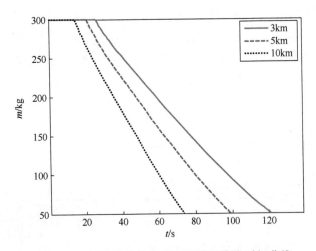

附图 11　不同发射点海拔下的飞行器质量-时间曲线

### B.3　激光器功率的影响

上述分析同时表明，对同一发射点海拔，过低激光器功率固然导致推力不足、飞行器无法入轨；但片面追求过高功率同样不可取。为进一步说明问题，针对 10km 海拔的初始发射点，分别采用 200MW、400MW 和 500MW 的激光器进行近地轨道发射，所得发射弹道特性如附表 4 所示，飞行器高度随时间的变化曲线如附图 12 所示。

附表 4　不同激光器功率下的发射弹道特性

| $P_{las}$ / MW | $t_m$ / s | $v_m$ /($10^3$m/s) | $h_p$ / km | $t_f$ / s | $E_{tot}$ / $10^{10}$J |
|---|---|---|---|---|---|
| 200 | 25.7 | 1.9 | 385.0 | 184.1 | 3.68 |
| 400 | 16.7 | 3.1 | 290.4 | 96.0 | 3.86 |
| 500 | 14.3 | 3.6 | 235.6 | 73.5 | 3.68 |

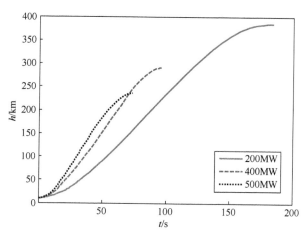

附图 12　不同激光器功率下飞行器高度随时间的变化

　　计算表明，在高海拔发射点时可以显著降低对激光器的功率要求，采用 400MW，甚至 200MW 激光器同样能够将 50kg 质量送入近地轨道，这在发射点海拔为 3km 时是无法做到的。采用 500MW 的高功率激光器进行发射时，因为具有较大推力和质量消耗率，对应入轨时间为 200MW 的 39.9%；但由于功率为其 2.5 倍的关系，发射过程中耗费的总能量 $E_{tot}$ 与 200MW 激光器基本相等，因此效率下降了。

　　另外，从附图 13 和附图 14 给出的推力-时间和速度-时间曲线可见，200MW 功率对应于较长的推力作用时间，最终可使飞行器进入 385.0km 的轨道，高度较 500MW 提高了 63.4%。因此，采用 10km 海拔发射点时，200MW 激光器将是较 500MW 激光器更优的选择。应该强调的是，由于不同海拔发射点的大气衰减特性不同，其对应的最优功率将有所不同。当前条件下，在 3km 海拔发射点如果采用 200MW 的激光器，将不能使飞行器进入 200km 以上的轨道。

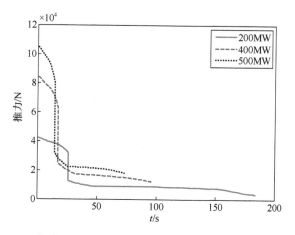

附图 13　不同激光器功率下的推力-时间曲线

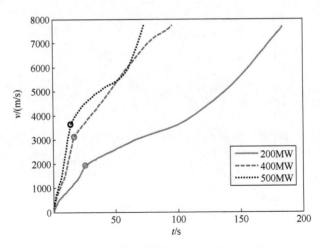

附图 14　不同激光器功率下的速度-时间曲线

　　需要指出的是，本附录的讨论限于利用单站地基激光器进行发射的方案。如果飞行器采用激光推进/化学助推的混合模式，或者能量供应系统采用多站地基激光器、地基/天基联合发射等方式，无疑会减弱对激光大气传输的要求，获得更佳的结果。但这将增加系统复杂度，进一步选择时需综合权衡。

## 参 考 文 献

[1]　贾沛然, 陈克俊, 何力. 远程火箭弹道学[M]. 长沙: 国防科技大学出版社, 1993.

[2]　徐明友. 火箭外弹道学[M]. 哈尔滨: 哈尔滨工业大学出版社, 2004.

[3]　吕百达. 强激光的传输与控制[M]. 北京: 国防工业出版社, 1999.

[4]　苏毅, 万敏. 高能激光系统[M]. 北京: 国防工业出版社, 2004.

[5]　饶瑞中. 光在湍流大气中的传播[M]. 合肥: 安徽科学技术出版社, 2005.

[6]　程永强, 谭荣清. $CO_2$ 激光的大气传输特性[J]. 光电技术应用, 2006, 21(2): 9-13.

[7]　杨洋, 赵远, 乔立杰, 等. 1.06μm 激光的大气传输特性[J]. 红外与激光工程, 1999, 28(1): 15-19.

[8]　宋正方. 常用激光的大气衰减[J]. 激光杂志, 1988, 9(1): 1-7.

[9]　宋正方. 应用大气光学基础[M]. 北京: 气象出版社, 1990.

[10]　BOHN W L, SCHALL W O. Laser propulsion activities in Germany[C]. Proceedings of the First International Symposium on Beamed Energy Propulsion. Huntsville, 2003: 79-91.

[11]　TANG Z P, CAI J, GONG P, et al. Experimental study of the momentum coupling coefficient with the pulse frequency and ambient pressure for air-breathing laser propulsion[C]. Proceedings of the Fourth International Symposium on Beamed Energy Propulsion. Nara, 2006: 104-113.

[12]　廉筱纯, 吴虎. 航空发动机原理[M]. 西安: 西北工业大学出版社, 2005.